漠石悟

魏五洲

著

山西出版传媒集团

北岳文艺出版社

BEIYUE LITERATURE & ART PUBLISHING HOUSE

图书在版编目（CIP）数据

漠石悟 / 魏五洲著. —太原：北岳文艺出版社，
2017.12

ISBN 978-7-5378-5358-3

Ⅰ.①漠… Ⅱ.①魏… Ⅲ.①石—文化—中国②石—
收藏—中国 Ⅳ.①TS933②G262.3

中国版本图书馆 CIP 数据核字（2017）第 231124 号

书　名：漠石悟	出版人：续小强	书籍设计：张永文
著　者：魏五洲	责任编辑：张　丽	印装监制：巩　璠

出版发行：山西出版传媒集团·北岳文艺出版社

地址：山西省太原市并州南路 57 号　邮编：030012

电话：0351-5628696（发行部）　0351-5628688（总编办）

传真：0351-5628680

网址：http://www.bywy.com　E-mail：bywycbs@163.com

印刷装订：山西臣功印刷包装有限公司

开本：710mm×1000mm　1/16

字数：419 千字

印张：24.75

版次：2017 年 12 月第 1 版

印次：2017 年 12 月山西第 1 次印刷

书号：ISBN 978-7-5378-5358-3

定价：198.00 元

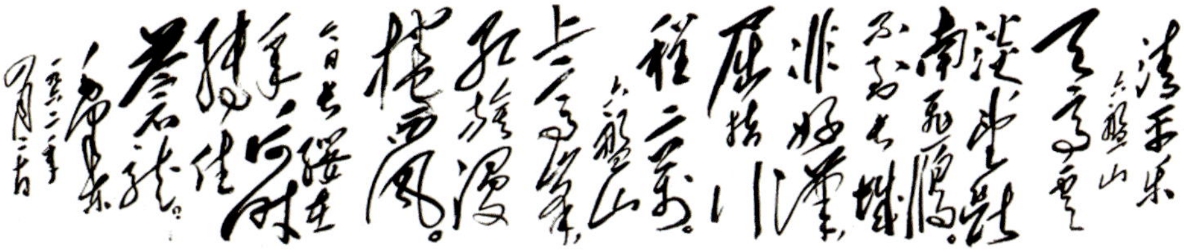

一代伟人

玛瑙石,碧玉石　人物 2cm×5cm,座 4cm×3cm

伟人

玛瑙石 3cm×3.5cm

伟人

玛瑙石 3.5cm×3.5cm

日出东山

玛瑙石 6cm×5cm

皓月当空

碧玉石 11cm×6cm

北国风光

北国风光美，
银装素裹绘。
红日照万里，
春意暖三北。
冰融雪亦化，
人壮马又肥。
瑞雪兆丰年，
宏图把人催。

玛瑙石

主石 6cm×11cm，底座 5cm×1.5cm

长河落日

滔滔黄河水，
浓浓夕阳红。
景色无限好，
时光不留情。
抓紧做义事，
奋斗度余生。
赏罢此方石，
雄心又激增。

玛瑙石

主石 11cm×6cm，底座 11cm×5cm

艺术家

碧玉石 5cm×5cm

大诗人

沙漠漆石 6cm×6cm

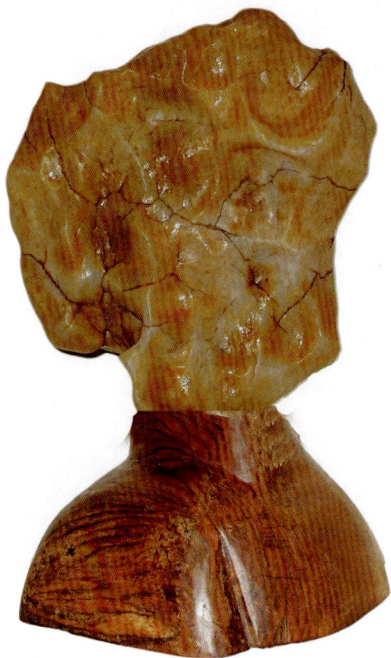

风韵犹存

沙漠漆石　11cm×15cm

饱经风霜

沙漠漆石　16cm×20cm

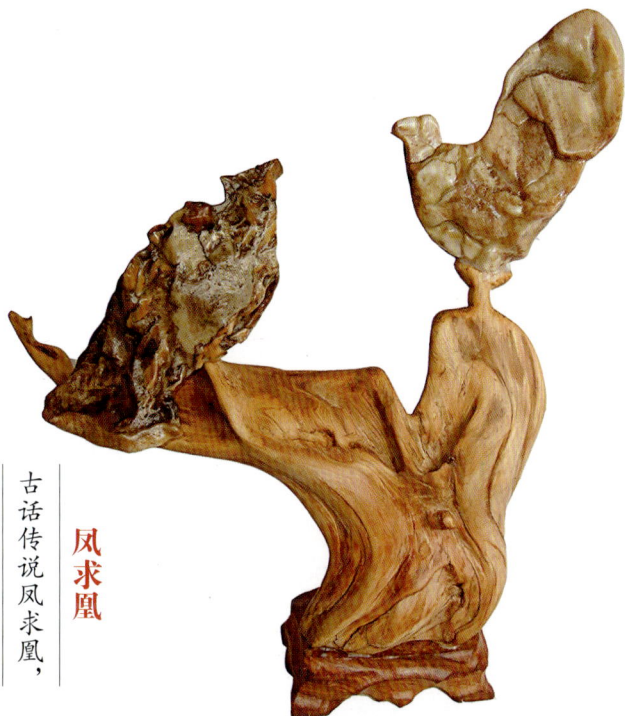

凤求凰

古话传说凤求凰，
为寻爱情费思量。
各方打问不冲动，
深入接触多交往。
心急难吃热豆腐，
慢火炖肉味更香。
一见钟情靠不住，
心心相印方久长。

碧玉石　凤 10cm×12cm，凰 8cm×15cm

打渔船

水面船往返，
老翁站上面。
摇橹船儿跑，
如画好江南。
鱼肥又高产，
稻香飘两岸，
生活有保障，
渔歌阵阵传。

玛瑙石　人物 2cm×5cm，船 15cm×7cm

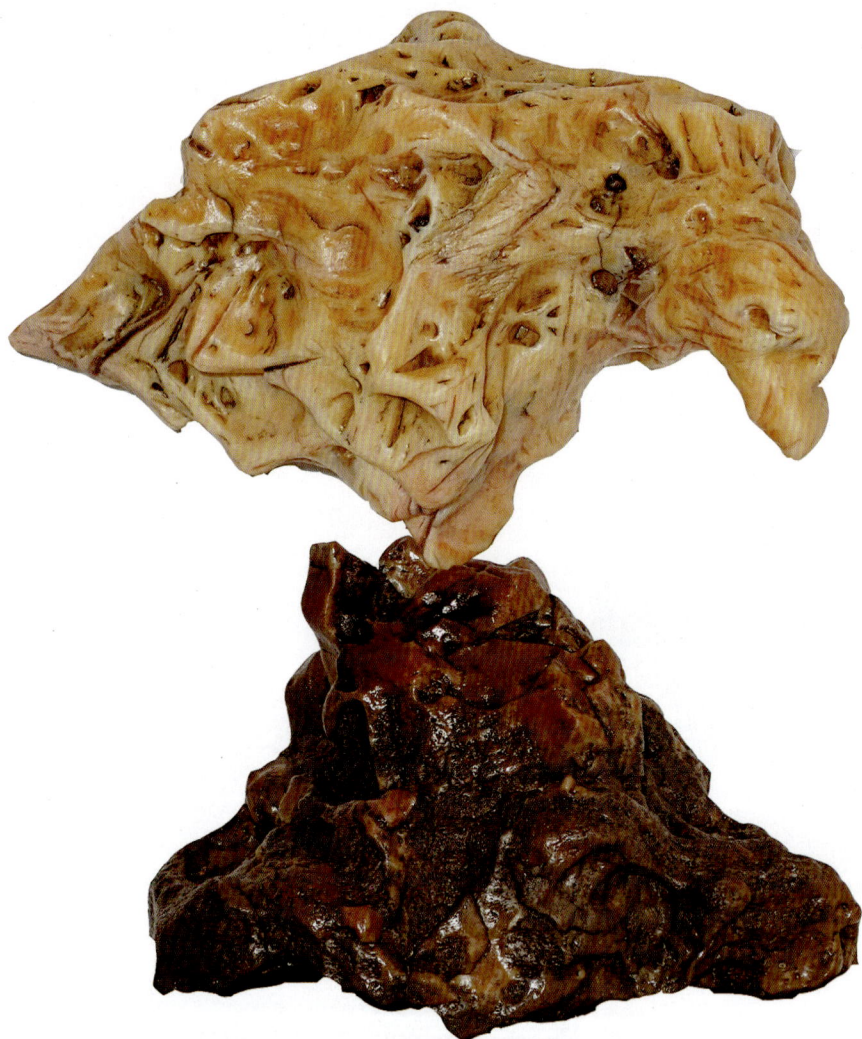

精卫填海

从前故事传，
东海起狂澜。
神鸟立奇志，
衔石把海填。
日夜不停息，
沧海变良田。
造福后来人，
民间久怀念。

玛瑙石，碧玉石　鹰 13cm×7cm，座 12cm×8cm

龙飞

玛瑙石 6cm×5cm

凤舞

玛瑙石 6cm×5cm

对歌

戈壁石 13cm×5cm

版图

玛瑙石 12cm×11cm

石字

玛瑙沙漠石 6cm×7cm

伟人（玛瑙石 4cm×7cm）

女皇（碧玉石 3cm×6cm）

妙境（玛瑙石 6cm×4cm）

小天鹅（玛瑙石 5cm×3cm）

小虎（沙漠漆石 6cm×4cm）

序

　　前些时候，"石友"魏五洲先生登门拜访，并带来一部规模较大、编排精致、书名为《漠石悟》的书稿，嘱我"审读"，并为之作序。也不知是我一时糊涂，还是别的缘故，我竟然一口应允下来。

　　我历来很少为人作序，在此之前所作之序充其量不过10余篇而已，而为"石友"作序则更少，可谓凤毛麟角。迄今仅为原山西省教委主任宋玉岫先生编著的《奇石缘》作过一篇。所以如此，其主要原因是自知既非奇石收藏家，亦非奇石鉴赏家，更非奇石理论家，而仅是一个奇石爱好者，若不知天高地厚地为人作序，岂非惹人耻笑、自讨没趣？因此，凡有人嘱我作序，我则婉言谢绝。譬如，2004年3月由我和山西省收藏家协会会长郭士星先生等合作主编的山西第一部奇石著作《三晋石韵》即将付梓之际，有人力推我为之作序。因虑及上述原因，我还是托词谢绝了。而为宋玉岫先生作序，则纯属例外。究其原因，除了念其"不顾年老体衰，数次光临寒舍"，令我大为感动外，更主要的是这位老人在我的心目中，是一位于名淡泊，处事从容，"遗弃世俗，不受虚名浮利束缚，以一种淡泊宁静的心态来藏石、赏石、读石"（序中之语）的真玩石者。对于这样一位敦诗说礼、德高望重的长者的嘱托，我实在找不出任何理由来加以谢绝。于是，便横下一条心来：纵然因此而惹来人们的耻笑，我也置之不顾了！而今，我既然应允为魏五洲先生著述的《漠石悟》作序，想来想去，其根本原因也就在于此，他亦是我十分仰慕的"自得石中趣，浑忘物外牵"

的真玩石者。

我游走于奇石收藏界已10余年矣！期间，我藏石无多，精品更少，然欣赏过的佳石不可谓不多，参加或发起组织过的赏石活动不可谓不多，相识、相交、相知的"石友"亦不可谓不多。回顾这一切往事，欣慰良多，获益良多，感慨亦良多。记得初入此道时，总认为大凡玩石者均为当今"回归自然者"，他们与石结缘，拜石为师，以石陶情，以石砺志，以石养性，以石悟道，颇有古代隐士怡志林泉，笑傲烟霞之志趣；遗弃世俗，甘守淡泊之情操；炼性养气，扬清去浊之风骨。然而，当我在品读奇石的同时也结识了许多玩石者之后，我才深深认识到奇石收藏界绝非一个"芳草鲜美，落英缤纷"的"世外桃源"。这里既有真善美，亦有假丑恶：争名于朝（这里所指的"朝"，即赏石组织领导机构）、争利于市者有之；以利相交，利尽而情绝，甚至反目为仇者有之；在评奖中"评不上就要，要不给就闹"者有之；遇事只论利害，而不论是非者有之……凡此种种，不一而足。然而，像这样的玩石者毕竟是少数。而对于大多数石友来说，他们追求的是通过玩石来陶冶情操，净化心灵，从中获得真善美的精神感受。其中还有一些儒雅之士追慕古人之高情，取静于山，寄情于水，志坚如石，心清似兰，拜石为师，以石为友，与石共语，淡泊自乐，追求一种松风、莲质、兰德、梅操的人生境界。如此文人雅士，在三晋藏石界不多，然绝非没有。在我认识的石友中，宋玉岫、魏五洲等先生自当挤身于其列。

我与魏五洲先生相识有近10年之久，然而我们之间的交往，只能用两句话来概括，那就是"君子之交淡于水"，"石友之谊美如玉"。在我们的交往辞典中，没有"宴请""送礼""利用"等词汇，就连互访都极为平淡，迄今我从未登过他的大雅之堂，而他光临我的寒舍也仅仅两次而已。然而，正是这种淡淡的交往却孕育了我们之间纯真而绵长的友谊。可谓"世事静方见，人情淡似长"。又者，我们"石中"交往甚密，曾相逢于购石闹市，相识于石展雅堂，相知于论石韵事。又可谓"赏石遇知音，友情坚如石"。

魏五洲先生是一名军人，一名挂有"官衔"的军人。数十年的军旅生活铸就了他刚毅、坚贞、爱憎分明的性格，无论做人、行事，他都是磊磊落落，犹如日月之皎然。同时，在他的身上也洋溢着一股"一襟和气，万斛宽胸"之温文尔雅之气度。像他这样一位"两袖清风处事，一身正气为人"的军人，纵然人至暮年亦会"不为无益之事，以遣有涯之生"。当他步入"天地之造化，自然之杰作"的奇石世界时，他那颗崇尚自然，追求淡泊自乐之心，便立即被那

"无言之诗，立体之画"的奇石之奇、之美、之韵所吸引、所陶醉了。古往今来，嗜石成痴之佳话多矣，陶渊明醉石、白居易品石、米元章拜石、郑板桥画石……而从魏五洲先生对石之痴、之癫、之狂中，我似乎看到了这些"石痴"的影子。而今，他环屋皆石，每日与石相晤，朝夕沉浸其中，其乐融融，颇得古人"淡泊真吾友，幽偏得自怡""乾坤容我静，名利任人忙"之真趣。

的确，魏五洲先生正是这样一位令人可亲可敬的石友。我从他身上发现，他似乎有一种崇尚自然、淡泊名利的天性。他没有像一些人一样纵然在退休之后，还对权、名、利抱有极其强烈的欲望，并为满足这些欲望而绞尽脑汁，费尽心机乃至不惜人格之丧失。有几件事他给我留下了极为深刻的印象：2001年山西省石文化艺术研究会领导机构领导换届选举前夕，我根据许多石友的建议，数次动员他"出山"，参加该会的领导机构工作，但他都婉言谢绝了。之后，我曾多次组织举办奇石展览和赏石文化等活动，每次都邀请他参与组委会的工作，他亦均托词以拒之。这与一些人不择手段地来谋取职权的行径形成了鲜明的对比。如此说来，是不是魏五洲先生是一个无欲无求之人？答曰：非也。他不但有欲、有求，而且还颇为强烈。不过，他所追求的只是一个真正玩石者所追求的东西，即求真、求善、求美。为此，他在10多年的玩石生涯中，先后跑了8个省、10余个市（仅内蒙古一地就有17次之多），从上万箱、500多万块石中精心筛选出万余方奇石佳品。由此可窥他收藏奇石艰辛之一斑。

然而，作为一名真正意义上的奇石收藏家，不仅藏石要丰，而且更重要的是对奇石鉴赏要精、研究要深。譬如古代赏石大家白居易、苏东坡、米芾等，他们藏石并不多，很难与当今藏石家比拟，然而他们却被后人尊之为赏石大家，一个根本原因就是他们对奇石精于鉴赏、深于研究，在赏石理论上卓有成就。魏五洲先生自然对之认识颇深。因此，他在藏石、玩石的同时，对奇石的鉴赏和研究亦格外用心。多年来，他勤于学习，勤于思考，勤于探索，勤于实践，勤于总结，终于用勤奋点燃了智慧的火花，用勤奋筑就了奇石理论知识的坚实基础；并在此基础上，他经过一年有余的笔耕，五易其稿，终于编著了这部大型奇石专著《漠石悟》。"十年辛苦不寻常"，这部著作可以说是魏五洲先生10多年心血和汗水的结晶。

纵观全书，长达数十万言，配有上千幅图，文中有图，图中有文，图文并茂，蔚为大观。该书由"论石篇""类石篇""组石篇"三部分组成，除"论石篇"系以文字为主、图片为辅外，余则二篇均以图片为主、文字为辅，然又各不相同，各有侧重;"类石篇"系按照不同类型的内容划分为45个系列,如"伟人系列""帝王系列""观音系列""山川系列"等;而"组石篇"则是作者依据历史故事、民间传说、成语典故等通过组石创作的百余个小品组合,如八仙过海、十八罗汉、米芾拜石、桃园结义等。作者通过这些文字和图片巧妙而完美的结合,全面而系统地介绍和论述了大漠奇石,向人们展现了一个色彩斑斓、千姿百态、形神兼备、情韵共生,神秘而又迷人,令人叹为观止的大漠奇石世界。这部著作内容丰富、富有特色,既有对以大漠奇石为主的奇石理论颇为精准的论述,又有作者本人在10多年的赏石实践中获得的深切感受;既有对大漠奇石那嶙峋峥嵘、锋芒毕露之风采的展示,又有对大漠奇石文化内涵的发掘和延伸;既有对传统赏石文化的借鉴、继承,又有对赏石文化的创新、发展……其中尤为我所赞赏的则是作者对传统奇石文化既没有全盘否定,也没有全盘继承,而是在吸收其有用东西的基础上,用现代的全新的观点去研究和借鉴,使之成为创新奇石文化的营养之源。在论述过程中,许多观点和见解颇为新颖和独到。这是那些自称是"国宝"级赏石权威故弄玄虚的"理论"所无法比拟的。

"玉蕴石而山木茂,珠居渊而岸草荣"。魏五洲先生所以在藏石、赏石、写石上卓有成就,一个最根本的原因是他心静、欲少。因为"心静乾坤大,欲少智慧多"。惟心静欲少,其德行方能高,而德行乃立言本源;惟心静欲少,其学问方能深,因为"学问之道,惟虚乃有益,惟实乃有功",而这一虚一实,则来自于心静欲少之中。有一格言楹联云:"无欲在怀为极乐,有成于世不虚生"。此联正是对魏五洲先生玩石人生的真实写照。从他身上,我看到了儒家之修身、道家之情趣、佛家之彻悟。如此之石友,怎不令人仰慕?我不能与陶潜论酒,共陆羽评茶,但却可以与魏五洲、宋玉岫等先生谈石、品石、赏石,岂不也是人生一大快事!行文至此,我突然想起几副楹联,现抄录于此,以与魏五洲先生等真玩石者共勉:

性本清澄,闹市里犹闻大雅;

人须鲁朴,污泥中不染尘埃。

笔底生春风,利名尽扫;

胸中养浩气,宠辱不惊。

眼无俗物,心安真福地;

胸有逸情,怀阔好云天。

山西省石文化艺术研究会常务副会长　王庆华

平仄和对仗，只押大致相同的韵，且说通俗易懂的话，多有"打油诗""杂言文""顺口溜"的味道。虽显不伦不类，倒是同石头的"丑态""奇性"很是"合拍""对味"。究竟如何，我想只要能引起"一思""一笑"足矣。

六、亲朋好友都曾劝卖掉一些石头，说"石"话，本人一辈子不很喜欢钱，钱虽不多但没断过；半辈子很喜欢石头，石头弄了不少却总感欠缺。拿很喜欢的东西，去换不很喜欢的东西，心里总是有些不情愿。

花这么多钱买这些石头值吗？值，很值。拿一些不很喜欢的东西，换取了一群"好朋友"，换取了一份好心情，换取了一个好身体。不是说"有钱难买老来乐"吗？我买到了，您说值不值？

买来的这些石头今后怎么办？玩，接着玩。孩子们喜欢，也接着玩；孩子们不喜欢，以后按他们喜欢的办法处理。反正石头开始是跟着喜欢来，最后也让它随着喜欢去，因为它总是同喜欢在一起。欢迎朋友们一起玩石头，尽享石中之趣。

在本书即将出版之际，还要特别感谢《高君宇传》一书的作者、太原日报社资深记者王庆华先生热心为本书作序；感谢北岳文艺出版社的郭松副社长，感谢张丽编辑的精心审改、设计；感谢张邦邦等广大战友们、石友们的诚心鼓励支持，谢谢大家一起帮助我完成了这次出书的任务。

奇石、奇书、奇谈怪论，不当、浅薄之处，敬请批评指教。

附：

奇 石 颂

奇石质地刚硬，特殊元素构成。
形似世间万象，艳同天上彩虹。
火山岩浆孕育，狂风急流催生。
人类慧识巧用，艺林增添精灵。

奠基替楼承重，铺路把坑填平。
冶炼出铁产铜，雕塑舍身变形。
制砚己黑他红，刻印区私分公。

垫脚助友高升，树碑让人扬名。

上座艺味顿生，题名活气无穷。
独立自是一景，组合演示多情。
在园貌盖群芳，入室雅韵辉映。
对视情激意动，默想犹幻如梦。

实是不变作风，坚为固定品性。
弯中不见踪迹，碎里常有身影。
魂牵红楼宝玉，神系西游悟空。
通体真善大美，满腔正气清风。

空谷幽兰（碧玉石 7 cm×4cm）

目 录

论石篇

类石篇

组石篇

论石篇

谈石论道

石迷坐到一起，
围绕奇石开议。
人人话语犀利，
句句主题不离。
你说造型出奇，
他讲色彩靓丽。
神韵意境若何？
热议太阳落西。
肚里咕咕闹饥，
原来午饭忘记。
对视哈哈一笑，
明天接着再议。

沙漠漆石，戈壁石 人物 12cm x 8cm，
底座 8cm x 11cm

太白金星

（绿碧玉石 10cm×24cm）

一、戈壁石一登台亮相就风靡了整个石界

　　赏玩奇石，是我们中华民族古老的传统文化，历史悠久，源远流长。据考古发现，1955 年在南京北阴阳营新石器时代墓葬中出土了大量的石器工具，其中有不少玉石、玛瑙、绿松石和雨花石，表明在新石器晚期的夏商时代，赏石文化已开始出现。之后，在历史上赏玩奇石曾出现过三次大的高潮。第一次是唐宋时期，以一些帝王将相、文人雅士为代表，他们刻意追求山水野趣和自然意境，觅石、买石、赏石、藏石开始成为时尚，"瘦、漏、透、皱"的相石原则标准已经形成。第二次是明清时期，除赏石的人员越来越多、赏石的品种越来越广、赏石的规模越来越大之外，一大批赏石的著作、专论、石谱大量涌现。第三次是 20 世纪 80 年代，随着改革开放这一历史时期的到来，我们民族这一古老的传统文化又焕发了勃勃生机，一个由南而北、由上而下全国性的赏石热潮重新出现：大量石摊、石店、石馆如雨后春笋般纷纷产生，

金鸡报晓（玛瑙石 3cm×5cm）

各种奇石节、展销会、研讨会相继召开，中央、地方各级赏石组织逐渐建立，赏石报刊、理论专著、奇石画册层出不穷，赏石活动呈现出一派欣欣向荣的喜人景象，并出现了一个"由过去上层少数人赏玩向各阶层众多人赏玩的方向发展，由个人野外采拣向市场交易的方向发展，由内省型独自赏玩向开放式交流赏玩的方向发展，由单纯玩山子景观石向注重玩造型象形石的方向发展"的大好局面。在这样的大好形势下，20 世纪 90 年代中期，一个"形奇、质坚、色丽、纹清"晶莹剔透、十分精美的新石种——内蒙古戈壁石闪亮登场了，她在各种石展中频频亮相、屡屡得奖，在国内外赏石界引起了巨大的轰动和震撼，赢得了一片喝彩，在不长时间里它就创造了非常惊人的效果。

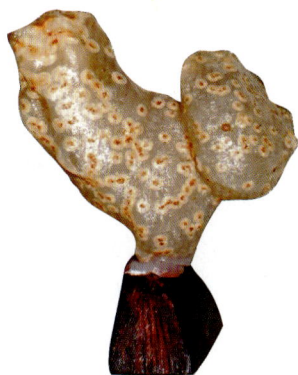

1. 传播的范围很广

　　关于戈壁石，早在明代宋应星的《天工开物》中就有记载，并被称为优质石种。另据台北故宫博物院的相关人士介绍，作为镇院之宝的肉形石，就是出

自于内蒙古阿拉善左旗，是一块玛瑙质玉髓，清康熙时贡入内府，足见十分珍贵。由于其地处大漠深处、环境非常恶劣、交通十分不便，加之当地王府严禁牧民捡拾采集，这些宝物才得以保护。直到20世纪七八十年代，银川的一批地质工作者到阿拉善北部进行地质考察，才重新发现了这些精美的石头，出于天性的喜爱，他们顺便带回了一些自己赏玩。20世纪90年代初，赏石的春风吹到了大西北，银川、阿拉善的一些石友才开始到大漠深处捡石头，后来在银川、西安、兰州、广州、柳州等处的奇石市场上，开始见到戈壁石。一些敏感的台湾奇石商人也很快赶到阿拉善地区，于是成吨整车采购的戈壁石运到南方销售。不长时间，戈壁石就像"小精灵"一样迅速传遍了祖国的大江南北。之后，从２００４年开始，银川、阿拉善地区年年都举办全国性的奇石展览，当地的石农、石商也成批地组团走出去参加全国各地举办的奇石展销会，以《石道》杂志为代表的各种石刊、石报，对大漠奇石都先后进行了系统报道和广泛宣传。通过大范围的交流、大批量的交易、大规模的宣传，可以说大漠奇石已经名扬天下了。

2. 喜爱的人员很多

对于审美，人与人之间的认识是存在差异的，但同时也有许多相同的认识、标准和共性。正因为如此，人们对于那些真正精美绝伦的东西，往往看法是一致的，对它们的喜爱是相同的。戈壁石一面世，人们立刻就被她的风采所吸引，被她的漂亮所倾倒，被她的奇特所折服。所以说，每次全国各地举办的奇石节、展销会上，吸引人数最多、卖得最火的是戈壁石。往往是石商把箱子一打开，人们就围了上来，一挑选就是大半天，一块一块地挑选上几十箱子也不觉累。前些年，银川、阿拉善连续多次举办了戈壁石精品展，让石友们大开了眼界、大饱了眼福。展馆里，三十多厘米高、橙黄色的沙漠漆大公鸡正"亭亭玉立，引颈高歌"，四十多厘米高，全身披满黄金甲的雏鹰也"站在山巅，俯视天下"；七八十厘米高五彩玛瑙石的梅花鹿高扬着长着角的头，伸长脖子密切地注视着前方……一块赛一块美妙的展品吸引了人们的眼球。许多人围着展厅转了一圈又一圈，看了一遍又一遍，怀着对这些展品的恋恋不舍久久不想离去。来参观的中国人是这样，日本人、韩国人、新加坡人是这样，就连那些不远万里来自美国、德国、瑞典和非洲的参观者也都是这样，大家一致反映：太棒了，太美了！现在，台湾许多大玩家酷爱赏玩戈壁石小品，常常谁来内地贩石了，他们都很关注返程的时间，担心错过购买好石的机会。有的玩家竟会跑几十公里、上百公里到机场去迎接期待中的戈壁石，总怕去晚了挑不上好石头，担心错过购买奇石的机会。过去，国内一些石友由于受地域环境的影响，赏玩奇石存有某些偏爱，往往喜欢当地产的石种。像广东的石友喜欢黄蜡石，甘肃的石友喜欢黄河源头石，安徽的石友喜欢灵璧石，湖北的石友喜欢长江石，广西的石友喜欢大化石……自从见到戈壁石后，许多人不知不觉地都打破了地域的局限，也爱上了戈壁石。即使奇石资源不丰富、收藏面较宽的一些地方，比如北京、天津、上海、太原、西安、石家庄、青岛，不少石友玩开戈壁石后，也"舍弃众好，专攻一项"了。还有许多人本来不玩奇石，自从见到戈壁石之后，他们就喜欢上了石头，是戈壁石把他们引领进了赏石队伍。大量事实表明，喜欢戈壁奇石的人的确是越来越多。到底有多少人？恐怕没人统计过，统计也难以统计清楚。但若问广大石友，绝大多数会说"喜欢戈壁石的人最多"。

3. 创造的价值很大

常言道："黄金有价，石无价"。在懂石、爱石、痴石人的眼里，难得的奇石是无价之宝。历史上就有"一石换一豪宅""一石换一辆三驾马车"的先例。戈壁奇石问世之后，也创造了许多值得称道的天价。21世纪初，北京张先生一方重仅91.2克、酷似雏鸡破壳的戈壁小玛瑙石，被中国宝玉石协会等几家权威机构的专家估价1.3亿人民币。1994年夏季在北京中关村数码大

母子吻（沙漠漆石 11cm×15cm）

回延安

（戈壁石，人石 2cm×2cm 塔石 2cm×7cm）

松鹤延年（戈壁石 7cm×9cm）

厦举办的中国奇石珍品展上，赵先生一方一公斤左右、面部很像老太太的戈壁小玛瑙石，被权威专家评估价值9600万人民币。2007年10月中央电视台第四频道在播放内蒙古阿拉善戈壁奇石的专题报道中显示，当地收藏戈壁石的"腕级"人物韩先生，手中拿有一方几厘米大的小龟破壳形状的戈壁小玛瑙石，张口开价1.5亿人民币。如果说这些估价、要价缺乏信服度的话，那么已经买卖成交的事例却足以说明戈壁奇石的价值不菲。十多年前，银川市马先生的一方"猛虎回眸"的戈壁石就卖了十万元人民币。太原苗先生一方50多厘米高、貌似熊猫的葡萄玛瑙石就卖了30万元人民币。台湾雅石艺术家周先生，编著的由100件戈壁石组成的小品集——《纵怀》一书，就被奇石收藏家陈先生以300万元人民币的价格将全部小品石买下。还有许多"别人出高价、本人不肯卖"的事例，也表明了戈壁奇石的价值。青岛王先生有一颗戈壁沙漠漆石的小猴子，身高不足12厘米，黄灿灿的，不仅形象好，而且活灵活现。当地外贸公司的老总第一眼看到的时候，开口就给10万元；后来上海的一位房地产开发商出50万元也没能把石头拿走。银川一位石友，刚开始投资80万元买了一屋子戈壁石，大都是早期的，质量比较好，有人出价1000万元收购，他丝毫不动心。近两年，戈壁石中的《龙龟》《鹦鹉》《佛脚》《皮蛋豆腐》等成交价都在百万元以上。正因为戈壁石创造了不菲的经济价值，地处祖国北部的边陲小镇阿拉善很快繁荣了起来，许多石商、石农都富得流油。不用说那些"腕级"式的人物，就是普通的戈壁石经销商也富裕起来了。有位山西籍的朋友在阿拉善经销硅化木、葡萄玛瑙等高档的戈壁石，不几年就发了，不仅买了别墅、高档的新越野车，还留下了很多难得的石头。有一年到他那里，他从床下拿出几块三五十厘米大的橙黄色的沙漠漆石让大家看，这些大体量的难得一见的好石头，形状似龙首、卧牛、金鸡、玉兔，哪个轻易出手都能卖几十万元。

4. 资源的开发很快

戈壁石的资源应该说还是很丰富的。它的产区主要在内蒙古西部绵延数千公里的腾格里、巴丹吉林、乌兰布和三大沙漠的深处，阿拉善盟、巴彦淖尔市北部，面积多达18.8万平方公里，其中有名的葡萄玛瑙和大滩玛瑙分布最广，西起阿右旗、东至银根处，长达150公里、宽约50公里，储量估算有400万立方米。在这样大的面积里，满滩遍野撒满了五颜六色的戈壁石。不知道国内还有哪个优良石种的产地，有如此大的范围、如此大的含量。由于戈壁石品种优良，社会需求量很大，资源开发得也非常快。由开始的"人捡马驮"到后来的"机拉车运"；由本地的石农、石商运出去销售，到外界的藏家、石商涌进来抢购；由少数人摆地摊叫卖，到建奇石城、奇石一条街推销。经过这样大规模的掠夺性的开采，不到十年时间主要产地的戈壁石资源基本枯竭了。目前人们只能"开山挖洞，刨地翻沙"式地到处寻找石头了。面临资源枯竭，不少人担心"今后没有戈壁石可玩了"。其实，这种担心大可不必。资源没有了，戈壁石的总量并没有少，它也没有从人间蒸发。只不过是由产地转移到了玩者、藏家、石商的厅堂中、几案上和仓库里了。据说，产地附近的阿拉善、巴彦淖尔、银川、包头、呼和浩特、北京、西安等大中城市的一些大藏家的仓库里戈壁石堆积如山，几十吨、上百吨的藏家不只是几个。他们囤积居奇就是等资源短缺时高价抛出。况且，物质资源开发出来了，但艺术资源、思想资源还远远没有开发出来；戈壁石开发出来了，戈壁奇石还远远没有开发出来。今后，戈壁石还是大有玩头的。

戈壁石的闪亮登场，创下了显赫的业绩，在赏石界引起了强烈的反响和高度的赞誉。不少石友赞叹道："南有大化，北有大漠""古有灵璧，今有戈壁""图案石观雨（雨花石），造型石赏风（风砺石）"。赏石界资深的鉴赏家、理论家邹先生，早在2004年就此评论道："在当代中国石坛上，能与南方一些名石'华山论剑'的北方石种，恐怕唯戈壁石莫属……目前，它已走出戈壁滩涂，搭上现代赏石文化的快车，成了国际和国内观赏石市场上最具竞争力的石种之一。"戈壁奇石依靠自身的完美条件，顺应新时期赏石的热潮，在当代石坛上"唱起了主角，挑起了大梁"，确立了主打石种的地位。

海上生明月（玛瑙石 5cm×4cm）

二、人们厚爱戈壁石是赏石与时俱进的表现

戈壁奇石为什么具有如此巨大的魅力，能够像"圣物"、像"灵物"那样，在不长的时间里很快创造出显赫业绩，并以迅雷不及掩耳之势迅猛地传遍祖国大江南北、境内境外，使痴者顶礼膜拜，使迷者乐此不疲；使有钱人自愿拿出百万，使无钱人很快致富；使寂寞的边陲小镇热闹起来，又使浮躁的城里人沉静下去？在全国改革开放发展经济的巨大影响下，当代赏石界发生了深刻的变化，出现了许多新情况、新变化、新理念，广大石友对戈壁奇石能够情有独钟，是事出有因的。常言道，世界上没有无缘无故的爱，也没有无缘无故的恨。爱与恨都是有一定原因的，对奇石也是一样。广大石友喜爱戈壁奇石，分析起来原因也是多方面的，既有石友主观方面的，也有戈壁石客观方面的；既有历史传统方面的，也有现实创新方面的，但其中最根本的是戈壁石品种的完美优良，适应了新时期广大石友赏石新理念的要求。

老子出关（碧玉石 7cm×5cm）

1. 戈壁石集众长、元素好，符合现代赏石"求全"的新理念

当代社会优胜劣汰、竞争异常激烈。如果自身条件不完美、不过硬，在激烈的竞争中迟早是会被淘汰的。因此，人们努力提高素质、强化自我，"要强""要好"的思想观念越来越突出。反映到赏石领域里，就是广大石友已不满足奇石某个方面的好就行了，而是追求基本元素样样好，综合条件要过硬。鉴赏奇石的标准也由过去偏重形体的"瘦、漏、透、皱"，改变为"形、质、色、纹"多个方面。对"一招鲜""单项好"或是"缺门落项"有明显弱项的石头，越来越不感兴趣了。现在人们的眼里，奇石一两个方面好只被视为"能玩的石头"，两三个方面好的被视为"有点玩头的石头"，四个方面综合好的才被视为"难得一玩的石头"：赏玩标准越来越高，综合素质要求越来越严。与这种赏石"求全"新理念相对应，戈壁奇石集各种名石之优长，天资条件十分优良，它具有灵璧石千变万化的造型，形状奇巧、变化多端；

它具有黄蜡石玉一般的质地，坚硬致密、光滑莹润；它具有大化石鲜亮夺目的色彩，五颜六色、靓丽无比；它具有来宾石清晰明快的纹理，韵味十足、律动感强。戈壁奇石这样优秀完美的条件，正是当今人们喜欢它的根源所在。

2. 戈壁石变化大、易出形，符合现代赏石"求象"的新理念

我国传统的赏石文化，受儒、道、释思想、特别是道家思想影响很深。长期以来，"玄学""禅学"的理论反映在赏石审美方面，主张"虚无缥缈、玲珑剔透"，追求"空洞无物"的"山子石"和没有任何形象的"禅石"，讲究沉静自省、修身养性，不大在乎奇石"像什么、不像什么"，在形象上不过分讲究。进入改革开放新的历史时期之后，整个社会更加求真务实，表现在赏石方面就是"求像"。人们对那些"看不见、摸不到、弄不懂"很"玄乎"的东西越来越不感兴趣，对那些"抽而不像、抽而乱像、抽而无像"的所谓西方抽象派艺术也不买账，赏石很快形成了"求像"的趋势。

许多赏石理论家就此发表了很多深有见地的见解，上海的陈先生说：好石头"要有主题与个性特色，不要抽而不像"，"凡是象形石，我认为不能停留在'似像非像'上，而是越像越好"。湖北的邹先生也说："由于观赏石没有生命，也没有复制物象的能力，所以我们完全不必担心太似媚俗"。事实上观赏石不可能像人为艺术品那样太似，所以这种担心是多余的。人们倒是应该担心观赏石的"不似欺世"。所以只要是真正的天然原石，应该越像越好。上海的俞先生也指出："显然，重具象轻抽象（意象），而且一味求似是目前赏石界有别于（绘画）艺术界的一个特点"。从戈壁石自身的情况看，其满身多是坑坑洼洼、疙疙瘩瘩、

蛙听鱼说

（玛瑙石 4cm×5cm）

枝枝杈杈、歪七扭八，起伏变化大，很容易出形成像。有的像人物，有的像动物，有的像植物，有的像景物，也有的像器物……人间百态，应有尽有。而且，其成像或雅致，或朴拙，或含蓄，或夸张，栩栩如生，生动无比。戈壁石自身容易出形成像的特点，恰好符合了当今赏石"求象"的新理念，这恐怕是人们喜欢戈壁石的又一原因。

3. 戈壁石质地佳、色彩艳，符合当代赏石"求靓"的新理念

对于奇石质地、色彩的审美，古今也是有较大差异的，古人由于偏重赏形，

对石头的质地、色彩不大关注，若说喜爱的话，多视黑、灰、白等暗淡之色为好，你看灵璧石、太湖石、昆山石、英德石等古代四大名石的色彩多是如此。质地也多是石灰岩，比较松软，因此色彩必然暗淡。当代，由于人们忙于经济发展，追求发家致富，"求富"的心理十分强烈。受这种大环境的影响，审美意识也发生了较大变化，许多人喜欢红红火火、富丽堂皇的色彩。在赏石方面也越来越偏重浓墨重彩、色泽亮丽，"求靓"成为一种新的赏石理念。所以雨花石因色彩鲜亮、天生丽质而得宠；大化石因色彩艳丽夺目、质地细腻光润、满身宝气十足而成为主打石种。质地、色彩这些在其他艺术品中的一般元素，成为奇石"四大元素"的重要组成部分，成为衡量奇石质量好差的基本条件和标准。普遍追求质地的"玉化"和色彩的"靓化"，松软、暗淡的石头越来越不受欢迎了。戈壁奇石被人们情有独钟的原因，分析起来同它的质地、色彩出众也是密切相关的。先说它的质地：戈壁石多是玛瑙、碧玉石，细腻光滑，致密坚硬，晶莹透亮，硬度7级左右。在历史上玛瑙与珍珠并列，被人们视为宝石类，当作财富的象征。再说它的色彩：戈壁石也是天生丽质，"五彩"玛瑙，"七彩"碧玉，金黄色的"沙漠漆"，都是它优秀的姐妹石种。其他品种的

俯视（玛瑙石 12cm×13cm）

戈壁奇石也都五颜六色，"赤、橙、黄、绿、青、蓝、紫"七色俱全。有的一石一色，有的一石多色，有的石有巧色。或一只玛瑙小鸟雪白的身子、鲜红的嘴；或一方碧玉人物粉红的脸面、黝黑的胡须；或一方葡萄玛瑙石白底透明挂满了一串串紫红色的珠子，就像熟透了的新疆葡萄。真是人见人爱、爱不释手，人们喜欢戈壁石也就不难理解了。

4. 戈壁石品种多、玩路广，符合现代赏石"求新"的新理念

尽管我们的祖先为创建中华民族传统的赏石文化做出了巨大贡献，为我们开发了许多优秀石种，提供了不少好的玩法，但与这次我国第三次赏石热潮的迅猛发展相比，仍然在赏石的"品种上显得有些单一，方法上显得有些单调，理论上显得有些单薄"，应该说缺陷和差距还是不小的。第三次赏石热潮的兴起，在赏石文化方面，担负起了承前启后、继往开来的历史重任。由于这次赏石热潮的兴起，正值全国改革开放深入发展，并取得巨大成绩的大好形势下，

人们的思想异常活跃，爱好十分广泛，个性非常张扬，创造发展的思想无比强烈。反映在赏石文化方面就是不因循守旧，不墨守成规，"求新""求异""求发展"的新理念很快形成，赏石出现了"品种多样化、爱好多元化、玩法多种化"的发展趋势。有的喜欢体量大的，有的喜欢体量小的；有的喜欢景观的，有的喜欢人物的；有的喜欢润感强的，有的喜欢枯味足的……赏石界出现了"百花齐放、百家争鸣"的繁荣景象。从戈壁石自身方面的情况看，它品种丰富，有玛瑙石、碧玉石、沙漠漆石、硅化木石等数十个品种。单是玛瑙石又细分为葡萄玛瑙石、珍珠玛瑙石、鱼子玛瑙石、水草玛瑙石、缠丝玛瑙石多个品种。从石头的体量上看，大、中、小都有，大的一米左右，可做厅堂石；中的三五十厘米大，可做几架石；小的也有四五厘米，可做手玩石。戈壁石品种丰富多样，可以满足很多人各种爱好、各种玩法的需求，人们都能从它这里找到欢快和满足。在这里还特别值得一提的是它的小品戈壁石，别看它体量小不起眼儿，但它"体小、品优、玩法广"，往往越小越精彩，不但可以单品单石手玩，而且可以多品多石组合起来玩。这样，很快

鸿鹄（碧玉石 21cm×7cm）

在台湾、内地的许多城市兴起了赏玩"小品石组合"的热潮。不要小看小品组合这种玩法，它不仅创造了赏石的新方法，而且拓宽了奇石赏玩的空间，还有力地增强了奇石赏玩的思想性和艺术性。2005年8月在宁夏首府银川市专门召开了小品石组合雅石节，广泛交流推广小品石组合这种赏玩的新方式、新成果，更加激发了广大石友赏玩戈壁小品石的热情，可以说是戈壁石拓宽了"小品石组合"的新玩法。这种新玩法之所以能够在21世纪广泛兴起，大漠石功不可没。正如一些赏石理论家所说："近两年在各种媒体上频频亮相的小戈壁石，使我们当代赏石进入了一个更高层次的新境界，极大地缩短了观赏石与艺术品市场的差距，为赏石艺术化立下了汗马功劳"。

三、奇特的环境造就了奇特的戈壁石

我国古代有句名言："艰难困苦，玉汝于成"。是说只有恶劣的条件，才能成就大器。似乎自然界中一切优秀出众的东西，都是要经过一番磨难似的。戈壁石正是这样，它出生在一个荒凉、空旷、残酷、险恶的环境里，其位于内蒙古西部高原、黄河河套西岸，腾格里、巴丹吉林、乌兰布和三大沙漠汇合过渡地带，属阿拉善盟、巴彦淖尔市管辖。其间，戈壁滩密布，碎沙石遍野，常年天旱少雨，牧草荒疏不长，无道无路，人烟稀少。若问戈壁石是怎样形成的，可以说它是荒凉空旷的造化，是艰难困苦的结晶，是地火天风的宠儿。

向前（玛瑙石 9cm×4.5cm）

1.火山喷发——孕育了它

戈壁石的产地是火山喷发的多发地，历史上曾多次发生规模大小不等的火山喷发。每次火山喷发的前期，形成规模浩大的火山岩流喷出地表之后，随着岩流温度、压力的骤然降低，其中所含的二氧化碳、水蒸气等气体迅速散发，很快冷却凝固成岩石山体，新形成的火山洞和岩体中留存下了许多或大或小形状怪异的气孔、空洞和缝隙。火山活动后期，深层饱含二氧化硅的胶液被挤压上来，顺着缝隙进入前期岩石留存的气孔和空洞，因含有的矿物质成分不同，而分别凝结成玛瑙、碧玉、蛋白石、水晶等个体。这些个体的形态往往同那些气孔、空洞、缝隙的形状有很大关系，在一定程度上讲前者是后者的模具。在这里着重介绍一下号称戈壁石"帝后"的葡萄玛瑙石的形成情况：葡萄玛瑙石形成于阿拉善北部的火山口附近山体的大型空洞里，火山喷发后挤压上来的大量硅胶热液停留在无数缝隙中而无法充满整个岩洞时，便依附缝隙的突出点以一滴一滴地结成串的葡萄体，或悬于洞顶，或长于地上，或挂于洞壁，之后白色的高岭土又填充满整个空洞，对葡萄玛瑙石起到了很好的保护作用。从以上可以看出，是火山喷发孕育了戈壁石。

2. 地壳运动——催生了它

戈壁石从孕育其的母体岩石中脱落出来，是自然界多种外力的长期作用而成的。频繁的地壳运动，山体相互挤压碰撞将其暴露地表；气候的冷热剧变，使这些裸露于地表的岩石热胀冷缩、崩裂粉碎，把戈壁石风化剥离出来；风吹、雨淋的自然剥蚀，也使岩石逐渐风化，将戈壁石裸露出来；狂风、山洪将这些风化出来的戈壁石吹落、冲刷到较低洼的戈壁滩上，这诸多外力的作用，许多时候是同时进行的，更加大了风化的进度，最终使戈壁石脱离了母体岩石。对此，硅化木石的形成过程就很有代表性。据地质专家考证，早在两亿年前后，阿拉善戈壁曾是广袤的内陆湖，周围生长着茂盛的树木森林。后来，火山喷发出来的浩浩荡荡大岩流将大片的森林埋在下面，又经过漫长的替代、置换、硅化、石化的过程后，在后面的地壳变动中被抛出了地表，又不知过了多少万年的风化而裸露出来，成为极具科研和观赏价值的奇石。

观音送子（硅化木石 11cm×29cm）

3. 风沙磨砺——培养了它

内蒙古西北沙漠属于干旱地区，受大陆性气候的影响，寒暑冷热剧变，空气对流强烈。因此，风沙既多且大，风力全年平均5级以上，强风在12级左右。当地流传"一年一场风，从春刮到冬"。春天刮"黄毛呼呼"（当地俗语），风沙一起搞得天昏地暗，飞沙走石；冬天下雪之后刮"白毛呼呼"，风雪满天飞舞，搅得周天寒彻。"黄毛呼呼"刮到脸上像针扎，"白毛呼呼"吹到脸上像刀刮，相当猛烈厉害。所以，对于风沙的吹蚀磨砺作用绝不可低估，它在戈壁石的形成过程中具有举足轻重的意义，具体讲至少起三种作用：一是去污作用，它可以将粘连在戈壁石上的灰渣杂质、风化碎屑吹蚀干净；二是抛光作用，石体在形成过程中生成的坑洼、疙瘩、棱角、锋尖等坚硬部分，经过风沙长年累月、周而复始的磨砺，慢慢变成了"有粗无糙、有棱无角、有锋无利"的状况，对于石体其他部分吹磨得更是细腻圆润、光滑无比；三是改形作用，虽说戈壁石的形状早在孕育阶段就基本定型，但石体含有软硬不同质地者仍会变化。比如说，戈壁石中的千层石就是这样。千层石含有薄层状的白云岩、硅质岩及硅质白云岩，呈互层状况，并有较多的石英脉穿插其中，岩性软硬不一、差别较大。

这种石头，经过风沙的长期吹蚀，软质部分就慢慢凹下去了，硬质部分就凸现出来，一层一层叠压在一起，有的像佛塔，有的像楼阁，有的像庙堂，十分漂亮，具有相当高的观赏价值。

4. 气温剧变——粉饰了它

戈壁石所在地属于荒漠地区，昼夜温度相差很大，有时白天的温度高达60℃以上，而夜间骤降为10℃左右。水分蒸发很快，地下水上升迅速。这种情况对戈壁石是很有好处的，它帮助戈壁石进行了粉饰美化。具体讲，一方面可以帮助它滋养。随着冷热变化，地下水不断上升蒸发，改善了周围的干燥状况，可以使其所处环境经常保持湿润，石头就不会过于干燥，起到了滋润保养的作用。另一方面，可以帮助戈壁石着色。由于当地地下水中矿化度很高，含有不同的矿物成分，水分蒸发时被地面上的戈壁石阻挡，在石头的底面形成许多露珠状的水点，干涸的石头通过毛细管拼命地吸收，使这些矿物质不仅仅停留在石头的表面，而且也进入石内一定深度，因矿物质的不同而在石头上形成不同的颜色。石头的着色，除了在孕育阶段因胶液含有不同的矿物质而着色外，就是上述侵入式的着色了。再一方面，可以帮助戈壁石涂漆。如果戈壁石所在地的地下水含有氧化铁或氧化锰的胶体溶液，其通过毛细管向上扩散、熏蒸而在地表上的戈壁石表面沉淀、浸染上一层黄色或褐色的氧化铁或氧化锰薄膜，好似上了一道哑光漆，加之风沙对薄膜的反复抛光，就更像在石头上喷涂一层"漆"。这种颜色不同的沙漠漆不仅使石头更加光鲜漂亮，而且还会对石头起到很好的保护作用。内蒙古其他许多戈壁石往往都有一层薄膜包裹的石皮，虽说目前不叫沙漠漆石，但其实也是一种沙漠漆的现象，并且是一种独有的现象。外地戈壁石少有这种情况，这是它们之间的最大差别。

寻觅（葡萄玛瑙石 8cm×8cm）

喜上眉梢（碧玉石 5cm×6cm）

四、戈壁石的品种十分丰富

关于戈壁石品种的问题，在前面或多或少都涉及了一些。为更完整更系统地深入了解它，有必要对一些主要品种再做详尽的介绍。蒙古族称沙漠为戈壁。戈壁石，即沙漠石、大漠石、荒漠石，简称漠石，也叫风砺石、风棱石。戈壁石是一个大家族，成员很多，足有数十个品种和门类。主要的是：

1. 冰清玉洁的玛瑙石

玛瑙是一个古老而著名的石种，在汉代之前人们称其为"琼""赤琼"或"琼瑶"，在唐代这种美观的石头因其形像马脑而改名"玛瑙"。阿拉善地区的玛瑙尤为优质，明代宋应星在《天工开物》中称其为上品，很是珍贵。其主要化学成分是二氧化硅，硬度 7 级左右，半透明质地，玻璃状光泽。颜色有黄、白、灰、红、蓝、紫、黑等色，可以说五彩缤纷，光鲜亮丽。其外形表面坑洼不平、疙瘩凸起、起伏变化较大，容易出形成像。主要品种有葡萄玛瑙、珍珠玛瑙、鱼子玛瑙、水草玛瑙、缠丝玛瑙、水胆玛瑙、紫晶玛瑙、城郭玛瑙、苔藓玛瑙等多个品种。其中三个品种尤为值得关注，一为巧色玛瑙，主要产

玛瑙石 6cm×6cm

在巴丹吉林沙漠腹地，玛瑙与碧玉共生，或在白色的玛瑙上生着鲜红的碧玉，或在红色的玛瑙上长着绿色的碧玉，或在浅黄色的碧玉上共生着蓝色的玛瑙块，它们交错互生，互换为奇，很是抢眼；二为葡萄玛瑙，通体布满色彩斑斓、大小不一、浑然天成的珠状玛瑙小球，如硕果累累、流珠挂玉，似串串葡萄、晶莹通透，令人十分惊叹；三为小品玛瑙石，也就是个头不大的玛瑙，其小巧玲珑，圆润精干，天生丽质，形体多变，成像生动，传神耐看，既可单品手中赏，又可组合一起玩。起初，大通货市场价格很便宜，三五元一颗。只要你有耐心、有眼力、有运气，"捡漏儿"的事时有发生。阿拉善当地有个石友，在地摊上花一元钱买了一颗巧色人物石，转手以一万元的价格卖掉，创造了"一本万利"的奇迹。

2. 油亮光滑的碧玉石

整个戈壁地区都有产出。其主要的化学成分同玛瑙一样都是二氧化硅，只是在矿物成分中混有黏土等矿物杂质，透明度不够，硬度在 6 ~ 7 级之间。在成石过程中，由于含有的微量金属元素不同，而分为红、黄、绿、黑或多色相间等不同色彩，绿碧玉、红碧玉较为常见，黑碧玉、黄碧玉稀少，同在一石含有"赤、橙、黄、绿、青、蓝、紫"的"七彩碧玉"更为难得。阿拉善地区银根以北出产的绿碧玉中带有放射状的白色图案，形如怒放的菊花，甚为艳丽夺目。碧玉石多呈板块、团块状，外形变化不大，除有光润的石肤、坚硬的石质、明丽的色泽外，形意俱佳的很少见。笔者有一方长约 20 厘米的绿色碧玉，状如信鸽，高高地扬着头、翘着尾，精神抖擞，注视前方，好似严阵以待、送信出征；还有一方黄碧玉石，约有 40 厘米高、20 厘米宽，好似一位头戴铁盔的古代将军，由于头部有三个棱角，脸部形成了三个侧面，正面看似老年将军像，左侧面看似壮年将军像，右侧面看似青年将军像，端庄肃穆，威风八面，赏之令人起敬。还有位石友，用四方不同颜色和形状的碧玉石，分别命名红碧玉为"燃日"、黑碧玉为"落月"、绿碧玉为"迎春"、黄碧玉为"送秋"，也别有一番味道。

3. 漆风瓷韵的沙漠漆石

沙漠漆石，因石体表面包裹着一层像油漆一样的薄膜而得名。这层薄膜来之不易，它经过含有化学物质二氧化铁和二氧化锰的地下水，通过毛细管反复上升而又反复蒸发，将化学物质一点一滴留存在石体上，再经过风沙的反复摩擦抛光而成，没有成千上万年的时间是难以形成的。并且，只有地表上的石块才有此机遇，埋在沙土里的石块是没有这种福分的。即使涂上沙漠漆的石头后

老年　　　　　　　　壮年　　　　　　　　青年

（黄碧玉石 20cm×43cm）

来又被埋入沙土里，漆膜也会逐渐褪去的。沙漠漆石的颜色是多种多样的，有橙黄、赭黑、棕红、乳白等颜色，五彩缤纷，非常漂亮。仔细望去确有古漆器的风度和古瓷器的韵味。目前，多姿多彩的橙黄色沙漠漆石最受人们的关注和追捧，市场价格不菲。漆膜的质地同石头的质地关系极大，往往是石头质地越好漆膜的质地也就越好，一般说来，玛瑙、碧玉、蛋白石的石质就比板岩、灰岩、花岗石石质形成的沙漠漆要好。沙漠漆本身不是奇石，它的价值在于：对造型石而言它起一种装饰美化作用，有了它可使原来的石头更加靓丽美观；对画面石而言它的意义更大，不仅是装饰美化而更重要的是直接影响着图案的形成，也就是说漆膜画的形成。这种漆膜画以画面美丽、形象生动为佳。依画面分类，可分国画、油画、朦胧画、生物图形画等。内蒙古呼市的一位石友，有一方石英质沙漠漆奇石名为"凤舞吉祥"，画面为锰质形成，有七只彩凤翩翩起舞，足显大自然神来之笔。

4. 古色古香的木化石

　　木化石，又叫硅化木、树化玉。大约一亿年前的树木，由于造山运动和火山喷发活动，被长期深埋在封闭的地层里，在漫长的地质作用过程中被含铁、硅、钙物质交换替代，使树木变成了化石。在物质变换替代时，如果溶解与交替速度相等，且以分子相交换，则可保存树木的微细结构，如年轮及细胞轮廓等。如交替速度小于溶解速度，则主要保存了树木的形态，年轮等细微处多是不清楚。直到树木原来的成分完全被含铁、硅、钙的物质所取代，才成为真正的木化石。一般说来，含钙质的呈黄色，含铁质的呈暗红色，含硅质的呈黑色，另有玛瑙质、碧玉质的少见。其中的黑色、多面、光滑、桩柱状且有树杈、节瘤、虫蛀、木纹清晰者为上品。这种硅化木常常传达远古时的生命信息，欣赏时往往使人产生缅古怀旧之情。如果形质俱佳，诸美皆备，似人若兽、像山状景者就更为难得。笔者有两方三四十厘米大的硅质木化石，一方似云游四海的道士，一方似气拔山河的武士，两方人物石形象逼真、生动传神，令人十分喜爱。

沙漠漆石 6cm×6cm

硅化木石 5cm×12cm

鸡骨石 13cm×7cm

千层石 11cm×9cm

5. 空灵嶙峋的结构石

这类戈壁石，包括"鸡骨石""蜂巢石""千层石"等具有"瘦、漏、透、皱"风格的石头，石体一般都包含两种以上的软硬不同的石质，经过强劲风沙的长期吹蚀，石质较软部分被吹蚀掉，露出较硬部分往往形成"鸡骨状""蜂窝状""层叠状"，并按一定的规律秩序连接成不同结构，显现出很强的结构美、韵律美和玲珑美，很有古代文人石的风味，具有很高的观赏价值。"鸡骨石"是一种放射状硅质框架构造石，在黄白色框架中的软质矿物被自然风化掉后，裸露的石质框架似瘦骨嶙峋、参差交错的"鸡骨"。有的呈放射状框架，如盛开的"菊花"；也有带红筋硅质瓣片和黑色玉髓质的，多产于巴丹吉林沙漠北部地区。"蜂巢石"是一种石体遍布大小不等圆孔的玄武岩，有红、黑、灰、绿、赭等颜色，以通体尽洞取胜，洞洞相连、洞随石行，可通烟走水，似众多蜂巢，产于阿拉善苏宏图地区的戈壁滩上。"千层石"是一种十几亿年前海相沉积的白云岩，软质部分被吹蚀掉后，留下微透明的乳白色或灰黑色的硬硅质条带，呈层理叠压状构造、体型大小不等，大者70厘米以上，小者10厘米左右，产于乌拉山东北的戈壁中。

除了上述几大门类的品种外，戈壁石还有玉髓、蛋白石、水晶、蜡石、沙漠玫瑰等诸多品种。可以说，戈壁石是一个品质优良、种类繁多、含量丰富，可胜任"主打石种"而称雄石界天下的名石。

五、赏玩戈壁石对身心健康大有益处

据中石协公布，目前国内赏玩奇石的人多达上千万，国外收藏矿物晶体的人也竟有两三千万之众。这么多的人看好奇石，人们不禁要问赏石究竟能起什么作用，有什么好处？从广义上讲，石头是人类赖以生存的物质基础之一，是宇宙间银河系、太阳系中的地球、月球等各种星体的基本物质形态之一，"是地之骨、水之床、气之伴、云之根"，是人类生活的美好家园。在一定意义上说，石生长了人、改造了人、养育了人，是人类最宝贵的资源、最得力的助手、最密切的伙伴。正如毛泽东同志指出："人猿相揖别，只几个石头磨过，小儿时节。"从奇石赏玩这个狭义上讲，它是我们民族古老的传统文化，是奇特的造型艺术，是高雅的精神生活。采拣、购买、品赏、收藏它，可以给人们带来欢乐、带来高品位和无穷的精神享受。如果联系历史名人、玩石友人和个人的实际感受来说，赏石至少可以畅神、启智、比德、健体。

1. 可以畅神，在精神上获取愉悦

赏石就是品赏奇石的自然美和艺术美，赏石的过程就是审美的过程。在这个过程中人可以获得心情舒畅、精神愉悦的感受，这就是所谓的畅神作用。众所周知，人在社会生活中养成了许多不同的情趣和爱好，有的喜欢养花养草，有的喜欢养猫养狗，有的喜欢下棋玩牌……但一个共同的特性就是"爱美之心人皆有之"，有美则心畅。奇石天然美的特质，可以满足人们许多情趣和爱好。首先，奇石的奇特性，像千奇百怪的形状、千变万化的色泽、千丝万缕的纹理，吸引人们的眼球，引发人们探究，力求破译其中的密码和奥妙，进而可以满足人们"好奇"的情趣。其次，奇石的可赏性，如石像中反映的动物百态、人物故事、食物美味、文字符号等等，人们在忙碌一天之后，坐下来一边品着香茶，一边赏着美石，甚是逍遥自在，什么名利得失都会烟消云散，进而可以满足人们"闲适"的情趣。再者，奇石的缩景性，

英姿（玛瑙石 2.5cm×7cm）

有许多奇石的形象似山川河流、状晨曦朝霞、如高山瀑布、像密林幽居、若小桥流水……美不胜收，足不出户即可览胜，不费劳顿之苦便可观景，进而可以满足人们"山水"的情趣。总之，人们通过观赏奇石的艺术形象，可以在自然的美景中畅游，可以在奇特的妙境中漫步，可以在神幻的仙境中沉思，极遨游之趣，享其乐无穷。

2. 可以启智，在思想上提高智慧

奇石之中有世上百态、人间万象，人们在识别、选择、品赏、论石的过程中，往往会触景生情、引发才思、获得智慧，在这方面至少有三点值得说明。其一，培养创新思维。奇石是永不重样的艺术，哪个与哪个也不会相同，人们在识别、挑选石头时，需要展开联想的翅膀，快捷高速的运转，反复不停地与石对话，力求寻找到世间的对应物。在这个过程中，无意识地培养了人们敏感的创造性思维，这是十分宝贵的。其二，诱发艺术灵感。奇石之中有不少是山水景观石、古今人物石、花鸟鱼虫石……在人们观赏时除了美的享受之外，在艺术创作上也会受到启示。为什么古今有那

威震四方（碧玉石 8cm×5cm）

么多书画家、雕塑家、诗学家等艺术家都喜欢奇石，像唐朝的诗仙李白、诗圣杜甫；宋朝的大书画家苏东坡、米芾；明清时期的郑板桥、蒲松龄；近代的齐白石、张大千、王朝闻等等，都对奇石喜爱有加，其中一个重要原因就是从中引发艺术灵感，强化写生印象，寻找艺术特色，这与一般人赏石是有很大不同的。在培养锻炼人的聪明才智方面，古人提倡"读万卷书，行万里路"，从赏石的作用看，还应加上"赏万方石"。赏石同样可以帮助人开阔视野，增长见识，启发智慧。其三，寄托不平之气。历史上一些人，特别是人生坎坷的奇才豪士常常借石述怀。我国历史上的四大文学名著，有三部都同石头有关。《水浒传》中的一百单八将的排座次，是在一块碣石上预先写就的；《西游记》是以一个"从石缝里蹦出来"的齐天大圣孙悟空为典型，描写和宣扬了一个天不怕、地不怕、

鬼不怕、神不怕，敢于同一切艰难困苦和邪恶势力做斗争，具有强烈反抗、战斗精神的英雄人物；《红楼梦》是以一个女娲补天剩下的一块五色石演化成的封建贵族子弟贾宝玉为主线，描写和宣扬了一个背叛封建社会，冲破封建礼教，鄙视功名利禄，追求自由的"玩世不恭"的叛逆人物。这些以石头化身的书中人物，都是超凡脱俗、极具个性的典型人物，受到了我国和世界广大人民的喜爱，给人们留下了非常深刻的印象。

3. 可以比德，在品格上增强修养

古人认为"天人一理""格物致知"，自然界的万物灵性相通。石、人也是一样，"石性人性，性性相通；石道人道，道道相连"，并提倡"智者乐水，仁者乐山""君子比德于玉"。赏玩石头有什么德呢？

唐代大诗人白居易提倡"爱石十德"：养情延爱颜、助眼促睡眠、澄心无秽恶、草木知春秋、不远有眺望、不行入岩窟、不寻见海浦、迎夏有纳凉、延年无朽损、异之无恶业。日本永平寺的禅师熊泽曾总结出"石道五训"：奇形怪状，无言而能言，石也；沉着而有灵气，永埋土中而成大地之骨干，石也；雨打风吹耐寒，坚固不移者，石也；质坚而能完成大厦高楼之基础者，石也；默默伫立山中、庭园，增加生活趣味，并能抚慰人心者，石也。从中外古人对石德的论述中，我们可以清楚地看到，石头确有许多品性和气质值得人们学习，尤其在四个方面应该与石比德。一方面石性坚贞、有硬气。它打不碎、压不垮、折不断、磨不平，人学之可"善养吾浩然之气"。人这一生不可能永远

舞女（沙漠漆石 5cm×7cm）

精彩，有顺境也有逆境，怎样在寂寞中做到"失宠而不失志，失意而不失败，丢官而不丢人"，这确是人生一大考验。很多历史名人，特别是一些具有大思想、大智慧、大作为的人，像唐代的大诗人杜甫一生怀才不遇，宋朝大书画家苏东坡几次被贬流放，清代大文豪曹雪芹至死穷困潦倒，但他们坚持与石比德，视石如友，韬光养晦，矢志不渝，都干出了一番惊天动地、流芳百世的事业，在寂寞中走向了人生的胜境。一方面石性沉稳，有静气。不管将它留在山间、冲入河流、埋入土中，都安于现状，不事张扬，默默无闻，稳定沉着。当今，浮躁的城里人应该向石头学习，静下心来学点东西、想些问题、干点事情，增长

真才实学。宁静致远，不要企图一口吃个胖子，一夜暴富或一举成名，投机取巧要不得！再一方面，石性温润、有热气。握之不扎手，摸之不划人，温存可亲，善以待人。我们应该学习石头这种与人为善的良好品质，诚恳帮人，乐于助人，人人成为一团火，温暖整个世界。第四方面，石性平实，有正气。水蚀不腐，虫蛀不烂，实为踏实，无论用之大厦奠基，还是用之防洪筑坝，绝对安全可靠。我们每个人都应该像石头这样，做老实人，办老实事，一身正气，让人放心。总之，坚持与石比德是赏玩奇石的最高宗旨和境界。只有这样玩石，才更有意义。正如作家贾平凹先生所说："有句话'玩物丧志'，别的不说，玩石头却绝不丧志。"

4. 可以健体，在身体上促进安康

所谓健体，无外乎两个方面，一是养心，二是养身。赏石活动是一种高雅有益的活动，能够满足这两方面的需求，既可养心，又可健身，长期坚持参与，必定受益终身。老年人参与它，活得更年轻；壮年人参与它，过得更快乐；青年人参与它，显得更成熟；小孩参与它，长得更聪慧。从参与这项活动较早的一些石友的情况看，大都有明显变化，概括起来主要有四点：一是生活更加丰富充实。在职的忙者，利用节假日、休息日、饭前茶后、工作之余的时间，玩玩石头，换换心境，可以忘记苦累，消除疲劳，使整日紧张的身心闲适下来；退职的闲者，玩玩石头，干点自己从前想干又无时间干，而现在能够干喜欢干的事，"占住身、静下心"，玩玩这奇特的艺术，学学这传统的文化，以改变无所事事的寂寞状况，重新使自己忙碌起来，从而使生活更加丰富充实。二是脑筋更加敏捷活跃。玩石实际上是在玩文化玩脑筋，石头挑选需要展开思想的翅膀不断辨识，石头立意需要开动脑筋反复对话，石头命名需要咬文嚼字深入推敲，有时为此还需查查词典、翻翻资料、上上网络，用脑动脑的事儿不少，常言"流水不腐，户枢不蠹"，慢慢思想就更活跃了，脑筋就更敏捷了。三是精神更加愉悦美满。经常赏玩奇石，事事与高兴相伴，处处同美交往，心情一直处于喜

人模狗样（碧玉石 9cm×11cm）

悦之中，特别是碰上大的石展，那更是玩石人的节日盛会、精神大餐，整日"在摊点选石头，到展馆看石头，听专家讲石头"，更是"乐不思蜀"了。四是体力活动更加频繁有度。玩石不光是脑力活动，而且也是体力活动，出去经常捡石头、买石头、看石头，少不了肩背手提、行走奔波、车马劳顿之苦，在家不断给石头清洗、上油、打蜡、配座，这些看似忙得不亦乐乎，却不知不觉地锻炼了身体。

贵妇人（碧玉石 6cm×8cm）

红颜知己（碧玉石 4cm×7cm）

六、赏玩戈壁石的目的必须要端正

大家知道，无论做任何事情，目的和动机具有很强的导向作用。赏玩戈壁奇石也是一样，假如目的不明确、动机不端正，是很难玩出水平和档次的。尽管目前赏玩奇石的人数越来越多，但是人员的素质参差不齐，想法也五花八门。有些玩石是为了"玩趣""玩钱""玩名"，也有些是为了"玩美""玩心"。由于目的、动机不一样，标准、看法也必然就难统一，只能是"各吹各的号，各唱各的调"，处于"散沙一片"，直接妨碍赏石文化的深入发展。对此，很有必要对当前奇石界玩石的目的和动机进行一番剖析，进一步分清哪些是对的，哪些是错的；哪些是应该坚持的，哪些是必须舍弃的，以便更好地发扬积极因素，克服消极因素，统一思想、统一意志，努力把传统的赏石文化艺术不断推向深入。目前玩石有哪些目的和动机需要端正呢？下面，让我们逐一进行剖析。

1. 玩石仅有"寻奇的吸引"是不足的

当今，是改革开放、建设创新型国家的年代，人们求新好奇、标新立异的观念很强，对于以"奇"见长的赏石文化更是情有独钟，很好接受。有的

燕子（玛瑙石 8cm×3cm）

看到石头上有猫有狗，觉得新鲜好奇，便买些玩了起来；有的看到石头"光光溜溜、花花绿绿"很是好看好玩，也就慢慢玩了起来；有的看到不少亲朋好友都在玩石头，玩得有滋有味的，好热闹、随大流，也就跟着玩起来了。至于为什么玩、玩什么样的好、怎样玩都知之不多，目的性并不明确。结果，石头买了一大堆，上档次的没几个。这是怎么回事儿？让我们仔细分析一下。首先，应该肯定的是好奇心是非常宝贵的，是人类心理最普遍的一种现象。历史上许多伟大的发明、伟大的创造、伟大的创新，往往都是由好奇心引发的，是好奇心把人们领入了门，是好奇心推动着向前发展的。但是，要玩好戈壁石仅靠好奇心又是不够的，毕竟不同的事物有不同的常识和规律，不懂得它、不掌握它，是难有成果的，仅靠碰运气也是不行的。所以，要玩好戈壁石就要克服盲目性、

增强自觉性、克服片面性、增强准确性。不妨，我们先学一学玩石的基本常识，弄懂为什么玩、怎样玩、玩什么样的等具体问题。再看一看别人，特别是一些行家里手是怎样选石、怎样品石、怎样玩石的；然后自己再试一试，买点自己喜欢的石头，练练自己的眼力。待基本问题懂了、把握性大了，再放开手脚去买石、去选石，或许这样才能少走些弯路、少吃些亏、少交些"学费"。

2. 玩石仅有"金钱的诱惑"是不妥的

在目前我国的赏石队伍中，有相当一批人是属于从事奇石买卖的人，他们喜欢石头更喜欢金钱，或者说先喜欢石头后喜欢金钱。其中，一部分人从一开始就是因为喜欢金钱而走进玩石队伍中来的。他们看到戈壁石能换来大把大把的钞票，就开始捡石头、买石头，摆开地摊、开起石店卖石头，做起奇石生意。他们对石头不懂多少，也不管石头的质量如何，能赚点钱就卖，就这样由牧民、市民变成了石贩石商；还有一部分人原来是很喜欢玩石头的，对奇石也懂一些，玩起来也很上劲，后来看到别人卖石头发了财，自己眼红的不得了，干脆放弃自己的"爱好"，靠着自己懂点石头的本事，也一门心思地做起了石头买卖，由玩石人变成卖石者；再一部分人开始是玩石头、买石头、只进不出的收藏石头的人，后来因为时间长了，奇石积累得多了，经济发生困难了，就走上了所谓的"以石养石"的道路，一边玩石头，一边卖石头。结果，好石头卖出去了，

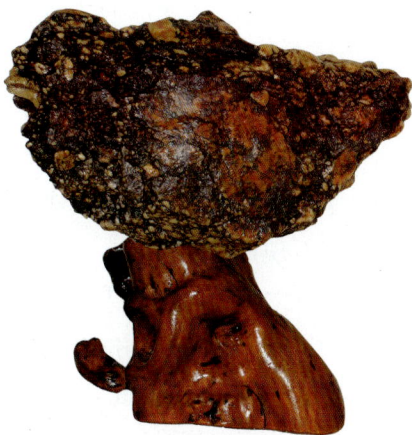

麻雀（碧玉石 13cm×7cm）

钱换回来了，自己收藏石头的风格却没有了。到头来钱没赚多少，好石头也没有留住，"赔了夫人又折兵"，落下了一堆没有特色、自己不怎么喜欢的石头。分析这些情况，可以看出有的合理，而有的可悲。现在是商品社会、市场经济，靠做买卖赚点钱是天经地义无可厚非的。卖石头能发了财，应该说也是可喜可贺的事儿，特别是那些牧民们靠捡石头卖了，赚点辛苦钱养家糊口完全应该。况且，没有他们的辛劳，玩石人就没有喜欢的资源，奇石文化也难以活跃起来。第二部分人放弃自己玩石头的"爱好"，改做石头生意，人各有志，也不便多说。可悲的是第三部分人"钱没赚了，玩石风格没了"，想走"以石养石"的路，结果却迈上了"卖石损己"的道。殊不知，玩石同卖石虽说有联系但却是完全

不同的两码事，收藏者是按照自己的审美标准和风格，一切从美感出发来挑选、购买、收藏石头的，而石商的审美首先考虑的是购买者的审美情趣，按购买者的需求来选购石头的，久而久之就必然放弃自己的审美意识，这就是两者最大的本质区别。所以，"以石养石"的道路是走不通的。如果奇石确实积累得多，没地方放了，可以"控制数量、专攻质量"，少买点、买好点；如果是经济困难了，可以"多买小的，少买大的"，或是将"有闲"换成"有钱"，多用点心思"捡漏儿"，以弥补经济实力的不足；如果确实困难非卖不可，也不要买和卖放在同一段时间里干，可以先挑出一部分自己不想玩的石头集中转让，换回钱来了再去买自己喜欢的石头，这样做不是可以两全其美吗？

3. 玩石仅有"成名的驱使"是不行的

目前，石界一些人成名成家的思想严重。什么"赏石理论家""奇石鉴赏家""奇石收藏家"名目繁多，名片满天飞，想出名的劲头很足。石展评比时争名次，"评不上就要，要不给就闹"，影响很不好；赏石组织改选时争位子，总想弄个"官"干干；为了显示收藏成果，想办法在报刊上登个照片露露脸儿，争个面子。这种思想漫延的结果，"精品奇石没出多少，'家'倒是出了不少；赏石理论没有出来，赏石理论家却出来了"。大家知道，谦虚谨慎是我们中华民族的优秀品德，人们历来都以谦虚谨慎为荣，以自吹自擂为耻。不要说没有干出什么值得夸耀的事情，即使干出了一些有影响的大事，仍然要保持不骄不躁的作风。就是要成名成家也是靠实绩说话，绝不靠浮夸出名。联想赏石的实际，目前我们中华民族古老的赏石文化正处于复兴时期，赏石文化的巨大作用和重大意义还有待于深入人心，赏石艺术还没有得到主流社会的充分认可，具有奇石自身特色的新理论还没有系统形成，活动中出现的许多新情况新问题亟待解决，"组织落后群众，理论落后实践，舆论落后行动"的状况急需改变，弘扬赏石文化的任务还相当艰巨。各级赏石组织不要满足现状，故步自封，应该进一步加大领导力度，积极进行系统的舆论宣传，不断深入开展赏石活动，集中解决赏石中的重大问题，切实加强对赏石活动的指导。赏石界的志士仁人也应该从弘扬赏石文化的大局出发，不计名利得失，

金龟出壳（玛瑙石 6cm×3cm）

不争你高他低，潜心研究新情况，着力解决新问题，认真总结新经验，努力促成具有奇石自身特色的新理论，切实发挥骨干带头作用。每个真正热爱赏石文化的石友，都应该发扬不骄不躁的优良作风，不图虚名、多干实事，虚心学习，大胆实践，努力提高自己的鉴赏水平，多发现多收藏有影响力有指导力的精品石，为弘扬光大中华民族古老的赏石文化多做贡献。

4. 玩石仅有"唯美的需求"是不当的

经过多年的改革开放、发展经济，人们的物质生活有了较大提高，目前对精神生活又有了强烈追求，爱美、赏美、求美的心理日益明显，对具有自然美和艺术美双重美的奇石很多人情有独钟。但在赏石界为美而美的唯美主义思想有所抬头，一些人在赏石艺术表现形式上，只承认美，不认可丑，把美当作唯一的表现形式；在审美感受上，只关注奇石质色的美，不在乎"像什么的形象美"，用感性美代替了理性美；在形象审美上，只重视外表结构美，忽视意境内涵美，把浅层次的美当成了深层次的美。毫无疑义，在物质生活得到基本满足之后，追求精神生活美的享受无可非议；在艺术领域里强调美、崇尚美可以理解；在赏石界把奇石作为艺术品之后，宣扬美、追求美也完全正确。但是在审美之前，应该首先弄清什么是美，什么是丑，它们二者是什么关系；什么是感性美，什么是理性美，它们有什么区别；什么是形式美，什么是内涵美，它们有什么特点。只有把这些有关美的常识性问题搞清楚了，才可有效地防止"是美不当美，假美当真美，浅层

藏龙卧虎（沙漠漆石 23cm×9cm）

次美代替深层次美"的现象发生。我们中华民族的赏石文化也绝不是单单为了美而美，而是借用这种美的形式，寓教于乐，通过奇石形、质、色、纹组合而成的艺术形象来更好地打动人、激励人、教育人，真正起到教化人的作用。目前，在这方面恰恰做得不够。如果我们把赏石真正作为一种教育手段，而不只是作为休闲消遣的唯一方式，赏石活动就会得到更多人的欢迎和支持，赏石艺术也会得到主流社会的广泛认可。

5. 玩石仅有"修身的愿望"是不够的

在古今的赏石活动中，有些人是出于从赏石中汲取思想营养而参与的。他们主张以石为师、以石为友，通过向石头学习，达到修身养性、立世做人的目的。有的古人提出"与石比德"，对照石头的"坚贞""沉静""温润""平实"的本性进行学习，并以此来修炼自己这些方面的品德；有的当代人提出"读石悟道"，通过人石互读"人之脉与石之脉切磋，人之神与石之神交融，就会达到天人合一"，从中悟出许多人生哲理；还有的当代人提出"心石对话"，把石上带来的信息密码，与自己思想深处的东西，进行反复对话深谈，以达到交流思想感情，充实提高自己的目的。这些提法和做法，抓住了赏石活动的根本宗旨，提出了赏石活动的明确方向，具有很强的指导意义。但是，他们谈到的要么是学习的面比较窄，要么是讲得比较概括简单，要么是还没有引起石界的高度关注，特别是还没有人明确提出用奇石创作的艺术形象来教育人、感化人，这是目前赏石中需要研究解决的一个重大课题。怎样才能强化奇石艺术形象的思想性，更好地发挥教育人的作用呢？第一，在奇石的选择方面，要注重题材的健康性，多挑选那些表达亲情关系、体现惩恶扬善、反映美好生活等内容健康向上的石头，这就为奇石的创作准备好了素材。第二，在奇石确立主题时，要注重提炼主题的思想性，用言简意赅、观点鲜明、含义深刻、表达准确的语句来提炼概括，使人一目了然、心知肚明、受到启示。比如：笔者有一方9厘米高的乳白色的玛瑙石，形似一壮年背着一位年逾古稀的老太太，遂题名"孝道"，年轻人看后深受教育，更加懂得要关爱老人。第三，在奇石的艺术形象上，要注重榜样的示范性，树立一个奇石的艺术形象，就是树立一面旗帜，树立一个学习的榜样，一定要注重生动传神，有很强的感召力，这样才能"拨亮一盏灯，照亮一大片"，更好地打动人、感化人、教育人。

孝道（玛瑙石 3.5cm×7cm）

七、天然性是戈壁石的本质属性

自然界是一切思想意识、文化艺术等上层建筑的物质基础。"师法自然"，是人类社会特别是艺术领域里的一条普遍法则。奇石艺术与其他艺术相比，最独具一格的自身特色就是天然性。这一本质特色是其区别于其他艺术的显著标志，也正是这一特色，使其具有无与伦比的诸多优势，从而在艺术领域占有一席之地，也可以说屹立于民族艺术之林，成为世界东方艺术一颗璀璨的明珠。天地有大美，奇石撼人间。几千年来，我们中华民族的赏石文化代代相传、经久不息，并影响了整个东南亚及世界其他国家和地区。在今天，奇石艺术更有快速发展扩大的趋势。天然的特性，究竟为奇石艺术带来哪些优势呢？分析起来主要有以下几个方面。

1. 天然性带来了新颖性，使奇石具有更浓厚的兴趣吸引力

大家知道，赏玩奇石虽说是我国发明创造的一项古老的传统文化艺术，但由于种种原因，近代慢慢淡出了人们的视线。随着改革开放、社会繁荣，这项古老的传统文化艺术如今又获得了新生。赏石热潮一兴起，就让很多人感到眼前一亮，耳目一新，别致新颖，趣味盎然，很快吸引了众多的眼球，引起了社会的广泛关注，赏玩的人员越来越多，赏玩的规模越来越大，赏玩的水平越来越高，成为一个重要的新亮点。（1）作品的形式新。平时，人们看到的一些艺术品，都是纸画的、泥捏的、瓷塑的、铜铸的、刀刻的。乍一看到奇石艺术品，大家都觉得形式别具一格，很新颖、很有趣味。常常在石摊前、展会上挤满了人围着看，还有不少人边看边问，兴趣很浓、兴致很高。（2）作品的内容新。奇石形象反映的题材，虽然同其他艺术品一样都是反映社会生活的，但这些形象给人的感觉似绘画、如雕塑，好像见过又好像没有见过，恍恍惚惚、似是而非，

吻（碧玉石 23cm×20cm）

感觉很新鲜，别有一番风味。特别是奇石形象的差异性很大，不雷同、不重样，即使经常不断地赏玩观看，也是常看常新，常看不厌，看了这块还想看那块，总有看不完、看不够的感觉。（3）作品的来历新。其他艺术品，都是人做人为，唯独奇石艺术品是浑然天成，人们对它的生成来历都感到很新奇、很怪异，有种神秘感。有的说什么"不用笔不用墨，自然成画作；不用雕不用刻，天公帮人做；没有音没有乐，石头会唱歌；没有书不上课，自悟自己乐"。尤其是一些奇石的形象，或惟妙惟肖，写实逼真；或夸张变形，生动感人；或如诗如画，意境深邃，深感大自然的鬼斧神工不是人做胜似人做。（4）作品的要求新。一般的人为艺术品，都要求要精益求精，提倡反复酝酿、反复修改、反复润色。而奇石艺术品则不然，它要求尊重天然、顺其自然，即使奇石的形象有不尽人意的地方，也不允许对其"改形添彩，动手动脚"，强调"原汁原味"，保持奇石的自然完整性。对此，人们也觉得很新鲜、很有意思。总之，奇石艺术品表现出的与其他艺术品许多不同的新情况新特点，完全是奇石的天然性所带来的，形成了它与其他艺术品相区别的不同点，能够以新的艺术形式独立存在，而且还有较大的吸引力。

2. 天然性带来了单一性，使奇石具有更珍稀的思想诱惑力

在艺术品市场，一件艺术品的价值，是由它的艺术价值、文化价值、历史价值、收藏价值等很多方面的因素决定的。一般说来，艺术性越强、文化含量越高、历史越悠久、购买力越高，其价值就越大。而起决定因素的价值，是艺术品数量的多少，数量越少价值就越大，这就是艺术品的价值规律。从艺术品的创作看，其大都是"人为"，质量好的、受欢迎的，可以"批量生产"，可以"重复印刷"，也可以"临摹高仿"。奇石艺术品则不然，由于其是"天成"而非"人为"，生成的偶然性，决定其只能是单个成品，不会重样；只是一回地质活动，不会重复生产；只是一次偶然机会，不会以后再生。这种"单一性"成为奇石艺术的一个显著特征。这一特征，使本来数量就很少的奇石尤显珍贵，为奇石确实增添了不少光彩。其一，使奇石更显稀有。这种单一性，对奇石单品来说不是一般的少，而是少得不能再少，少得独一无二到了极致，少得成为"孤品""绝品"。如此稀少的艺术品，才更显其独特价值。过去，为了制造"孤品"的价值效应，曾有位收藏家把自己收藏的世界仅存的两只相同的宋朝瓷瓶，有意打碎其中一只，剩下的一只成为"孤品"，其价值比原来猛增四倍之多。奇石无须人为制造"孤品""绝品"效应，因为它一旦成像出众成为奇石，就自然而然的是"孤品""绝品"，就十分珍贵。其二，使奇石更显难得。奇石艺术本来就是发现艺术，只有发现了它，它才有应有的价值。如果没有被发现，即使"形象出众""才貌双全"也无济于事，它只能沉睡在荒滩野外。而要发现它也并非易事，如同大海捞针难之又难。一块好石，要想得到它，不能按图索骥，一找即得。而是要靠机遇，可遇而不可求，只能随缘碰到，难度可想而知。加之奇石的"单一性"，必然成为人们竞争的重点，要想得到它，可谓"蜀道难，难于上青天"。这样的难得之物谁能不爱呢？其三，使奇石更显宝贵。奇石的价值难以准确估量，因为它是自然之物，不用投入多大成本，由此可以说它分文不值；又因为大自然确定了其"单一性"，也可以说万金难买；还因为它独一无二，没有相同之物可比，价值怎么定都行，这正是"黄金有价石无价"的原因所在。所以说，自然性带来的"单一性"，使奇石更显得弥足珍贵。这也是奇石难能可贵之处，也是其他艺术难以比拟的。

3. 天然性带来了相似性，使奇石具有更强大的艺术感染力

从我国的绘画、雕塑等造型艺术的情况看，虽然存有写实（工笔画）和写意（小写意，大写意）两种表现手法，但是较普遍地认为写意是造型艺术发展的趋势和巅峰。我国严格地说抽象艺术的表现手法较为少见。而当代一些著名国画大师，像齐白石、张大千、徐悲鸿、傅抱石、李可染等无一不是以大写意绘画而著称。所以说，具有"相似性"的意象艺术表现手法，是我国造型艺术发展的最高境界。再从奇石成像的具体情况看，由于它是天然之物，且不允许人为加工，自然形态是什么样就是什么样。若拿它同世间的物象相比，相像程度多是"三分刚沾边，七分已顶天"，只能是大体的近似，不可能非常相同。奇石艺术形象的近似性表明，奇石艺术不是属于写实的，而是属于写意的，因而在这一点上它完全同我国造型艺术重写意的风格相巧合，具有很强的艺术感染力。为什么说奇石艺术不是属于写实的而只能是属于写意的呢？（1）这是奇石成像的偶然性决定的。大家知道，奇石上的成像，不是像绘画那样按照人预先设计好的主题有目的有意图的创作，而是一种毫无目的性的地质活动的自然巧合，带有很强的盲目性和偶然性，拿这样形成的石像与一般固定物体的形象相比，结果只能是相近，而不能完全吻合。所以说，奇石艺术相似性的特点，是由奇石天然特征所决定的。（2）这是由奇石自然完整性决定的。奇石上的成像，按奇石艺术的要求必须是天然形成，石体也必须完整无损。即使成像存有不像的部分，哪怕是很小的部分也不允许有人为地改动。如果人为地动了"手脚"，就破坏了奇石艺术天然性的完整性，就会把奇石艺术品变成石质工艺品。这种要求，就决定了奇石成像中的不像部分只能保留而不能改动。奇石成像中不像部分的存在，与世像相比，就必然出现相近而不相同的结果，这又是一个重要原因。（3）这是由辨识奇石的局限性决定的。众所周知，人也是自然之物，人对客观事物的认识，是存有一定局限性的。对石像、世像及二者对比的认识，同样是存有局限性的。这就是说，人对石像、世像的认识和二者对比相像程度的认识，是不够准确的。它们对比的结果，只能相似而不会完全相同，这同样是一个重要原因。总之，奇石艺术相近性的特点，完全是奇石艺术的天然特性所带来的。

4. 天然性带来了宜玩性，使奇石具有更强烈的收藏影响力

从目的性讲，一切艺术品都是用来赏玩的。因此，在进行创作时不仅要考虑形象美、可欣赏，而且还必须要考虑其宜玩性，即要便于玩、适合玩、耐得玩，不然再美的东西也是会影响其观赏的。比如：有的体量过大，不便于搬动携带；有的坚固性差，怕摔怕碰；也有的种类太少，玩起来单调乏味，这些问题都是需要注意的。奇石艺术品则不然，由于其是天然之物，石质坚硬、类多量大、宜玩性强，有很多优势。首先，坚固耐玩，不易损坏。奇石艺术品的硬度一般都在 4~7.5 级，比较坚硬牢固，能够经得住玩耍，不会像瓷器那样怕碰怕碎，不会像字画那样怕火怕水，也不会像青铜器那样怕潮怕锈，宜于赏玩收藏。本来瓷器、字画、铜器等艺术品都很精美，很有欣赏价值。但由于存在这些弱点和不足，人们玩起来往往提心吊胆、小心翼翼，有时很不尽兴。赏玩奇石，不用有这么多顾虑和担心，可以放

玉玲珑（玛瑙花 8cm×15cm）

天降洪福（玛瑙石 5cm×4cm）

蹲龙（沙漠漆石 12cm×15cm）

开手脚、大胆放心地去玩。这应该说，是奇石艺术的一个优势。其次，体量适中，便于移动。自然界中，虽然有许多东西很美很漂亮，但由于体积过大，也不适合赏玩收藏，人们只能望景兴叹。在这方面，不用说朝霞红日，不用说雨后彩虹，也不用说繁星皓月，就是桂林的"象鼻山"、长江巫山的"神女峰"、青岛的"海上老人"，都是可望而不可即、是无法收藏的。奇石则不同，即使最大的园林石也不过十来米，一般的都在一米以下，易搬动、易携带、易摆放，很适合赏玩收藏，这又是奇石的一个优势。第三，种类繁多，适合挑选。有不少艺术品，"好是好，就是品种数量少"。因此，要么不容易搞到手，想玩玩不上；要么屈指可数，玩起来单调乏味；要么玩的人很少，活动搞不起来，很难形成气候和规模。奇石艺术在这方面占有较大的优势，由于天地造化，自然条件优越，我国含量很大、品种很多，有取之不尽、用之不竭的丰富资源。不仅有山石、水石、漠石、化石和矿体石，而且还有名目繁多的地方石种，历史上有记载的达一百多种，近些年又新发现许多，少则也有几百种。这样大的资源，人们的挑选余地大，赏玩空间大，形成规模大，容易把活动搞起来、搞下去。

5. 天然性带来了久远性，使奇石具有更厚重的文化积淀力

在收藏界，往往收藏品的历史越长、越古老，收藏的价值就越大，收藏品也就越值钱。这是因为越古老的收藏物品，积淀的人类文化信息就越多，历史研究价值就越大。收藏不仅仅是收藏物品，而更重要的是收藏人类历史、人类文化。奇石的价值虽然不受时间长短的多大影响，因为它们在人类诞生之前早已存在了。然而，人类诞生之后，同石头交往的历史，爱石、采石、玩石和藏石的历史，同样是一部沉甸甸的文化史。在这部历史悠久、内容厚重的文化史中，可以清楚地看到有了地球就有了石头，有了人类就开始同石头交往，有了人类文明就有了赏石活动，完全可以说奇石与地球同在、与人类同在、与文明同在。这恐怕是韩国人把赏石称为"寿石"的原因所在。在阅读这部浩瀚的奇石文化史时，要着重领会三个问题：第一，要认清赏石情结的由来。我们居住的地球大约诞生在46亿年前，人类诞生在约５００万年前，石头先于人类出现在地球上。从人类出生那天起，石头就陪伴人类从荒蛮的远古慢慢走向文明。刚开始，先人们居住的是石洞，睡的是石炕，整天同石头打交道。为了生存不断地同恶劣的自然环境做斗争，在猎取食物的过程中，人类的手、脑也得到不断地进化发达，逐渐学会了用石头打制石刀、石斧等工具。至此，先人们由古猿真正进化为人类，制造和使用工具成为猿、人的分界标志。可以说是石头创造了人类、改造了人类，人类从诞生那天起就同石头结下了不解之缘，爱石就成为一种天性。这就是人们赏石情结的由来。第二，要认清赏石的目的动因。大量考古发现，进入新石器时代，特别是夏、商、周三代时期，我们的先人们在制造和使用工具的过程中，由追求实用、进而追求美观，把石头的制作发展到装饰的层面上，美已开始独立存在，石头文化开始形成。后来石文化又分为两个分支，一个以玩玉为代表，包括玉雕、石雕、石刻等以赏美为主的玉文化；一个以赏石为代表，包括园林石、厅堂石、几案石、手玩石等以修身为主的奇石文化。由此看来，赏石从一开始目的动因就非常明确，特别是一些文人赏石，就是为了触景生情、借题发挥、以石喻人、以石为师，陶冶情操、净化灵魂。例如，宋朝大书画家、大文豪苏东坡赏石，不大在乎石头本身如何，而是借"石"还魂，用以明志、比德、言情、状物，用之寄托情思，抒发豪情壮志，以达修身养性的目的。第三，要认清赏石的发展趋势。在赏石活动蓬勃发展的今天，我们一定要虚心面对历史，豪情迎接未来，继承和发扬我国赏石文化的优良传统，提倡唯物主义，反对唯心主义；提倡现代科学，反对封建迷信；提倡思想修养，反对唯美主义，真正把赏石活动同精神文明建设结合起来，同环境文明建设结合起来，同和谐社会建设结合起来，弘扬主旋律，跟上新时代，永远保持赏石活动的正确方向，使之健康顺利地向前发展。

能容为大（玛瑙石 4cm×2cm）

八、在对比鉴别中充分认识戈壁石是艺术品

奇石属不属于艺术，奇石精品是不是艺术品？多年来人们认识不一、争论不休。有的认为奇石是天然之物，不是人为加工的，不能算艺术品；有的认为奇石很美，有艺术性，是"准艺术""类艺术"；也有的认为赏石历史悠久，不仅是艺术，而且是一切艺术之母……各有所见、相持不下。直到2005年8月天津华夏雅石艺术论坛就此专题讨论之后，才基本达成"奇石可以成为艺术品"的共识。但少数石友保留自己的看法，主流社会也没有明确态度，仍有继续搞清这个问题的必要。如果是因为"辞书上写了，权威们说了"的原因，那么就可以用"不唯上，不唯书，只唯实"的态度对待之。如果是因为奇石自身方面的原因，那么就可以用"对比鉴别"的方法，把奇石精品拿来同公认的艺术品标准和特征进行对比分析，是不是艺术品不就昭然若揭了吗？通过对比分析可以清楚地看到，奇石与艺术标准、艺术特征相比，具有五个"相同"，因而完全可以认定奇石属于艺术，奇石精品属于艺术品。

幼狮（玛瑙石 6cm×3cm）

1. 艺术题材相同，都是源于社会生活

众所周知，一切艺术品的创作题材都来源于社会生活，经过作者的选择、集中、提炼和加工等艺术概括，再用以反映社会生活，而且又高于社会生活，这是一切艺术品的共同特征之一。奇石的形象之中有没有来源于类似现实生活的题材，具备不具备反映社会生活的艺术条件？从多年石友们的共同感觉看，回答是肯定的。在奇石诸多形象之中能够反映社会生活的题材，不仅数量多，而且质量优，可以说是奇石的一个长项。一是这方面的题材很广泛。在奇石之中不仅有大量的人物石、动物石、景物石，而且还有大量的植物石、器物石、食物石，人间百态，世上万象，石中应有尽有、丰富多样，可以说取之不尽、用之不完。二是这方面的题材很优秀。有反映伟人、圣人、名人光辉形象的，有反映扶老

携幼、助人为乐的，有反映亲情、友情、爱情的，有反映民风民俗、吉祥如意的，有反映名山大川、奇景秀色的，还有反映幽默诙谐、引人生趣的，等等，很便于作者借物言志、触景生情，表达心中之意，抒发激越之情，挥洒诱人之趣。三是这方面的题材很新颖。由于奇石是天造地化，它们形成的形象千姿百态、千奇百怪、千变万化，"在形态上绝不重样，在内容上绝不重复，在形象上绝不重合"，人们看到之后，常常会有"眼前一亮，为之一震，耳目一新"的感觉，加之奇石创作强调"张扬个性，推陈出新"，反映社会生活的题材常常让人感到很新颖别致。四是这方面的题材很趣味。有龟兔赛跑的，有猴子捞月的，

猪八戒背媳妇（戈壁石 7cm×13cm）

有二虎相斗的，还有拔苗助长的……很有童趣；有"螳螂捕蝉，黄雀在后"算计与被算计的，有"煮酒论英雄"斗才斗智的，有下棋布阵运筹帷幄的，还有姜子牙钓鱼胸怀大志的……很有意趣；有慈母喂乳的，有岳母刺字的，有李逵背母的，还有包公跪嫂的……很有情趣；有竹林七贤的，有伯牙操琴的，有米芾拜石的，还有大千泼墨的……很有雅趣；有八戒背媳的，有钟馗嫁妹的，还有狗熊掰棒子的……很有风趣：真是趣味浓浓，情意无穷。如此丰富多彩、质量优秀的奇石题材，为奇石艺术品的创作提供了丰厚的物质基础和条件。作者拥有了它，就有了用武之地，就可以表达自己的远见卓识，抒发自己的真情实意，展示自己的豪情壮志，寄托自己的追求向望，更好地表露自己的思想感情，创造出激励人、教育人、感化人、愉悦人的奇石精品来，更集中、更深刻、更典型地反映社会生活。因此，奇石在题材方面同其他艺术品一样，都来源于社会生活、用以反映社会生活，最终又高于社会生活，这方面的特征是完全相同的。

2. 艺术目的相同，都是为了表现创作意图

世界上一切艺术创作，都是为了通过创作的艺术形象来表达作者的某些情趣和意图。尽管创作的手法和表达方式多种多样，但是目的只有一个。即使从表现手法和表达方式来讲，到目前为止也不外乎三种：其一，运用"人为"形态表达的，比如运用语言文字描述构成典型形象的，称为文学艺术；运用点、线、面、色块描绘构成典型形象的，称为绘画艺术；运用石膏、泥巴、瓷土捏制而

成典型形象的，称为雕塑艺术。其二，运用自然形态表达的，比如摄影就是拍照自然界的物体形态，以此表达作者的创作意图，称为摄影艺术；舞蹈就是运用自然人的形态和肢体语言，来表达作者的创作意图，称为舞蹈艺术。其三，运用"人为"和自然两种形态综合表达的，像戏曲、电影就属于这种表达方式。其中既有外景和人体的自然形态，又有化妆、布景、道具等人为因素，所以就称为综合艺术。从上述分析中可以看出，一切艺术品的创作，都是运用不同的创作手法和表达方式的，手法和方式的不同，产生了不同的艺术作品和艺术门类，这也是一切艺术的一种重要特征。奇石艺术符不符合这一重要特征呢？事实表明，显然是完全符合的。具体讲，奇石艺术属于借用一些石头成像的自然形态及其信息语言，表达作者创作意图的一种艺术形式，因而就可称为奇石艺术。它同摄影、舞蹈、哑剧是非常相似相近的一种表现方式，都是运用自然形态表达作者的创作意图的。如果说摄影、舞蹈、哑剧是艺术门类的话，那么奇石为什么就不能称为一个艺术门类呢；如果说摄影、舞蹈、哑剧的成功作品可以称为艺术作品，那么奇石精品又为什么不能称为艺术作品呢？它们不都是同样借用自然形态来表达作者的创作意图和思想情感吗？显然，奇石是一个艺术门类，奇石精品也是艺术品。

雏鸡破壳（碧玉石 4cm×4cm）

3. 艺术成因相同，都是人的劳动创作

目前，世界上一切艺术品的产生，都是人的劳动创作，都凝结着作者的辛勤劳动。不过，这种劳动不是一般的劳动，它既有脑力劳动，又有体力劳动，是种复杂性的劳动；它要不断创新发展，而不能墨守成规进行重复生产，是种创造性的劳动；它要求很高、标准很严，不能粗心大意、粗制滥造，是种精细性的劳动。只有这种复杂性、创造性和精细性的劳动，才能创造出艺术作品来。否则，只能创作出一般的作品，甚至是废品。这又是艺术品劳动创作的一个重要特征。奇石艺术品的产生，具有不具有这个特征呢？回答是肯定的。奇石艺术品的创造同样花费了石友们大量的辛勤劳动。其中，既有寻找、购买、搬运、清洗、上油、配座、陈设等体力劳动，又有选择、识别、构思、概括、立意、

题名等脑力劳动，付出了作者大量的心血和汗水。因此说奇石艺术不仅凝聚了作者的审美意识和创造智慧，也凝聚了作者辛勤的体力劳动，完全符合艺术品的创作特征和基本要求。当然，能够成为艺术品的奇石只是极少数精品，那些"刚够格"的入品和"比较好"的佳品是不能算作艺术品的，就如同一般的字画，甚至比较好的字画也不能称作艺术品一样，对此应该有明确的认识。

4. 艺术价值相同，都能多方面满足人的需要

仕女（玛瑙沙漠漆石 4cm×6cm）

经过人类创作的艺术品，大都具有"思想的震撼力，艺术的感染力，趣味的吸引力"，都有很强的观赏价值、教育价值、历史价值、经济价值和收藏价值。正如《辞海》中陈述的好的艺术作品"具有认识社会生活和鼓舞、教育人民推动历史前进的作用，并多方面地满足人民的审美的需要"。这些都是艺术品作用价值的共同特征。奇石具备不具备这方面的条件，符合不符合这些要求呢？从古今赏石的实际情况看，古人为奇石总结概括了畅神、比德、启智、健身四大作用，今人对奇石艺术作用的评价更是多方面的，较为突出的是"四大"价值。一是具有教育价值。奇石创造的许多艺术形象，都具有很强的思想性、艺术性和趣味性，能够强有力地打动人、鼓舞人、教育人，帮助人们懂得更多的人生哲理，更深刻地认识社会、认识生活，推动和促进社会的不断发展、生活的日益提高。二是具有审美价值。奇石艺术，是"天人合一"的产物，是自然美与艺术美的结晶。这种美具有简洁明快、粗犷奔放、五彩斑斓、浪漫夸张的鲜明特点，人们欣赏它会情不自禁地引发无限的遐想，可以联想到莺歌燕舞、小桥流水、溪畔人家的美景，可以联想到晨钟暮鼓、清凉幽静、深山古寺的禅境，可以联想到花红柳绿、男耕女织、田园风光的妙境，还可以联想到云雾缭绕、香火缥缈、亭台楼阁的仙境……可以体味到无限的美。三是具有经济价值。常言道"黄金有价，石无价"。古代有一方石换一豪宅的美谈，如今也有一方石换一辆宝马轿车的事例。眼下，一方奇石卖几十万、上百万元已不是什么新鲜事，足见

其经济价值可观。早期经营的农牧民们大都因石发了家致了富，有的腰缠万贯、肥得流油。前几年，奇石就像"原始股"，可以保值增值。几年前买的奇石精品，现在有的甚至价格翻了几番。所以说奇石的经济价值不可低估。四是具有收藏价值。从上边三个问题可以看出，既然奇石具有教育价值、审美价值、经济价值，那么就自然具有了收藏价值。加上奇石本身又具有独特稀有性、不会再生性、不能复制性和历史悠久性，很容易形成收藏的一个重要门类。20 世纪80 年代兴起的这轮赏石收藏的热潮，时间不长，方兴未艾，上千万人投入其中，形成了巨大的规模，大有迅猛发展之势。目前，奇石交易仍处于一、二级市场的范围，还没有进入三级市场的拍卖阶段，奇石升值、发展的空间很大，正是收藏的大好时机。以上，从对奇石艺术的"教育价值""审美价值""经济价值"和"收藏价值"四个方面的分析中可以看出，其完全符合艺术品价值的共同特征。从这个角度也可以说明，奇石属于艺术领域，奇石精品完全是艺术品。

5. 艺术标准相同，都要接受群众的检验

一件艺术作品，尽管要强烈地表达作者的思想感情，受其思想认识、情趣爱好、观点立场的深刻影响。但这件作品究竟好不好，并不由他个人说了算。要知道，任何艺术品的创作都是用来让人看、让人欣赏的，如果不考虑受众面的感受反映，创作出的作品只能是脱离群众、脱离生活、脱离实际，是不会受到群众的欢迎和喜爱的。因此，创作出的作品必须要经得起广大人民群众的检验，绝大多数群众说好的艺术品才算真正好。《辞海》指出的具体衡量的标准是："要求文艺作品塑造典型形象，真实地反映现实生活的本质及其发展规律，内容和形式统一，有鲜明的民族特色、时代的特点和独特的艺术风格等等。"一切艺术作品都必须应用这个具体标准来衡量检验。奇石艺术符合不符合这个标准的要求，能不能经得住检验呢？

从前边一些标准和问题的分析可以看出，奇石创造的典型形象，十分重视反映现实生活，非常强调内容和形式统一，具有独特民族特点和艺术风格，较好地体现了三点：（1）符合民族文化的特色。我们中华民族文化的特征从她的文字符号就可以看出，无不打着方块象形文字的印记，几千年来

金鱼（沙漠漆石 5cm×2.5cm）

传承有序、延绵不断，从不受任何外来文化的侵蚀，一直保持着这一鲜明的文化特征。从我国人民玩玉的情况也可以看出，人们追求象形的心理是多么强烈。本来，美石为玉，玉的质地、色彩应该说够美的了。但是，人们对此并不满足，想方设法还要在上面雕刻上千姿百态的形象图案，认为只有有了形象美才为尽善尽美。我国的赏石文化就是植根于这一大的文化背景之下，奇石艺术的创作十分重视典型形象的创造，坚持用塑造的典型形象生动地反映社会生活和社会实践，审美也重在欣赏创造的典型形象之美，评判奇石好不好主要的还是看创造的形象好不好，做到没做到"形意统一，形神兼备"，象形成为赏石的重心和关注的焦点。（2）符合群众审美的习惯。由于受民族传统文化的熏陶和影响，广大群众的审美习惯也深深打着民族传统的烙印，在奇石艺术的审美上追求象形状物成景，"喜欢成像的，嫌弃不像的"，对什么都不像的所谓"抽象石"，他们看不懂、搞不清、欣赏不了；对西方国家抽象派搞的所谓的抽象艺术更不感兴趣，他们说"连个形象都没有，美什么、美在何方？"不要说一般的群众搞不懂，其实包括抽象派他们自己也搞不明白。前几年不是曾经传说美国抽象派艺术家错把黑猩猩胡画的纸张当作抽象画杰作大加赞赏的笑话吗？近又传闻英国一妇女拿着她两岁儿子乱画的图画去参加抽象派画展又受到热捧，一些抽象派的专家打算专门为其举办展览，后来听说作者是两岁幼童发现自己被涮，全都感到羞愧难当，无地自容。（3）符合时代特点的需要。20 世纪80 年代兴起的这次赏石热潮，不仅仅是对历史上赏石热潮的简单重复，而且在新形势下又有了许多新的发展，形成了鲜明的时代特点。在赏石标准上，历史上强调"瘦、皱、漏、透"，现在却注重"形、质、色、纹"诸元素综合构成的形象，更加象形化；在赏石品种上，历史上强调赏玩"灵璧石、太湖石、昆石、英石"四大古石，现在赏玩的奇石多达几百个品种，更加多元化；在赏石方法上，历史上注重赏玩单体山子供石的玩法，现在不仅玩单体石、还玩组合石、手玩石，

凤还巢（玛瑙石 8cm×4cm）

更加多样化；在赏石成员上，历史上多是帝王将相、文人墨客的上层人员，现在是工、农、商、学、兵各行都有，更加大众化……时代特点越来越鲜明。

上面，我们联系艺术品的共同特征，一一对比分析了奇石作品的具体情况，可以清楚地看到奇石精品，是完全符合艺术品共同特征要求的，应该说奇石属于艺术领域，奇石精品也是艺术品。不能因为"哪个权威说了，哪个本本写了"，就不敢面对现实，那不是玩石人的性格。

一身清白（玛瑙石 5cm×7cm）

铁面无私（碧玉石 4cm×6cm）

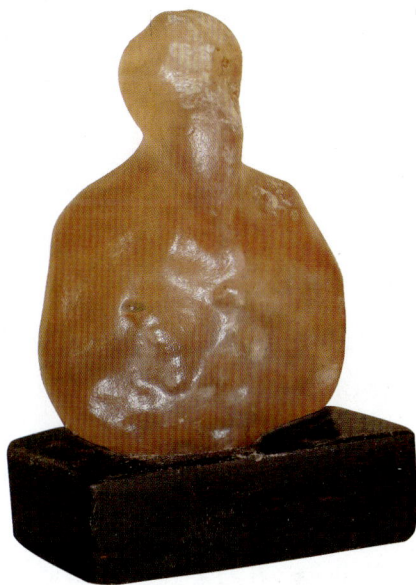

九、意象是戈壁石显著的艺术特征

意象，《辞源》解释为"由记忆表象或现有知觉形象改造而成的想象性表象……中国古代文艺理论术语。指主观情意和外在物象相融合的心像"。赏石艺术中的意象，就是现有知觉的奇石形态同人们记忆中的相对应的事物表象，经过人脑理想式的想象改造而成的奇石艺术品的心像。它既来源于石像、世象，又高于石像、世象。不仅对赏石创作具有巨大指导作用，又对奇石欣赏具有非常重要的意义，是奇石艺术的显著特征。下面，让我们结合戈壁石的实际，具体分析认识一下这个问题。

熊猫幼崽（玛瑙石 6cm×3cm）

1. 从戈壁石的现实状况看，唯意象石作为艺术品客观存在

近几年，在石界还围绕"是具象石好还是抽象石好""追求具象石的审美层次高还是追求抽象石的审美层次高"的问题，一些奇石理论刊物组织展开了热烈的讨论，至今仍对此争论不休。有的认为具象石好，"石有具象，价增十倍"；有的认为"一味追求具象石的其审美境界是低层次的，而追求抽象石的其审美境界是高层次的"；还有的认

母鸡（玛瑙石 8cm×5cm）

为"我们不要把赏石搞得太复杂，一定要在石头中找出个形象（具象、抽象）……玩石是件很美的事情，唯其如此"。究竟孰对孰错？从十多年的赏石实践看，本人认为用我国古代传统审美的"意象说"概括观赏石的艺术特征比较准确、科学；套用"具象""抽象"其他艺术门类的术语来表述奇石艺术的审美是不符合奇石艺术实际的。下面，让我们认真学习齐白石老人"太似为媚俗，不似

为欺世，妙在似与不似之间"的审美论述，结合赏石的实践，特别是奇石形象的实际多做些具体分析，或许对问题会有更加清晰准确的认识。（1）"太似"的具象石没有，不必担心"媚俗"的问题发生。纵观整个石界，哪怕是玩石几十年的老石友恐怕也没见过"太似"的具象石。所谓的具象石，就是包括具体的细节都"太似"的石头，不只是大的轮廓或大的方面形似。这种包括具体细节都像的具象石，在奇石中是从没有发现过。即使被一些专家称谓"像得匪夷所思，像得拍案叫绝"的"雏鸡出壳"的那方玛瑙石，也不能称其为具象石。不要说拿它同活着的刚出壳的真小鸡相比，在具体细节上有很大差距，就是拿它同一些画家工笔画中的假小鸡相比，在具体细节上也达不到"太似"的程度，有个七八分像就不错了。可以断言，天下的石头之中如同摄影拍照的相片那样"太似"的具象石是没有的。一些人平时所讲的"具象石"大都是按其他艺术具象、抽象的理论套出来的，是不切"石"际的。因此，"媚俗""小儿科"的问题，在奇石艺术中是不会发生的，大可不必杞人忧天。相反，如果发现"十分像"的"太似"的石头，就要警惕人为作假，小心上当受骗了。（2）什么都"不似"的抽象石很多，但它不是奇石艺术品。我们常说的这方奇石美、那方石头不美，主要是指奇石所形成的形象美不美。《辞海》在解释"美感"一词时记述："离开了具体形象，美感就不存在。""美感是形象性、思想性和社会性的统一"。法国诗人席勒也说"美在于形象"。这些论述都清楚不过地表明，美来源于形象，有了形象才能产生美，没有形象就不会产生美感。在自然界中，什么都不像、什么都不似的抽象石，可以说到处都是、哪里都有。但它们没有形成形象，产生不了任何美感，算不上艺术品。即使几何、纹样石，几何、纹样也都有形，也不能称为"抽象石"。《辞海》在解释"抽象艺术"一词时记述"现代西方国家流行的美术流派……这一流派弃徒客观世界的具体形象和生活内容，在画面上作几何形体的组合或作抽象的色彩和线条的挥洒。有的抽象派画家主张从无意识、非理性出发，表现最大的糊涂和混乱，专以追求新奇怪诞为目的"。试想，这种弃徒客观世界的具体形象和生活内容，表现最大限度的糊涂和混乱的东西，怎么会产生美感，像这样的抽象石，又怎么能称为艺术品呢？所以说，平时所说的抽象石虽然数量很多，但它们没有形象便产生不了美感，不能算为艺术品，要警惕"不似欺世"问题的发生。（3）只有"似与不似之间"的意象石，作为艺术品而在石中存在。平时，在对诸多奇石评价时，我们常说的"非常像""比较像""基本像""不太像""有点像"的奇石，大都处于"似与不似之间"，

北京猿人（碧玉石 5cm×7cm）　　凌寒（玛瑙石 6cm×7cm）

都是属于意象石范围之内的。这些"天成石形"，经过"人炼石意"之后，就成为"天人合一"的"有意味的形式"的奇石艺术品。当然，这些奇石艺术品成像的象形程度也是有区别的，就如同写意画，有大写意和小写意之分，"比较像"的为小写意，"不太像"的为大写意，但没有好差高低之分，只有利弊差别的不同。"比较像"的奇石由于接近实物形象，便于辨认、易于统一看法，但想象的空间较小、受约束较大；"不太像"的奇石艺术品，因为距真实物体形似的差距较大，不利于识别、难以统一认识，但想象的空间较大，意象的成分更多。不管利弊的多少，它们都处于"似与不似之间"，都是奇石艺术品。在这个意义上讲，奇石的艺术性主要表现在奇石形态的"似与不似之间"，我们挑选奇石时就要在处于"似与不似之间"的石头形态中去寻找。综上所述，"具象石"形象具体是艺术品，但在石中不存在；"抽象石"石中存有很多，但没有形象不是艺术品；唯"意象石"既是艺术品又现实存在，是适意可玩之物。因此，从奇石的实际情况可以看出，意象是奇石艺术的显著特征。

2. 从戈壁石成像的风格看，很具有写意的表现手法

纵观中国艺术的发展史，特别是绘画史，就艺术风格来讲不外乎两大类，一类倾向于写实，一类倾向于写意。戈壁奇石虽自然天成，但据多年的观察思考，其同别的艺术品一样也有自己的风格和特征。从它成像的特点看，具有简括、粗犷、靓丽、夸张的品格，很有写意艺术风格的味道。究其原因，恐怕同它的自然属性有很大关系，是大自然留给它的风韵。所谓简括，是说戈壁奇石的成像非常简约概括，表现了一种近似美。从戈壁奇石构成的艺术形象看，无论是景观石、人物石，还是动物石、植物石，虽说有象形状物成景程度的不同，也有优劣好差之分，但它们大都有一个共同的特点就是简约概括。多数是简约而不繁杂，略略几个棱线、斑点或块面就构成一个形象；概括而不琐碎，只是一个大概轮廓、一个主要部分、一个关键环节；含蓄而不直白，似像非像，似是而非，恍恍惚惚。如果同真实物体相比，不要说九分像十分像，就是六七分像也很不错了。这种"似与不似"的特点，正是齐白石老人赞赏的那种"妙在似与不似之间"的近似美。其实，简括也是一种美，是本质美、精华美、哲理美，是艺术追求的高境界、大智慧，可谓"大道至简"。所谓粗犷，就是说戈壁奇石的成像非常沧桑硬朗，表现了一种阳刚美。戈壁石多数硬度比较高，又经过长期强劲风沙的洗礼，尽管大都光滑圆润，无粗糙扎手之感，但是它的"石体风棱明显，石肤坑洼不平，石质致密坚硬"，属于柔中有刚、刚柔相济的统一体。无论是玛瑙石、碧玉石、沙漠漆石，还是千层石、蜂巢石、鸡骨石，大都如此。戈壁石这种特殊品性，往往使其构成的艺术形象，特别是人物石的形象，具有沧桑之感、阳刚之气、雄健之美，充满了"用不尽的遒劲，磨不平的硬劲，折不断的韧劲"，形成了一种硬朗的艺术风格，常常把奇石艺术的本质属性表现得淋漓尽致，富有强烈的艺术感染力。古今许多人喜欢奇石，不少就是因为人性石性相通，喜欢石头这种坚贞、硬朗的风格。所谓靓丽，就是说戈壁奇石的成像非常光彩照人，表现了一种装饰美。马克思一次在谈到美学问题时指出，"色彩的感觉是一般美感中最大众化的形式"。深刻地道出了色彩在美感中所处的重要位置和所起得重要作用。事实也正是这样，国内外许多著名的艺术家在艺术创作中都非常重视色彩的运用，不用说西方国家的油画，就是我国的年画、泥塑、民族舞蹈的服饰、戏曲人物的脸谱等都非常重视色彩的运用。色彩在我国民间还有一些约定俗成的特殊含义。比如：红色象征着喜庆，黄色象征着富贵，绿色象征着生命，白色象征着悲哀……在戏曲脸谱方面，色彩往往还表示着品格，红色的表示忠义，黑色的表示刚正，白色的表示奸诈，多色的表示勇猛。在这些时候，色彩不仅是美的一种形式，而且也具有了象征性的内容和特定的含义。从戈壁奇石的自然条件看，色彩在各种名石之中是它的长项。一方面是色彩种类多，赤、橙、黄、绿、青、蓝、紫诸色皆有，有的还一石多色；一方面是色彩浓，大红、翠绿、墨黑、雪白……颜色都较浓重；再一方面是色彩亮，由于质地是玛瑙、碧玉、水晶，要么透明半透明，要么细腻光润，衬托着色彩更加光泽鲜亮。因此，用具有这样美丽色彩的戈壁石创造出来的艺术形象就更加光彩照人，起到了很好的装饰美化作用。所谓"夸张"，就是说戈壁奇石的成像非常自由挥洒，表现了一种浪漫美。在戈壁奇石构成的艺术形象中，虽说也有少数五官端正、形体协调、形象雅致者，但就多数的情况看常常变形夸张、扭曲走样。有的像古代的石雕、玉雕、瓷塑，有的像民间艺人制作的泥人、面人、糖人，有的像漫画、油画、文人画。创作的形象或头大身小，或腰长腿短，或口歪眼斜，极尽夸张之能事，显得十分天真、幼稚、滑稽、丑陋、憨厚、质朴，具有很强的艺术感染力。这种"变形而不讲比例，点位而又不到位，扭曲而不离实际"的奇石艺术形象，实际上就是其他艺术创作中经常运用的夸张表现手法，它是在现实生活的基础上，借助想象将生活中具有某些特点的事物加以强调和夸大，以突出其形象和增强作品的艺术感染力。其实，这种夸张的艺术表现手法很符合奇石天然的实际，奇石不可能像人为艺术那样"处处合比例，样样要协调，点点讲对称"，循规蹈矩，不敢越雷池一步。况且，写实与写意两种创作表现手法从古至今长期并存共用，并不存在谁优谁劣的问题。夸张就属于写意的一种表现手法，与奇石艺术形象的风格特点相近相符。从上面分析戈壁奇石成像的艺术特点可以看出，奇石艺术如同我国传统的写意画、草书、打油诗的艺术特征一样，是一种高度概括、高度浓缩而又自由奔放的意象艺术，可以说它是"艺术中的哲学，哲学中的艺术"。如果说诗歌是"文学中的哲学"的话，那么说奇石艺术是"艺术中的哲学"就不为过。

3. 从戈壁石的创作过程看，人意起着主导作用

奇石艺术，是"天赐良石，人赋妙意""天人合一"的艺术。石形（包括立体造型和画面象形）、人意两个方面缺一不可，石头提供形态特征、肢体动作、信息语言，是奇石创作的基础，但由于它是天然之物，成像简括、固定不变，且提供的条件和信息有限；人具有很强的思维能力，可以识别、记忆、思考、联想、回忆，特别是可以把自己平时听到的、见到的、学到的世界万物万象储存记忆在脑海中，一旦触动即可招来，不需要更细致具体的东西就能辨认，是奇石创作的主导。人意的主导作用，在奇石创作中一般表现为四种能力：（1）知觉能力，能够使石像"由无到有"。在挑选石头的过程中，起初人们并不知道石头有无形象。一旦观察审视开始，石头的形态反映到人的头脑中来的时候，人脑的知觉功能就能动地反映、主动地接受，经过初步的分析和综合即可识别出来，并由已有知识和经验加以完善补充。这时，石头的形态在人脑中就可以由无到有比较清楚地显现出来，进而形成概念意象而储存在人脑之中，使人识别出石头上"有什么""是什么",发现奇石创作的可用之材。（2）联想能力，能够使石像"由此到彼"。石像提供的形态特征和信息语言，是打开意象大门的钥匙，是拨动情感心弦的玉拨，是启动联想的马达。石像一旦反映到人脑之后，就像投入河中的石子"一石激起千层浪"，引起无限的遐思和联想，就可以由此到彼、由石像联想到世象，并经过反复类比，不断求同存异、化异为同，求得石像与世象的完美统一，使人懂得石像"似什么""像什么"。（3）想象能力，能够使石像"由小到大"。供石体量一般说来都是比较小的、有限的。但是，当它反映到人脑之后，经过大脑想象的思维方式，"望形生意""触景生情"，并"见微知著""由小变大"，从而达到"一叶知秋""一滴水见太阳"的效

万里江山（玛瑙石 4.5cm×4cm）　　　　月上柳梢（碧玉石 6cm×4cm）

果，就可以在寸景之中看到"百里之势"，就能够在奇石之中畅游天下。（4）抽象能力，能够使石像"由实到虚"。人的大脑还具有"提取本质，撇开现象"的抽象能力。当石像反映到人脑之后，经过"意由形生，形随意深，形意统一，得意忘形"的这种抽象思维过程，从具体的石像和世象之中跳脱出来，"由实变虚"想象升华为一种意境。这种意境是人石合一、浓缩升华的结晶，是奇石艺术的本质和灵魂，可以使人体味和享受到奇石的无限之美。总之，奇石艺术是"天人合一"的艺术，石是基础，人是主导，人石两个方面缺一不可。如果没有"天赐良石"，人意再好也无用武之地；如果不是"人赋妙意"，石头再

好也只能是山野之物。这样讲，并不是说它们在奇石艺术创作中所起的作用同等重要。从现实情况看，石头是自然之物，所提供的条件和信息是有限的，只是起一个提供材料、奠定基础、抛砖引玉的作用。而人是高级动物，具有很强的思维能力，石头是人发现的，石头的缺陷和不足是靠人的意象补充、完善、提高的，奇石的立意、题名、放置也是由人决定的，人在奇石的艺术创作中起着主导的作用。所以说，奇石艺术品的创作成功许多时候是"三分在石形，七分在人意"，也说明了奇石艺术的性质是意象艺术。

4. 从戈壁石的审美效果看，重在欣赏意境（意象）之美

意境，也叫意象。奇石的意境，是石中之境与人意的有机结合。奇石的意境美，是奇石作品艺术美的灵魂，是赏石审美追求的最高境界，石界流传的"形象易得，意境难求"的原因也恐怕在此。意境在奇石创作和欣赏两个阶段的表现是不一样的，在创作阶段，是将人石结合的无限之境、百里之势浓缩于一石之中，将无限变为有限；在欣赏阶段，是将有限展望到无限，从一石之中体味到百里之势的无限之境。"一个是将大看小，一个是从小见大"，这就是奇石的意境之美。坦白地讲，一方奇石的"形、质、色、纹"的自然美再美，如果没有人意的介入，直接带给人的美感是有限的。只有人意的理性介入和与石的有机结合而形成的艺术美，间接带给人的美感才是无限的。因为人的想象空间是很大的，只要自己听过、见过、经历过并有记忆的都可以联想到，哪怕是书中读过的美景描写、电影中看到的实景拍照、神话传说中听过的仙境，都可以通过赏石触景生情、联想得到。所以说，意境给人们的美感是广阔无限的，赏石也主要是欣赏奇石的意境之美。

奇石经过石中之境与人意的有机结合，形成意境美并浓缩于一石之中后，怎样才让欣赏者很快捕捉到、享受到它的意境之美呢？除了读者要不断提高自己的欣赏能力外，作为创作者还可以做些促进辅助性的工作。一是要把奇石的亮点突出出来，触发读者进入意境。奇石创作完成之后，可通过配座固定、陈设选位，把奇石的最佳观赏面、最大亮点展现给观众读者，使之一目了然，马上进入意境，感悟到奇石的意境之美。二是用题名点破主题，引导读者进入意境。特别是对那些朦胧、含蓄、不易识别的奇石，题名时一定要采取画龙点睛、一针见血的办法，直点直破主题，通过文字的传情达意，引导读者慢慢进入意境。三是用道具烘托气氛，感染读者进入意境。奇石在陈设摆放时，对其周围的环境可以做一些与主题相关的布置，可以挂点字画，摆点盆栽，放点亭、塔、桥、

船、炉等小摆件，以烘托主题、渲染气氛，感染读者进入奇石之意境，体味到意境之美。笔者有一方"三憾"石，是一方12厘米高的白色玛瑙人头侧面像，长长的脸庞，高高的鼻梁，大大的额头，还有一双深邃的眼睛，可惜眼中无珠，只是一个空洞。初看，很遗憾，这么好的人头像怎么眼睛是这样呢；再看，想了很久，干脆给其题名"有眼无珠"吧，用以讽刺那种"有眼不识金镶玉"的现象，但又觉得其大大的额头、高耸的鼻梁，不像个反派人物，这样题名不贴切、有缺憾。后来，突然醒悟了，其既然大大的额头像个智者，何不将有眼无珠的眼睛化腐朽为神奇，遂起名为"洞察一切"，这个题名一些石友看后，大为震撼，拍手叫绝，收到了很好的效果。可见，题名对引导读者进入意境是多么重要。

从以上四个问题的阐述分析中，可以清楚地看到，作为艺术品，奇石之中唯有意象石客观存在；奇石形象的"似与不似"，完全属于意象艺术之列；石中形象简括、夸张，也是意象艺术的表现手法；奇石创作中，人意起着主导作用；奇石的审美追求，又主要在于欣赏意境之美，都表明奇石艺术属于意象艺术，完全具备了意象艺术的显著特征。

猛虎（玛瑙石 10cm×5cm）

十、"心石对话"是戈壁石成为艺术品的创作过程

奇石是怎样成为艺术品的？对此，许多人并不是很清楚。有的认为奇石虽说是天然之物，但符合艺术品的条件和特征，当然就是艺术品了。有的认为奇石是发现艺术，发现它是艺术品，没发现它就不是艺术品。还有的认为奇石就是奇石，说它是艺术品它就是艺术品，说它不是艺术品就不是艺术品，主要在于人们的炒作。其实，奇石要成为艺术品关键在于悟石，一般要经历"心石对话"的四个环节、一个过程的心悟创作之后形成，是"用心悟石""天人合一"的产物。

1. 仔细"选石"，发现可以运用的石头是成为艺术品的前提

众所周知，绘画、雕塑等造型艺术品的创作，都是要提前准备创作材料的，戈壁奇石的创作也是同样，也是以准备创作材料开始的。所不同的是绘画准备的是笔、墨、纸、砚之类，而戈壁石的创作准备是能用的原石。这种供创作之用的石头质量要求是非常高的，是很有讲究的。其质量如何直接影响着创作的效果和水平，也可以说是戈壁石创作成艺术品的前提。因此，必须下功夫很好地进行选石。从戈壁石的选石经验看，选石方法概括起来可称为"一石四看优选法"，即一石在手至少要经过四次翻看才能确定是否选取。具体讲，一看是否天然。因为奇石是天然形成的，天然是其区别其他艺术品的根本特征，如果不是天然，而是人为"动过手脚的"，或是有自然伤残而不能弥补的，也不能入选。只有是天然的，才可选取，才可保持奇特性。二看有无亮点。如果一块石头的形、质、色、纹没有任何亮点可供人们欣赏，是没有选取价值的。只是有看点的石头才能入选。三看是否成像。因为奇石是造型艺术，只有象形状物成景的才可选取，不然是没有用处的。而且，成像的程度越像越好，越像越有利于表现作品的艺术形象。四看是否全面，这是因为奇石是靠石头的形、质、色、纹的巧妙组合而成的综合性艺术，不是一两方面好就可以奏效的，必须方方面面都比较好，才能创作出艺术品来。只有这

战马嘶鸣

（玛瑙石 3cm×6cm）

样经过四看，把那些纯天然的、有亮点的、已成像的、较全面的好石头挑选出来，戈壁石的艺术创作才会有一个好的前提。有了这些挑选出来可用的好石头，奇石艺术品的创作就有了原材料。否则，再有水平的作者都是无法进行创作的。

2. 认真"读石"，弄清石像的基本情况是成为艺术品的基础

我们知道，绘画、雕塑等造型艺术品的创作是通过个人描绘、塑造的人为艺术形象来表现作者的创作意图和思想情感的。而奇石艺术品的创作则不然，它是借助于自然原石的天然形态来表现作者的创作意图和思想情感的。换句话说，原石的自然形态是表现作者思想情感的载体。因而，要搞好奇石艺术品的创作，就要下功夫认真"读石"，深入了解原石形态的基本情况，弄清其能够扮演什么、不能够扮演什么；适宜表现什么、不适宜表现什么，做到情况明、底数清，为创作"量体裁衣""就形赋意"，打开思路、奠定基础。为此，一要分析石头提供的形态样式。表现的形式是立体象形、平面象形，还是浮雕象形；表现的内容是人物、动物，还是景物。二要分析石头形象的表现手法。是小写意的、还是大写意的。如果形象是比较具体、细致、准确的，即是小写意的。如果形象比较概括简练，则是大写

侦察

（黄碧玉石 10cm×5cm）

意的。三要分析石头形象效果的构成因素。奇石形象一般是由原石上的点、线、面构成的，但是单项因素构成的还是多项构成的，效果是大不一样的。仅用面构成的，只能出现剪影的效果；仅用线构成的，只能出现速描的效果；只有点、线、面、色块共同构成的，才能出现类似国画、油画、水彩画的较好效果。一块石头经过这样三次的具体分析，一般说来石头的形态是什么，符合什么样的表现形式、表现内容、表现手法和构成因素都比较清楚了，在头脑中对石头形态较好的形成了认知表象，这就为奇石的创作提供了物质条件、奠定了良好的基础。

3. 反复"比石"，充分表现心中的意象是成为艺术品的关键

这个环节是创作过程中最关键的环节，因其是在第二环节对原石形态有了感性认知的基础上，要经过艺术思维（即形象思维）进而将感性认知生发为理性认知，而后再把理性认知贯穿表现在创作的作品中。具体讲，就是拿前面对原石形态形成的感知表象，同心中储存的相似世象的意象进行比较对照，从中

选择出适合原石形态的最佳意象，并依此对作品进行创作。在比较选择时尤其要明确以下三点：（1）比较中发现的最似意象对应物正是创作所要表现的立意主题。一方原石在手要知给它确立什么样的主题为好，就要拿原石形态同人们心中的诸多物体意象进行比较，越像原石形态的物体意象，就越适合原石形态的表现，就应该以此作为创作作品的主题。要知道，人们由于受长期社会实践、生活环境、文化教养的熏陶和影响，在头脑中积累、储存了世界上大量的物体意象，即使同一种类也有许多不同的差别。要选择确立一个好的主题，就要拿原石形态同心中相近的物体意象反反复复地进行比较，"在比较中识别，在比较中选择"，直到找到一个最像的为止。这个最像的物体意象，就是创作作品主题的最佳选择。例如：一方貌似犬类的动物石，到底它是像狗、像狼、像狐狸，还是像其他什么动物呢？这就要拿这方原石同我们脑海中储存的狗、狼、狐狸等类似动物的意象去进行详细比较，从中找出最像的一个。假如同狼的意象最像，那么就在有关狼的文化中构思、推敲、提炼出一个有意味的内容，若是厌恶狼，则在"凶残狡诈"方面提炼；若是崇拜狼，则在"团结战斗"的团队精神方面提炼，而后将这些符合自己思想情感的意味赋予这方原石中。试想，以这样的内容为原石赋意，其结果必然是形意相符、里外协调、生动感人，绝不会出现张冠李戴、格格不入的现象。（2）比较中"似与不似"的物体意象正是创作所要表现的艺术风格。一般情况下，石像大都比较简单，世象的意象相对比较复杂，二者相比起来只能是相近相似，不可能完全相像。尽管对比的对象换了一个又一个，对比的次数进行了一次又一次，石像永远达不到世象的意象那样具体、细致、准确的程度。相比的结果，要么是大体轮廓像，具体细节不像；要么是主要特征像，其他部分不像；要么是某个角度像，别的角度不像，只是处于"似与不似"的状态。这倒不是说那些方面存有缺陷和不足，而正是奇石创作作品所需要的"似与不似"写意的艺术风格，也是与我国传统艺术历来"重写意"相一致的。比较中遇到这种现象时，要防止产生错觉，大胆果断地作出判断，并以此作为创作作品的艺术风格加以保留。（3）比较中获取的理想意象正是创作所要表现的审美意境。石像与世象意象的对比，虽然经过多次的寻找比照，也难以找到完全相同的对应物。差距的不足部分，只有靠两种办法解决。一是靠戏曲舞台艺术"以鞭代马""以桨代舟""几兵卒象征千军万马""转几圈意味行军千里"的那种象征性表达方式来完善。二是靠人的"听风识雨""一叶知秋""望形达意""小中见大"的那种丰富想象力来弥补。

经过象征性、想象力而形成的完美、理想性的意象正是创作作品最后所应表现出的艺术效果，也是奇石欣赏所追求的审美意境，在比较选择时需要及时抓住，并在创作中尽力表现的。总之，把这些切合石形的心中意象因素倾注表现在原石形态中，必然会使"石形人意"融会贯通紧密结合在一起，创作出风格独到、意境深邃、形意俱佳的艺术作品来。

4. 生动"立石"，出色演示靓丽的形象是成为艺术品的标志

奇石的创作成果能否站住脚、立起来，主要是看创作出的艺术形象如何。因为任何艺术品，都是通过创作的艺术形象来表达和体现的，没有艺术形象的创作就没有艺术品的产生。所以，奇石要成为艺术品，不仅原石要有象，人能发现其有象，而且还要利用好石像创作出艺术形象来，创作出了艺术形象就标志着奇石艺术品的产生。那么达到什么样的水准才算创作出艺术形象呢？从实践经验看，至少应体现三点：首先，形象要体现出和谐一致。奇石艺术是天人合一的艺术，人、石两个方面缺一不可。这就要求创作出的艺术成果必须在诸多方面和谐一致，比如人与石、形式与内容、自然美与艺术美以及奇石与题名、配座、陈设、演示等方面必须要高度和谐统一。重一轻一、顾此失彼的现象是不允许出现的，形意不一、格格不入的问题更是不准发生的。其次，形象要体现出典型深刻。创作出的奇石艺术形象，必须是来自实践而又高于实践、来自生活而又高于生活。绝不是简单的、模仿式地反映社会实践和现实生活，而是对实践、生活本质的提炼、

牛（玛瑙石 7cm×4cm）

精华的凝结、特征的集中，深深包含概括性、广泛性和代表性，典型意义应该十分突出。第三，形象要体现出创新奇特。艺术的生命在于创新。没有不断的创新，艺术的生命也就停止了。一种艺术形象再好，不管它多么生动感人，不管它多么富有教义，也不管它多么来之不易，如果老是"这一套"：要么是观音，要么是达摩，要么是弥勒佛……人们看多了，必然会产生审美疲劳和厌烦心理。所以，创作出的奇石艺术形象必须要匠心独具、别出心裁、不落俗套，以不断推陈出新，使奇石艺术持续向前发展。总之，奇石艺术形象只要体现了和谐一致、

典型深刻和创新奇特，就标志着奇石真正成为艺术品，也表明了奇石创作的圆满成功。

综上所述，"心石对话"实质上就是"悟石"，就是用心创作；"心石对话"的"四个环节、一个过程"也就是一个悟石渐进的过程：选石——感悟出奇石"有什么"，读石——领悟出奇石"是什么"，比石——顿悟出奇石"像什么"，立石——觉悟出奇石"演什么"，悟透了、悟好了，奇石艺术品就形成、产生了。当然，用心创作中的"四个环节"并不是截然分开的，而是互相渗透、互相交融、多次重复的。在此分为"四个环节"主要是为了表述方便而已。

卧佛（玛瑙石 13cm×6cm）

十一、"奇"使戈壁石赏玩充满了思想智慧的光芒

赏石究竟是为了什么？有的说是为了审美，有的说是为了求像，有的说是为了图雅，所有这些说法都对，但也都不太对，都有些浅薄。坦白地说，审美，它不如绘画、雕塑；求像，它不如摄影、录像；图雅，它不如古瓷、铜器。赏石说到底是为了寻奇启智，寻找发现"不太美为美，不太像为像，不太雅为雅"的那双"眼睛"，那种奇特的思维方式和方法，即那种奇思妙想，那种奇谋妙计，那种奇招妙法，也就是当前流行的创新思维方式。有了它，经商可以赚钱，打仗可以取胜，务农可以丰收……它是人类思想智慧的结晶，是价值连城的瑰宝，是赏石需要寻找的真谛。

佛手

（玛瑙石 3cm×5cm）

1. 奇意是赏石思想的最深根基

《辞海》对"奇"字的注解有这样一些含义：即特殊的、罕见的、惊异的、异常的，出人意料的、变幻莫测的，等等。同时，"奇、正"之说还是我国古代哲学思想的一个"对子"。所谓奇者，就是新生的、超凡脱俗的、出乎意料的、未得到公认的；所谓正者，就是正统的、旧有的、公认的、习以为常的，二者相辅相成，对立统一，有深刻的哲学思想内涵。在历史上，凡是国家的主体思想、法规政策、规章制度，军队的条令条例等都被视为正的，但所有这些常常是"由奇始，到正终""成于奇、败于正"。因此，慢慢形成了奇象征着新生、力量和发展方向，正意味着陈腐、衰败和没落。当前，联系实际对奇的哲学思想可以着重领会三方面的意思：第一，好奇是创造之源。无数事实表明，历史上许多重大发明创造，不少是因好奇心引发兴趣开始的。英国物理学家牛顿，一次躺在果树下，看到树上的果子往下掉的现象，引发了他研究的好奇心，经过多次试验，后来他发现了万有引力定律。"好奇""兴趣"是最好的老师，许多发明创造，往往是它领进了门、引上了路。第二，奇招是胜利之术。辞海在解释"奇、正"时记述："古代兵法的术语。《孙子·势》：'战势不过奇、正，

奇、正之变，不可胜穷也'。'奇、正相生，如循环之无端，孰能穷之？'"，大意是说，决定战争胜负的是奇、正兵法的运用，奇、正兵法改变了，胜负也将随之改变。奇、正的兵法是可以转变的，转变是没有穷尽的。并主张"以奇用兵"靠奇制胜。事实确是如此，打仗必须讲究战略、战术、战法，往往用"奇招"、出"奇兵"，出其不意，克敌制胜。"一计能胜百万兵"即是这个道理。奇与正是可以转变的，奇招战胜正招（正规的战法），奇招成为胜招，得到公认变为正招；正招被奇招战败，正招成为败招，正招让位于奇招，周而复始，奇招永远是胜招。所以说，奇招是战争胜利之术。第三，奇思是创新之本。许多奇思妙想，是改革开放、建立创新型国家的思想源泉和智慧宝库。没有奇思妙想，今天的改革开放就不会取得丰硕的成果。可以说，改革创新取得的每一个重大成果，都是与奇思妙想紧密相连的。奇思妙想不仅是改革创新的智慧之源，而且也是改革创新的思想动力。总之，"奇"的哲学思想博大精深、内涵丰富，是一切新方法、新理论、新事物形成和发展之源、之本、之根。古代，尽管对赏石的称谓很多，但称谓得最多、叫得时间最长的还是奇石，表明古人不仅对奇的含义有深刻理解，而且对赏石的真谛也有透彻认识。我们的赏石文化深扎在"奇"的哲学思想之上，有力地强化了赏石的分量，抓住了赏石的根本，闪耀着思想智慧的光芒。

2. 奇巧是石形追求的最高品位

所谓奇巧，就是新奇与巧妙。它是奇石品位的重要标志和特征。可以说，石无奇不美、无奇不雅、无奇不赏，赏石"唯奇为大"。从实际情况看，奇石因象形状物成景而从众多的石头之中超凡脱俗，又因它形巧、色巧、纹巧比本来就难得的奇石更胜一筹。奇石一旦生巧，不管是形巧、色巧或纹巧，要么是出类拔萃的顶尖佳品，要么是出乎意料的罕见绝品，要么是出产极少的稀有珍

小鸡出壳
（玛瑙石 3cm×6cm）

小龙出世
（玛瑙石 7cm×9cm）

小虎出山
（玛瑙石 9cm×6cm）

小鼠出洞
（碧玉石 5cm×6cm）

品，往往是"奇上生奇、优中更优"，如同锦上添花、蓬荜生辉，成为奇石精品中的精品。许多石友反映，每当遇到奇石形巧，就会感到震撼；每当遇到奇石色巧，就会感到兴奋；每当遇到奇石纹巧，就会感到惊讶！只有观赏奇巧之石，才能真正欣赏到奇石的趣味、意味和韵味。奇巧之石为什么会有如此强大的魅力呢？这同它的"四难"状况是分不开的。（1）奇巧得难以置信。有时形巧得不仅主要形象好，而且周围的环境配合得也好。有时色巧得艺术形象的一些部位需要红时则红、需要黑时则黑。有时纹巧的恰在艺术形象的长发、胡须处、衣服皱褶处、额头皱纹处，巧得叫人拍案叫绝。笔者有四方 6~10 厘米的"四小探世"的玛瑙石，即小龙出世、小鸡出壳、小虎出山、小鼠出洞，不仅石上的动物形象探头探脑、生动逼真，而且石上的蛋壳、山洞、地穴等背景环境也都形象清晰、交代得清清楚楚，同主体形象有机地结合在一起，尤显奇石更加出奇，看过的石友都为它们的奇巧而感到惊奇。笔者还有一方 11 厘米大的橙黄色玛瑙沙漠漆石，不仅正面形成一只 9 厘米展翅飞翔的蝙蝠，而且背面、侧面还有四只大小不等、姿态各异的蝙蝠，更巧的是石体一侧还有一个 1 厘米左右的长方形门洞，自然天成了"五福临门"之妙境，可以说极尽完美之能事。（2）奇巧得难以形成。如果说奇石的一种形象、一种色彩、一种纹理，需要一段时间、一个机会、一种原因的话，那么一方奇石上如果是多个形象、多种色彩、多样纹理，就需要多段时间、多个机会、多种原因才会形成，无疑增多了机会、增长了时间、增大了难度。笔者有一方 6 厘米大的五彩玛瑙石，在小小的石体上形成了一石多看的诸多形象，横看像一只张口、瞪眼、独角、站立的麒麟，侧看像英国前首相撒切尔夫人的半身坐像，背后面看像一枝亭亭玉立的荷花，更巧的是竖正面看像一幅枝干苍劲盘旋、开着簇簇白花、枝头站立两只黑色小鹊的"喜鹊登梅图"，谁看了都会为它的奇巧难度而惊得目瞪口呆。（3）奇巧得难以发现。有些奇巧的戈壁石，由于多形象、多色彩、多纹样，辨识起来无疑难度增大，如果缺乏耐心细致的态度、求真求美的欲望和独到的眼光，就有可能对多形象的巧石"识一丢三"，就有可能将成为亮点的巧色当作污点，也有可能将巧纹识为"乱纹"，奇巧之石确实是很难发现的。笔者有一方 10 多厘米的戈壁石，在不大的石体表面上布满了粗细不一、长短不齐、纵横交错的条块和线段。经过较长时间的细心察看和反复寻找，终于在这些不同的条块和线段中一个不少地发现了十二生肖的诸多形象。石友们看后，都为在这样小的石体上生成、发现如此众多的巧形而赞叹叫绝。（4）奇巧得难以

麒麟　　　　　撒切尔夫人　　　　荷花　　　　　喜鹊登梅

（玛瑙石6厘米左右）

获取。对于如此美妙、难以形成、难以发现的奇巧之石，自然会成为石友们朝思暮想的目标，"无者想法获取，有者不会转让，少者还想更多"，必然成为大家追逐的目标和焦点，要想得到它确实"难、难、难，难如上青天"。总之，奇巧之石这种"形巧、意妙、量少、难找"的奇特状况，使人们在赏石中欣赏的不是"一般的美、一般的雅、一般的象"那种一般化的东西，而是欣赏石头"美中的奇美、雅中的高雅、象中的大象"那些最有代表性、最具特殊好的地方。所以，奇巧无疑确立了它在赏石中的崇高地位，成为人们追求的最高品位。

3. 奇招是发现石像的最好钥匙

目前，在石界公认奇石是发现艺术。那为什么对相同的奇石，有的人就能发现，有的人却发现不了？这个问题分析起来原因可能是多方面的，但最主要的恐怕还是同人们识别奇石的思考方法不同有很大关系。大家知道，奇石是天

哺乳（碧玉石10cm×8cm）

然之物，奇石的自然成像是具有自己奇特的特点的，在这方面是同人为的绘画、雕塑等艺术塑造的形象有较大区别的，如果用识别绘画、雕塑形象的常规思考方法来识别奇石的形象是不行的。思考方法不对路，是无论如何发现不了奇石形象的。我们常说的奇石到底奇在哪里呢？既奇在它是鬼斧神工、天造地设、生成之奇妙，又奇在奇石还有"形、质、色、纹"的多种元素而不是一般的石头，更主要的是奇在"形、质、色、纹"诸元素巧妙构成的形象上。在形象构成方面，奇石

确有许多自己奇特的地方。我们要想识别它，就必须打破常规的思考方法，运用非常规的思维方式去思考问题、辨识奇石形象，才会找到打开识别奇石形象之门的钥匙。（1）石像具有千差万别的复杂性，要识别它就必须采用"发散思维法"。长期的赏石实践使人们认识到，自然界中不仅形成石像的石头很少，而且有石头形象的也是多种多样，"千方奇石千种象，哪个同哪个都不一样"，也可以说"一个一个样，一个一种形，哪个与哪个也不相同"。要识别这千差万别的奇石形象，不用说用常规的识别绘画、雕塑形象的思考方法，就是用一种非常规的思考方法也不行，都是难以发现所有奇石形象的。只有用"发散思维"的方法，像太阳辐射那样迅速向四面八方展开多层次、多角度、多思路的广泛思考，才能对石像做到有所发现。有许多时候还需要多种方法交替使用，使用这种方法不行，马上采用"重点转移法"，换成别的思路重新进行思考，以求能够完全识别清楚。（2）石像具有模棱两可的近似性，要识别它就必须采用"联想对比法"。石头上的形象由于是天然形成，用平常的眼光看大都是"残缺不全、模棱两可、模糊不清"，要识别这样的石头形象无疑是有很大难度的。一方面因为它新，不认识；一方面因为它不全，难辨识；再一方面因为它不清、不好识，所以要识别它就很难。为此，只有采用"联想对比法"，通过广泛地联想，架起已知物与未知物之间联系的桥梁，拿世间已知的类似物体与石像相比较，用已知物体的形象来辨识未知的石像，获取思想上的清晰认知。运用联想的形象

风流人物

（沙漠漆石 10cm×22cm）

思维方式，其整体把握性很强，信息的转换率很高，可以不必说出具体的所以然来，就可以达到对事物迅速而全面的理解和把握，这就是形象思维独到的地方。（3）石像具有结果未知的变化性，要识别它就必须采取"随机应变法"。比如，今天出去选购奇石，绝不是"想找到什么石头就能找到什么石头，需要什么石头就能碰到什么石头的"，只能随机而遇、随缘而得，结果是无法预知的。

即使一块石头拿在手中，最后会是什么形象，也是预想不到的，结果有很大的不确定性。这个特点，就要求人们在辨识时只能采取"随机应变""以变对变"的思维方式，遇到什么样石像的石头，就用什么样的思考方法去应对。没有"随机应变"的思维能力，就发现不了好的奇石。（4）石像具有奇奇怪怪的丑陋性，要识别它就必须采取"逆向思维法"。众所周知，我国的奇石艺术的审美是以丑为主要样式的，越是平常眼光认为丑的奇石就越美，就越值得欣赏。假如我们用欣赏其他艺术美的方法，在选择和欣赏奇石时"讲平衡，求匀称，合比例"是绝对不行的，用这类方法是"找不到美石和赏不到石美"的。所以，在挑选和品赏奇石时，必须采取"逆向思维法"，运用其他艺术审美相反的思维方式，把那些"奇形怪状的""面目夸张的""丑陋不堪的""空灵剔透的""歪三扭四的"的石头，当作挑选和欣赏的主要对象。这样，才能在石头中找到美石和赏到石美。综上所述，奇石形象奇特的特点，要求只能用奇思妙想的方法才能识别它。前边讲到的"发散思维法""联想对比法""重点转移法""随机应变法""逆向思维法"等等，都是非常规、非逻辑的思维方法，也都是近些年新兴的创意学广泛推广的创新思维方法。所以，奇石的发现，需要创新的思维方法；只有创新的思维方法，才能更好地发现奇石。

4. 奇性是古人爱石的最大情结

回顾历史，"历代文人多爱石"，这一奇特的历史文化现象说明了什么、原因何在？分析一下这些文人雅士的概略情况，或许便可略知一二。他们爱石开始可能出于多种考虑，但奇性是他们的终归情结。这是与他们自身奇特的道德品格、文化素养和人生经历密不可分的。他们多有自由浪漫的性格、丰富想象的能力、富有创造的精神、出类拔萃的才华和崎岖坎坷的人生，一言以闭之，他们大都属于"三奇"人士：（1）有奇志。这些爱石的文人雅士，都是一些超凡脱俗的奇才豪士，自幼即有雄心壮志，是一些"讲骨气，有志气，很硬气"的有志之士，具有像石头一样的"砸不烂、摔不碎、磨不平、压不垮"的坚贞刚强的品格。他们爱石多出于"人性石性相通"，遂尊石为兄、拜石为师、与石结友、同石比德、学石励志，以滋养自己的豪情壮志，陶

东坡与佛印

（碧玉石 30cm×23cm）

冶自己的道德品格，物以类聚即是这种写照。早期爱石大诗人屈原为志殉节、投江自尽。爱石鼻祖大诗人陶渊明也为理想辞去官职，回归"桃花源"，都是为实现奇志而不惜牺牲一切之人。（2）有奇才。这些历代的爱石文人，都不是平庸之辈，他们具有极高的天资和创造能力，在一个或几个领域之中都有成就卓著的建树和出类拔萃的表现，都可称为盖世英才。他们中有诗仙、诗圣级的大诗人李白、杜甫；有大书画家苏东坡、米芾；有大文学家蒲松龄、曹雪芹；还有当代的大画家徐悲鸿、张大千……只有像他们这些极富想象力、创造力，善于创新思维、才华超群之人，才能真正"看懂石像，看透石意""与石对话""同石交友"，才会有"石不能言最可人"的真情实感。（3）有奇遇。俗话说："自古英雄多磨难"，这些爱石巨人同样如此。他们大都经历复杂、人生坎坷，遭遇了无数磨难和困苦。有的终身怀才不遇、报国无门，有的被罢官贬职、流放漂泊，有的一生穷困潦倒、饱尝悲戚之苦。但他们坚持与石结伴、韬光养晦、医治创伤、保节守志，"丢官不丢人，失意不失志"。之后，有的东山再起，重新入朝为官；有的另谋他途，又干出了惊世伟业；有的洁身自好，欢度晚年。大文学家蒲松龄就是他们中的杰出代表。蒲松龄出身于清代书香门第，自幼热衷于功名，十九岁就中了秀才，名震乡里。之后屡试不第，直到71岁才被取为贡生。他一生虽博览群书、满腹经纶，却怀才不遇、穷愁潦倒，几十年坐馆乡里、授徒为业。尽管生活困顿、仕途不通，但蒲松龄爱石励志，栖居石隐园，既未消沉颓废，也不奴颜婢膝，不仅收藏了"三星石""海岳石""蛙鸣石"等诸多名石，写出具有一百多种奇石的石谱，而且还多才多艺、著述甚丰，创作出了大量的诗词、戏曲、杂文。特别是他编著的文言短篇小说集《聊斋志异》，更是风行天下、万口传诵，从而使其誉满中外、名垂后世。从上面对历史上一些爱石文人情况的简约分析中可以看出，他们爱石完全是同他们的奇特人格有关，是奇性将他们与奇石连在了一起、结成了一体。

5. 奇思是当今赏石的最终追求

奇思即是创意，也就是当前流行的说法创新思维。大科学家钱学森认为："艺术上大跨度的宏观形象思维……对启迪一个人在科学上的创新是很重要的。科学上的创新光靠严密的逻辑思维不行，创新的思想往往开始于形象思维，从大跨度的联想中得到启迪，然后再用严密的逻辑加以论证。"赏玩奇石，不仅离不开创新思维，而且通过长久的赏石活动还锻炼培养创新思维的能力，这对当今建设创新型国家具有特殊意义。众所周知，一个人思考任何问题，无论他自己是否意识到，在他的思考过程中总是有某种思考方法在起作用。从大的方面讲，一种是逻辑思考方法，一种是非逻辑思考方法。所谓逻辑思考方法，就是指一个思考过程得出的结果不超出出发知识所涉及的范围的思考方法；所谓非逻辑的思考方法，就是一个思考过程得出的结果超出了出发知识所涉及的范围的思考方法。两种思考方法各有所用、各有所长，都是思考问题所必需的方法。即使在一个较复杂的课题思考过程中，也都是用得上的，只是阶段不同罢了。前段，往往是"酝酿和产生新设想"的阶段，主要运用非逻辑思考方法，以突破已有知识和经验的束缚，提出一些新颖独特的设想；后段，常常是"审查和筛选新设想"的阶段，主要是运用逻辑思考的方法，对提出的种种新设想进行对比筛选，从中选出最佳的解决问题的方案。两种方法的交替使用，获取创新课题的思考成果。在当今高科技快速发展的情况下，非逻辑的思考方法，也就是创新思维的思考方法日益受到重视。不少经济发达的西方国家还在大学专门开设了创意学课程，以培养提高学生的创新能力。我国对此也非常重视，在提出建设创新型国家的同时，也加强了对创新能力的培养。从这个角度讲，赏石活动在培养创新能力方面，还可以发挥一技之长，有许多优势。（1）能够在潜移默化中受到教育。利用赏石活动进行创新思维的培养教育，不需要专门的教室、教员和课本，赏石活动就是最大的课堂，赏石实践就是最好的老师，赏石思维就是最实际的课本，只要进行赏石活动就会受到潜移默化的教育，创新思维的能力就会逐渐得到提高。（2）能够在审美愉悦中受到教育。创意学是新兴的一门学科，知识性很新，理论性很强，高度概括，十分抽象，传授起来难度很大，难免空洞说教、枯燥无味，常常是讲者费劲、听者没趣，效果会受到一定影响。利用赏石活动进行创新思维能力的培育，

指点江山

（玛瑙石 5cm×6cm）

母子花豹

（玛瑙沙漠漆石 10cm×5cm）

是在赏石审美的过程之中进行的，人们在愉悦轻松之中就受到了教育，不存在"空洞说教，枯燥无味"的问题。（3）能够在多次重复中受到教育。在课堂上进行创新思维的教育，不仅需要专门时间，而且进行教育的次数也是有限的。而利用赏石活动进行这方面的教育，则不需要专门的大块时间，只要从事赏石的活动，就要进行创新思考；只要进行创新思考，就会受到创新思维的培育，并随着赏石活动可以反反复复地多次受到教育，具有很大的机动灵活性。总之，在新形势下，赏石活动应该同创新思维的教育很好地结合起来，使赏石活动更有意义。

鬼谷子下山

（沙漠漆石 26cm×20cm）

十二、合理想象对戈壁石的创作与审美至关重要

想象，即利用原有的表象形成新形象的过程。它是形象思维（又称艺术思维）的一种主要表现形式，分为"再造想象"和"创造想象"两种类型，对艺术创作和艺术欣赏起着十分重要的作用。自然，不管人们是否意识到，在奇石的艺术创作和艺术审美的过程中，都离不开想象，而且想象力的好差不同，往往直接影响和决定着奇石艺术的创造能力与欣赏能力的高低。现实情况也表明，奇石界成功的收藏大家和鉴赏名家，大都具有十分丰富的想象力。怎样在奇石创作和奇石欣赏中更好地发挥想象的作用？尽管在前边一些章节中也曾涉及过这个问题，但仍有必要给予较系统完整的回答。从现实经验看，解决好下列四个问题很重要。

王爷

（沙漠漆石 5cm×10cm）

1. 贴近实际，加深理解，认真解决好"要想象"的问题

平时，我们经常讲奇石艺术是"天人合一"的艺术，那么人、石是靠什么又怎么合到一起的呢？如果仔细想一想，就会发现主要是靠想象将二者联系、沟通、融合在一起的，想象在其中起到了桥梁、纽带、搅拌机和黏合剂的作用。对此，一些石友并没有认识到。比如：有时当向观赏者介绍自己的奇石是什么、像什么，观赏者反问"是你想象出来的吧"的问题时，一些介绍者常常会很不高兴，总觉得别人说奇石形象是靠想象而来的，似乎是说自己奇石的形象不真实、有虚假。其实，这是一个误解。试想，如果没有想象或者不会想象，无论石头是什么形象、有什么形象，不论人脑中储存什么世象、储存多少世象，它们也永远石像是石像、世象是世象，是会毫不相干孤立存在的。只是因为有了想象它们才联系到了一起、融合到了一块。可以说，在整个奇石艺术的创作和奇石艺术欣赏的过程中，也就是从奇石的发

现、立意、制作、完成、展示、欣赏等，想象是无时不在无处不有的。只是在不同的时段，它表现的形式、所起的作用、要达到的效果不同罢了。下面，让我们就几个主要时段作一些具体分析。（1）选石时段，想象以联想的方式出现，从而达到"发现"的效果。世界上的所有物体，大到山川、河流、星球、宇宙，小到昆虫、细菌、分子、原子，都是以不同的形态存在的。石头也是一样，不管其大小、美丑、具象、抽象也是具有不同形状的。即使一些人称谓的"抽象石"，如几何图形石、纹理样式石，也都是有形有样的形象石，因为几何图形也是形，纹理样式也有样。而且，所有这些石形、石态都是可以被感知被认识的。之所以能够被感知、被认识，主要是因为经过了想象的表现形式之一——联想而实现的。大家知道，在选石时段，当一方石头展现在眼前时，在石头形态的刺激影响下，立刻就会反映到人的大脑中来，引发大脑的联想对比，寻找储存在脑海里的世象对应物，直至找到为止。找到了相近相似的世象对应物，即石头的形态就被感知被认识了，也就是说石头的形象被"发现"了。当然，这种感知认识，只是初步、浅层次的认识，属于"再造想象"。据此，可以看出如果没有联想式的想象，石像是不会被"发现"的，石像的发现完全是联想式的想象所起的重要作用。（2）创作时段，想象以理想的方式出现，从而达到"艺术"的效果。当一方石头的石像被发现之后，此时它还不是一件艺术品，只是一方可供创作的优质石料罢了。要使其成为真正的奇石艺术品，还必须要进行理想式的想象，也就是"创造想象"。所谓理想式的想象，就是依据理想化的艺术标准，对被感知的石态意象，即已选出的优质石料要进行去伪存真、去粗取精、以全补缺、以大见小的加工改造，使被感知的石态意象"净化出来"，进而达到"艺术"的效果，成为奇石艺术品。在这里需要说明的是，由于奇石的立意、制作是同时进行、同时完成的，不像其他艺术立意之后，还要再动手制作。因而奇石艺术品的创作主要是用心创作、在头脑中进行的，是无形的；有形的创作部分只是题名、配座、清洗、上油之类罢了。从中可以看出，奇石成为艺术品，理想式的想象是起了主要作用的。如果没有理想式的想象，已被感知的石态意象是不会成为艺

麒麟（玛瑙花 13cm×9cm）

术品的，仍是普通的优质石料而已。（3）欣赏时段，想象以回想的方式出现，从而达到"审美"的效果。创作展现出来的奇石艺术品，虽然石头还是原来的那块石头，但是此时的石头已是发生了巨大变化的石头，它已不再是被感知的石态意象，又不是储存于人的头脑中的世象意象，它是经过理想式想象后的奇石艺术品意象的模拟物。要使欣赏者体验到它的艺术美，获取精神上的愉悦，还需要欣赏者通过回想式的想象，来了解奇石的艺术意象。也就是说在欣赏时段，欣赏者要根据作者提示的题名、配座固定的角度，回想作者的创作经过，领会作者的创作意图，体悟作者提供的艺术意象的模拟物，从中感悟到奇石的艺术美，获取精神上的愉悦。可见，欣赏者要欣赏到奇石的艺术美，必须要经过自己回想式的想象，回顾理解作者的创作意图和创作过程，才能求得奇石的艺术美。没有回想式的想象，欣赏者是感受不到奇石的艺术美的。

2. 丰富知识，增长见识，认真解决好"能想象"的问题

想象力作为一种生理机能都是一个健康人所先天具备的。然而，由于后天人们的社会经历、实践经验、生活环境、阅历水平等方面的诸多不同，人与人之间的想象力又是存有差异的。一般说来，经历越复杂，见识越广泛，知识越渊博，想象力就越丰富。事实也是这样，同赏一方形似舞女的奇石，识多见广眼宽的人就能由此想象到敦煌壁上飞天的飘逸美，嫦娥奔月时的幽幽情，当代舞蹈家杨丽萍舞姿的灵动神；相反，经历简单、知识浅薄的人虽说也是翻来覆去地看，但却熟视无睹、一无所获。可见，想象力丰富不丰富对赏石是多么重要。在一定意义上讲，它就是"选石时的识别力，立石时的创造力，品石时的欣赏力"。那么，怎样才能培养提高想象力呢？

（1）要多存。就奇石艺术的特征看，原本石像大都简约概括、扭曲变形、残缺不全，最后之所以能够创作形成一件精美的艺术品，主要是想象从中起到了关键的作用。正如一些石友所说，石头能够成为艺术品"一靠石像二靠想象"，"好石头主要不是好在具象，而是重在能够激活想象"。而想象能力的培养提高，又贵在平时的日积月累、广纳厚存。因此，要想锻炼提高自己的想象力，就要多读书、多实践、多咨询、多查看，脑里储存的东西多了，想象力必然也就强了。"要想拥

嬉戏（玛瑙石 9cm×10cm）

有石城，必先要有书城"就是这个道理。（2）要多练。常言说："拳脚靠踢打，算盘要拨拉""要想会水，即要下水"。一切武艺技能的提高都是这样，培养提高自己的奇石创作和奇石欣赏的想象力也概不例外。因此，要提高自己的想象力，就要到石头之中学本领，毕竟奇石内在的想象规律是其他艺术无法替代的。在赏石界的时间长了，在石堆中摸爬滚打久了，看各种各样的奇石多了，什么石头好，什么石头差；什么石头想象空间大，什么石头想象空间小；什么石头能激活想象力，什么石头不能激活想象力，慢慢就会理出头绪、找到规律了。玩戈壁石时间长些的石友都知道，戈壁石一般是"变化大的易于出形，信息多的便于生意，色彩艳的长于悦目，形象好的利于传神"。有了这些经验常识，在选石时即使一时想象不出是什么，但知道其想象的空间很大，也会把它先买回去而不轻易放弃。（3）要多情。属于艺术思维的想象力，除了遵循认识的一般规律，即通过实践由感性认识阶段发展到理性认识阶段，达到对事物本质的认识和把握之外，艺术思维的想象力又具有其特殊的规律，它常常伴随着强烈的感情，情感的逻辑又起着巨大的作用。因此，在奇石创作和奇石欣赏的过程中，要使自己充满丰富的想象力，饱含激情是非常重要的。要想自己具有丰富的想象力，除了知识渊博、见识广泛以外，还要具有"诗人的情怀，画家的风范，仁者的胸襟，志士的气度"，情感气质、喜好习性都是不可缺少的。事实也表明，生活习性、情感品位的不同，对赏石的想象力影响是巨大的。比如，一次几位生活经历、情趣爱好不同

天鹅梳羽（马牙玉 9cm×5cm）

的三位老者共赏一方形似骏马的奇石，大家都认为此石骏马的形象很好，但想象出的意境却大不相同：老军人以为是一匹四蹄腾空、扬头嘶鸣、驰骋疆场的战马，老农民觉得像一匹蹄大胸阔、体壮力强、会拉能跑的辕马，老厨师却说是一匹膘肥肉厚、身长腰圆、出产好肉的肥马。因为职业性情不同，想象的结果差别很大。所以，在奇石的创作和欣赏时，一定要满怀激情、"自作多情"，只有这样才能更好地发挥出想象力的作用。

3. 端正态度，清除障碍，认真解决好"愿想象"的问题

当前，在赏石界影响一些石友想象力的发挥还有一个重要原因，就是对想

象缺乏正确的认识和态度，存有许多思想障碍，不愿自觉的发挥自己的想象力。有的"懒"，认为赏石就是玩玩而已，操那么多心干啥。有的"怕"，认为想象是在搞艺术创造，想象不好怕贻笑大方。有的"满"，认为石上有什么赏什么就行了，满足于石像的自然形态。诸如此类，不一而足。显然，这些模糊认识和不当态度不克服，就难以发挥出想象力。为此，应该很好地认识以下三个问题：（1）想象是件费心用脑的事儿，"懒"了不行——"懒"了就难有积极性。的确，如果简单地说"赏石也是件玩玩的事儿"，但是，要能够玩出真

睡佛（玛瑙石 7cm×3.5cm）

趣、玩出文化、玩出精神，达到一定的水平也不是那么容易的事儿。况且，赏石也并不是单一为玩而玩，而主要通过玩石这种形式达到修身养性的目的。要说玩，也是在"玩文化、玩艺术、玩智慧、玩心性"。要真正达到这个层次和境界，怕用心、怕费力、怕吃苦都是不行的。必须要有古人为了成就事业"读万卷书，行万里路"的求知欲望，"头悬梁、锥刺骨"的学习劲头，"衣带渐宽终不悔，为伊消得人憔悴"的矢志不渝的精神。放眼石界，真正有所成就的玩石大家，都是勤奋好学、勤奋实践、勤奋思考的勤快之人，大都经历了"劳其筋骨，苦其心志"的艰难历程。有的为了增长见识，丰富自己的想象力，不仅跑遍了名山大川，跑遍了主要产地，跑遍了大半个中国，而且自学美学、哲学、地质学、考古学。有时，为了想象出一个理想的主题，吃不下饭、睡不好觉，抓耳挠腮、苦思冥想，可谓费尽了心机。所有这些，都是值得学习敬仰的，都是玩石人不可或缺的。（2）想象是件开拓进取的事儿，"怕"了不行——"怕"了就难有创造性。想象，是艺术创造之举，想象好了确是有一定难度的。但是，我们要相信自己，要"敢"字当头，敢于向自己不懂不会不熟的领域挑战。只要开动脑筋、广泛想象，困难总是能够克服的。绝不能一事当前怕这怕那、畏首畏尾，滋生"懒汉""懦夫"的思想，那将一事无成。之所以存有畏难情绪，主要原因恐怕还是胸中无数，对想象对象的底数不精、把握不大。如果是这种情况，可以下决心先搞清问题，不妨查查资料、问问别人，搞懂了、有数了，自然就会不"怕"了。有时，尽管我们做了很大努力，还是会发生一些偏差、出现一些问题的，那也没有什么值得害怕的，改正过来就是了。在一定意义上

讲，反面教训比正面经验给人的印象还深刻，更有教益。同时，我们还要相信别人。在自己发生偏差、出了问题的时刻，绝大多数人是会伸出热情之手相助的，是不会站在一旁冷眼相看、冷语相讥的。如果真有这种情况，只表明个别人的修养不够。总而言之，"怕"的顾虑没有必要，放心大胆地去想象吧。（3）想象是个与"石"俱进的事儿，"满"了不行——"满"了就难有进取性。前边讲了，不愿想象还有一种满足情绪，即满足于石像的自然形态，满足于一次想象的结果，满足于想象已经取得的成就。有了这种自满自足的情绪，就不愿动脑想象了。应该看到，石像的自然形态，不管其再形象再逼真，也不管对其认识究竟有多少，形象只是个自然形象，认知也只是感性认知。如果满足于此而不再想象，奇石的创作只能停留在感知阶段，无法进入理性阶段，奇石也就成不了艺术品。因而，必须要继续进行理性想象，以求奇石艺术创作的圆满完成。也应该看到，一方石头的自然形态往往会有多个不同的角度，如果满足于想象的一次完成，就势必会放弃多个形象的发现，也会造成最佳角度形象的放弃。因此，一次想象是不能完成的，必须多方面的广泛的想象，从中选出最佳形象。还应该看到，经过持续不断的想象，总会有一定成就和收获的，如果因此而满足，不再继续努力想象、继续用脑，奇石收藏只能停止不前或是半途而废，是不会取得大的成就的。因此，

悄悄话（玛瑙石 6cm×7cm）

不管取得多大的成就也不能满足，必须要坚持不懈地想象，以争取更大的成就。

4. 防止偏差，合理运用，认真解决好"会想象"的问题

目前，在奇石的创作和奇石欣赏时还有一些石友存有不会想象或不善想象的问题，主要表现是思路不对、方法不当，缺乏对想象的正确把握和合理运用，出现了这样或那样一些偏差，妨碍和影响了想象的效果，有必要加以正确地认识和认真地纠正。怎样正确合理地发挥想象的作用呢？概括起来要做到"三要三不能"：（1）要联系石像想象，不能离开石像想象。一些石友想象的方法不当，首先就是脱离了石像。有的离开石像想入非非，漫无边际地空洞想象；有的不顾石像的具体情况，东一下子西一下子地胡乱想象；还有的随心所欲、主观武断，把脑中的臆想当作想象。由于思路不对、方法不当，尽管想象得天花乱坠，

却张冠李戴背离了石像，创作出的作品无法得到公认。要懂得，虽说想象的能量是无限的，但由于想象的内容总是来源于客观现实，受某些客观现实的约束，那么想象的领域又是有限的。在奇石创作中，石像是想象的基础和本源，想象必须从石像起始，在石像的基础上展开，既不能脱离石像，又不能偏离石像，更不能抛开石像，把凭空想象、主观臆想的东西强加给石像，违背"天人合一"的法则，干指鹿为马的蠢事。这样创作出的作品，必然牛头不对马嘴，是不会得到认可、受到欢迎的。因此，我们在奇石创作的过程中，必须要紧密联系石际，一切从石像出发，在石像的基础上展开想象，进而找出世象的对应物，使石像与世象相近相似，达到和实现"人石合一"的目的。这样创作出的奇石作品，才能受到大家欢迎。（2）要深入细致地想象，不能粗略肤浅地想象。在奇石创作和奇石欣赏的过程，还存有一种不对的思路和不当的方法，就是粗枝大叶、敷衍塞责，不精不细、马虎从事的现象。有的一见钟情，就不做深入想象了；有的概略瞄准，差不多就停止想象了；有的一锤定乾坤，以后不再想象了。结果，想象得不深不细甚至不准，创作出的奇石作品只能是一般化，很难达到艺术精品的高度。应该明确，奇石创作中的想象是件很深入很细致的事情，靠一见钟情、概略瞄准都是难以奏效的，必须要放开眼界、敞开思路，进行挖空心思、深思熟虑地想象。有时一种不行，还要进行多种想象，从中选出最佳的方案。有时又需要长时间的反复进行想象，几年之后又有了新的更好的想象，又改变了原来的立意，重新进行创作。只有这样做，才能创造出真正的奇石精品来。（3）要灵活多样地想象，不能呆板单调地想象。在奇石创作的想象中，目前还存有一种不恰当的做法，就是机械呆板，缺乏辨证的想象。有的认识石像比较死，差一点也不成，不能灵活地进行想象。有的玩石久了，形成了思维定式，总按固定的套路想象。有的孤立静止地看问题，常常搞一成不变，不能发展变化地想象。所有这些，同样影响想象的质量。要明白，石头的类别是多种的，石头的形态是多姿的，石头的角度是多样的，我们创作中的想象也应该灵活多样、丰富多彩，绝不能机械、单调、静止地想象。只有辩证地想象，才会思路开阔、眼光长远、灵活多变，才会想象出最佳方案，创作出奇石精品来。

翠鸟（碧玉石 9cm×6cm）

十三、戈壁石欣赏中的丑与美

世界上的事情是复杂的，但在哲学家的眼里却是简单的。一些艺术品是简单的，可在艺术家的心里却是复杂的。在他们手下的不少作品，许多时候看起来真的不见得真，假的不见得假；善的不见得善，恶的不见得恶；美的不见得美、丑的不见得丑……往往现象与实质不统一，用假象掩盖了实质。奇石艺术，如同贱蚌含宝珠，污泥出青莲一样，就是"表象丑，本质美"，或是说"形式丑，意象美"的艺术。而赏石的出发点主要在于审美——透过表象丑，求得本质美，其最大的追求是精神美。

1. 奇石的外表形式是丑的

奇石的自然形态，或者说外表形式是丑的吗？说它是丑的，恐怕有些石友一时会难以接受，他们会问"我们不是经常说奇石是形式美吗，怎么又变成形式丑了呢？"要搞清楚这个问题，首先要搞清什么叫丑。众所周知，我们的汉字是象形文字，常常知其形便会其意了。繁体的"丑"字，是由"酉""鬼"两个部分构成的。"酉"是十二时辰之一，即17~19时，也就是天刚黑入黄昏的时段；"鬼"是虚构之物，常被描画为面

父子龙（玛瑙花 10cm×7cm）

目狰狞、瘦如骷髅、扭曲变形、令人恐怖，顾名思义黄昏鬼的样子即为丑。从这个定义出发，我们在许多方面都可以看出，奇石的外表形式确实是丑的，这一点是毋庸置疑的。（1）从人们的反映看，奇石的自然形态是丑的。平时，我们常常会听到一些人，特别是不懂石头的人们在议论石头时说，这些石头"不圆不方、硬硬邦邦、光怪陆离、杂乱无章"，说它美美在什么地方？有时给他们解释了半天，有的还会说这些石头的形象"头大身短，无鼻无眼，缺臂少腿，古怪难看"，你们不讲我们还真看不出"是什么""像什么"。也有的直截了当地讲："这哪里是人，明明是丑八怪，都扭曲走样了，夸张不像了。"等等。人们较普遍地认为奇石的自然形态是丑的而不是美的。（2）从历史的定论看，奇石的形状是丑的。在历史上形成的"瘦、皱、漏、透"的相石标准，都是从

石头的外形来衡量评价奇石的。具有"瘦、皱、漏、透"外形的石头是美还是丑呢？显然，瘦如枯柴是个病态，漏透的孔洞是种残状，皱纹连连是副老相，都是丑陋的表现。其实，古人认为石形为丑早有定论。清朝大书画家郑板桥说："米元章论石，曰瘦、曰皱、曰漏、曰透，可谓尽石之妙矣。东坡又曰'石文而丑'。一'丑'字则石之千态万状，皆从此出。"近代著名艺术家刘熙载将丑石论发展到了极致，他说："怪石以丑为美，丑到极处，便是美到极处。一'丑'字中，丘壑未易尽言"。然而，最早提出奇石"怪且丑"丑石论的是唐代大诗人白居易。可见，很早"丑"就成为赏石审美的鲜明特征。（3）从石头的外形看，奇石的表象是丑的。多年来的经验表明，石头的自然形态带有的信息是极其有限的，能象形状物成景的更是少之又少。即使个别象形状物成景的，也大都是"一个粗略的轮廓，一个其中的部分，一点关键的特征"，是非常简约的。既达不到西方造型艺术那种"黄金分割""光影透视""人体解剖"的严格程度，也达不到美学大师程光潜提出的形式美"均衡与对称"的原则要求。奇石的天成地做的自然属性决定了其只能是形式丑。

2. 奇石的内在意象是美的

辞源注释："意象，是表象的一种。即由记忆表象或现有知觉形象改造而成的想象性表象"，"指主观情意和外在物象相融合的心像"。奇石审美中的意象，既来源于自然的石像，又来源于生活中的世象，还来源于艺术的形象，主观形成的意象世界是极其丰富的，是非常完美的。前边谈到奇石外表形式是丑的，那么它的内在意象为什么说是美的呢？大家知道，美与丑是美学中的一对范畴，它们是"相比较而存在，相对立而发展"的，在一定条件下是可以相互转化的。这个条件就是要经过人的改造，也就是说奇石的意象美是奇石的形式丑经过改造，"以丑显美，化丑为美"而转化成的。这种改造工作主要的有四种情况：（1）理念认定为美的。本来奇石的形式是丑的，但这种丑的表现在某些时候恰恰在人们的理念中却认为是美的。比如说相石标准的"瘦、皱、漏、透"表明石形是丑的，但在人们的理念上又有别的认定。一些文人墨客认

隐士

（五彩碧玉 3cm×10cm）

为，奇石只有"瘦"才能更好地体现"骨质感"，而有了"骨质感"也才能更好地展现出"骨气"；奇石只有"漏、透"才能体现出"空灵感"，而只有有了"空灵感"也才能更好地容纳"灵气"；奇石只有"皱"才能体现出"沧桑感"，而只有有了"沧桑感"也才能更好地体现"老气"。具有"骨气""灵气""老气"意象的奇石，当然就是美的了。这就是由于理念上的认定不同，使形式丑转化为意象美了。（2）条件符合为美的。奇石成像的"简约、粗犷、变形、夸张"的状况，虽然达不到写实式形式美的标准，但符合写意式意象美的条件。大家知道，我国的绘画、雕塑等艺术领域有写实与写意两种不同风格的表现手法。用这两种表现手法创作出的艺术作品，同样都具有艺术美。写意特别是大写意的表现手法，其主要特征就是简约、夸张，不大讲究均衡和对称。奇石成像的具体元素很符合写意手法的特征，应该说符合写意条件的奇石作品也是美的。从这个角度上讲，奇石成像条件的"简约、粗犷、变形、夸张"的形式也是美的，因为它符合写意表现手法的需要。在这里、也只有在这里，使形式美和内容美得到了完美的统一。（3）想象完善为美的。想象是把奇石的形式丑改造成意象美的重要手段。奇石成像的自然条件不足，可以通过人的丰富想象的能力，触景生情、望形生意，"看一点便知全貌"，进而达到"以小见大、以偏概全、以点带面、以浅寓深"的效果，用简约的形式表现丰富的内容，以少少许胜多多许。这就是靠想象的办法使奇石的形式丑转化为意象美。（4）强化装饰成美的。要把奇石的形式丑转化为意象美，还可以采用一些人为的手法，比如给石配座，帮其更好地立身；为奇石题名，帮其更好地立命；浓厚放置氛围，使其意象更加鲜明……从而，使人们更好地感悟领会奇石的意象美。总之，通过上述的各种方式把奇石的形式丑改造转化成了奇石的意象美。

3. 奇石的核心价值是精神美

奇石是别具一格的艺术样式，赏石活动也是情意浓浓的审美活动。在改革开放的新形势下，人们的赏石审美的情趣和意味日趋多元化。一些人满足休闲式的"娱乐美"，认为赏石能够放松心情，消磨时光，自寻其乐，逍遥自在。一些人宣扬地质式的"科研美"，主张在赏石中多学习地质学的知识，多研究石头的化学成分和物理结构，走所谓的科学专业之路。一些人追求天然式的"形式美"，喜欢在石中寻"猫"找"狗"，偏好石头"像什么"，以满足好奇心和愉悦感。还有一些人热衷于经济式的"效益美"，觉得玩石是一种投资，能发家致富带来经济效益，以赚钱为最大乐趣，忙于奇石的买进卖出……所有这些，都严重地挑战和冲击着赏石追求精神文化的核心价值观。应该明白，赏石是一个历练意志、感悟人生、自我教育的良好方式，是一种有情意、有趣味、有意义的高雅活动，是一条追求和实现智慧美、道德美和心灵美的有效途径，要坚持不懈地沿着赏石审美的正确轨道前进。为此，必须在思想上切实弄清弄懂下列问题：（1）赏石可以娱乐休闲，但绝不是平常的"休闲文化"。固然，赏石活动从表面看，组织是民间组织，人员多是中老年人员，活动自由，来往随便，又能自娱自乐，没有任何压力和负担，很适合中老年人参与。

千佛窟（玛瑙石 6.5cm×7cm）

但是，这种情况并不说明赏石仅是一种休闲文化。其实，赏玩奇石是我们中华民族的一项历史悠久的传统文化，是一种内练自省、修身养性的精神活动，充满着强烈的精神文化气息，蕴含着巨大的精神魅力，人们在赏石之中往往就能把精神之乐转化为精神之悟，成为人生的重大转折和前进的动力。（2）赏石需要学些地质常识，但绝不是去搞"地质科研活动"。为了更好地赏玩奇石，学习一些地质学的基本知识，了解石头内部的结构成分和内在规律，懂得一些石质的岩性和成因，是十分必要的。但绝不是像西方一些国家那样赏玩石头只注重实证科学的美学理念，他们观赏的是矿物晶体和生物化石，研究的是宝石的化学成分和矿物组成，关注的是经济价值和美观程度，而从不过问其是否代表或象征着哪些精神境界和思想内涵。与此形成鲜明对照的是，我国的赏石美学在关注奇石表象美的同时，特别注重奇石的内涵精神美，着力挖掘和探询其精神文化，并以此为赏石的最大价值和最高追求。这才是我们中华民族赏石的本质特色和追求的最终目标。（3）赏石能够获取美的感受，但绝不是一般的寻求"感官刺激"。我们挑选和购买奇石时，首先是关注石头的天然造型和纹理图案，且为找到一方有造型有图案有看点的石头而喜悦，这无疑是对的。但赏石审美绝不应该停留在奇石的自然形式美上，只是满足陶醉于石像的"形似、图像"，而应该不惜余力地去追求奇石形象蕴含着什么、意味着什么、体现着什么的精神境界，只有感悟意会到奇石艺术形象的意境美，才是达到和实现了赏石审美的最大价值和最高追求。（4）赏石是要参与买卖交易活动，但绝不是刻意追求"经济效益"。在市场经济条件下，赏玩奇石免不了要同经济、要同市场打交道，因为挑选石头大都要到市场去购买，关照和过问奇石的价格的高低也是情理之中的事儿，况且赏玩奇石也确实给许多石友带来了很好的经济效益。但是，我们赏石人和收藏者如果不是想当一名石头商人，就绝不能把关注点和注意力只放在单纯的经济效益上，仅仅把赏石当成是一项经济投资，只满足于经济利益的赚取，那样一心二用是玩不好和赏不到奇石的精神美的。

白衣道人（玛瑙石 4cm×7cm）

十四、摆对戈壁石诸元素的位置
才能保证赏石的正确导向

大家知道，一方奇石大都是由"形、质、色、纹"四项基本元素综合巧成的，当今石界还把这些基本元素的好差作为鉴评奇石的标准。如何认识和处置这些元素在奇石构成中所处的位置及相互关系，这个问题不仅事关如何评价、如何掌握奇石的条件标准的重要问题，而且事关"什么是好石头，玩什么样的石头"的最基本的问题。对此，目前石友们在认识和把握上差异较大，很有必要深入分析研究，加以澄清。只有"认得准、分得清、摆得对"，才能更好地把握赏石的正确导向。要做到这一点，关键的是"摆对四个位置，坚持四个为主"：

1. 要摆对旧项与新项的位置，坚持以新项为主

在看待、鉴评、掌握奇石元素和标准的问题上，古代有"瘦、皱、漏、透"的旧论，现代又有"形、质、色、纹"的新说。怎样认识和处置新项标准和旧项标准的位置及相互关系，当前在赏石界存有一些模糊认识和错误做法。有的全盘否定旧的相石标准，认为旧标准是枷锁，必须要彻底打碎；有的主张在标准创新方面要同西方接轨，认为只有同西方接轨才是创新；有的采取简单相加的做法，认为只要把古今的两个标准加在一起就行了。这些模糊认识和不当做法，如果不认真加以解决，直接妨碍着当前赏石的导向。怎样正确认识和把握新、旧标准的位置及关系，重要的是领会"三个意思"：（1）对传统标准不能全盘否定。应该明白，旧的标准之所以在历史上能够形成并传承下来，是有其深刻的历史背景和文化渊源的，它同今天新标准的关系，如同整个文化艺术中的继承与创新的关系一样，都是"百花齐放、百家争鸣"的同存共荣的关系，绝不是一个战胜另一个，一个消灭另一个的关系。它们既有各自时代的先进性，又有各自时代的局限性，都不能全盘的否定或全盘的肯定，正确的是"既不薄古，又

长颈鹿

（戈壁石 8cm×29cm）

要厚今", 在继承的基础上加以创新, "站在历史巨人的肩膀上登高"。（2）创新也不是倡导"同西方接轨"。相石标准的创新, 必须要保持民族艺术的本质特色, 不能扔掉民族艺术的特色, 盲目地追求"同西方接轨"。固然, 东西方艺术是有个互相学习、互相交流的问题, 但不存在"谁向谁靠拢, 谁向谁接轨"的做法。那种企图用西方赏石"重在地质研究"的物质型取代东方赏石"重在思想感悟"的精神型的认识和做法是错误的。（3）正确的在于坚持以新标准为主。当前实行的"形、质、色、纹"相石的条件和标准, 是符合当代赏石实际的, 它既保持了传统赏石的本色, 又吸纳了新时期创新的成果; 既抓住了赏石的基本元素, 又概括得比较简洁; 既包含了主要石种, 又反映了群众的呼声, 可以说是"继承和创新"的科学标准, 对现代赏石具有较普遍的指导作用。当然, 同任何事物都有不足一面一样, 新标准也是存有一定缺陷的。笔者认为, 它作为衡量奇石好差的标准, 只是提出了几个大的方面, 而每个方面究竟怎样为好并不明确。如果同"瘦、皱、漏、透"相对应, 是否用"像、刚、靓、旺"来概括表述更好。所谓"像", 即形（包括立体形

云中客

（碧玉沙漠漆石 18cm×25cm）

成的雕塑式造型和纹理构成的画面式象形）要像, 似人状物成景, 而且越像越好。所谓"刚", 即质要刚, 硬度越大越好, 玉化程度越高越好。所谓"靓", 即色要靓, 明快、亮丽、鲜艳、美观。所谓"旺", 即韵要旺, 有意韵、有气韵、有神韵, 韵律感明显、旺盛。以此作为补充, 是否更准确、明白、到位一些。无论如何, 现代赏石应坚持以新的标准为主。

2. 要摆对单项与全项的位置, 坚持以全项为主

目前, 在赏石界一些石友片面地认为"有看头的石头就是好石头"。在这种思想的影响下, 有的认为形态好的石头就是好石头, 有的认为色彩鲜艳的就是好石头, 也有的认为玉质感强的就是好石头; 还有的认为纹理突出的就是好石头。结果, 往往把"一招鲜""一项好"的石头误认为是好石头。究其原因,

他们主要是没有正确认识和处理好奇石"单项好"与"综合好"的关系，用"一项好"代替了"综合好"。要解决这个问题，就必须从认识和处理好奇石"单项好"与"综合好"的关系入手，真正从思想上明确一方好的奇石应该由"形、质、色、纹"四项元素综合巧成，不是一项元素好、某个方面突出就能奏效的。为此，应该确定三种思想观念：（1）要确立"一盘棋"的思想观念。一方奇石的"形、质、色、纹"的四项基本元素，就像一盘棋中的车、马、炮之类的棋子，都是整体的一个重要组成部分，缺了哪项都是不行的，哪一方面欠缺都是会影响整体效果的。一项元素再好也不能等于整个奇石很好。所以，要想奇石很好就必须是项项元素都好，只有项项元素都好，才能表明整个奇石很好。（2）要确立"构成巧"的思想观念。一方奇石的"形、质、色、纹"四项基本元素都比较好，是不是这方奇石就很好呢？答案是肯定的，但仅满足于此又是不够的，还必须要看"形、质、色、纹"四项元素是不是"构成巧"，如果构成得不巧就不能算是一方很好的奇石。因为一方好的奇石的四项基本元素的组成并不是简单的堆积相加，而是有机的组合巧成。每个单项元素的好都必须符合整体好的需要，只有整体需要的好才是真正的好，如果不是整体所需要的"单项好"，单项再好也是没用的，相反还会起到负面作用，影响整体效果。比如，有一方白色的人物石，石面上有一块韵味十足的黑色纹理，单独看这是块很好的纹理石，但整体看纹理处长得不是地方，不是长在人物的头顶，而是长在面部，如果长在头顶可以看作是人的长发，不巧的是长在脸部，不仅不能为人物石增彩，相反却给人物形象添乱。（3）要确立"顶尖好"的思想观念。应该看到，一方能够称得上是很好的奇石，必然符合很严格很全面的标准，不是什么"一招鲜""一项好"就能达到的，这样的奇石绝不是顶尖好的奇石，充其量只能算"单项好"的奇石，是可以玩的奇石。真正的好石头一定是整体好、全面好的石头，千万不要被一些地区和媒体炒作吹嘘的"什么红""什么彩"所迷惑。

3. 要摆对次项与主项的位置，坚持以主项为主

我们强调构成奇石的四项基本元素"项项重要，缺一不可"，是不是说这四项元素都一样重要呢？回答是否定的。虽然四项元素对奇石的构成都非常重要，

揽月峰（玛瑙石 3cm×5cm）

但并不是说它们对奇石的构成同样重要。奇石的构成，同任何事物的构成一样，在诸多的元素之中一定有一项是主要的，起着决定性的作用。在奇石的四项元素之中，形同其他三项元素相比是主要的，其他三项是次要的。为什么这么讲呢？这是因为，一方面"形"是历史赏石的传统。从古代制定的相石标准就可看出，"瘦、皱、漏、透"都是从赏"形"的角度提出的，可见古人对赏"形"是多么关注。虽说古代人赏"形"同现代人赏"形"有所区别，古代人赏"形"主要是指他们偏重欣赏奇石外形肌理结构好的山形石，现代人的赏"形"范围更加宽泛，不仅喜欢欣赏外形肌理结构好的山形石，而且还更喜欢欣赏象形状物的形象石。但古代人赏石的关注点一直是在"形"上，对质、色的要求就不那么严格，应该说这是历史上赏石形成的一个传统。另一方面，形是其他元素的载体。形——包括雕塑式的立体造型和绘画式的平面象形，如果没有它，就谈不上"质""色"，"皮之不存，毛将焉附"。只因为有了"形"，"质""色"才有用武之地。况且，"质""色"是为形服务的，如果没有"形"的需要，它们就如同绘画中

救苦救难

（玛瑙沙漠漆石 13cm×18cm）

的笔墨纸砚那样，只是一个物质材料罢了。即使为"质""色"赋入了人为的特定含义，它们也是因特定含义的形象而突出了作用。所以，"形"同"质""色"相比，在奇石构成中的作用显然是主要的。今天，一些偏好"赏质""赏色"的石友，在赏石走向多元化的情况下是可以理解的，也不失一种玩法。但是如果把"质""色"强调到不适当的程度，或同形平起平坐，或超越形之上，就颠倒了主次、混淆了轻重，必将失去传统赏石的本质特色而走向歧途。第三方面，"形"是美的传媒。"美感来源于形象"，奇石的艺术之美，如同其他人类艺术品那样都是依靠创造的艺术形象来传达表现美的，在一定程度上讲，没有艺术形象就没有艺术美，形象是美的传媒。"质""色"虽说也能给人以美感，但这种美感只是感官刺激而产生的浅层次的美，而不是艺术形象产生的震撼心灵的深层次的美。从以上论述中可以看出，形在奇石构成中确实是至关重要的，

同"质""色"相比确有一个主次关系的问题。它们之间的这种关系颠倒不得、并列不得、轮换不得。颠倒了，就会本末倒置，"抓了芝麻，丢了西瓜"；并列了，就会主次不分，"眉毛胡子一把抓"；轮换了，就会各行其是，各说各的重要，破坏统一性。

4. 要摆对外项与内项的位置，坚持以内项为主

至此，奇石诸元素间位置及相互关系似乎已讲完了。其实，除了旧项与新项、单项与全项、主项与次项的关系外，还有一对重要的关系需要认识和处理，就是形的自身之中的外项——形与内项——意，即形与意的关系需要很好地认识和处置。形与意是什么关系，怎样处置才合适呢？从总体上讲，奇石的形与意的关系，是"互相依存、互相融合"的关系，形是基础，意是主导，意决定形，形服从意。二者相比"意"是主要的。这样讲主要是基于下列考虑：（1）意是形的内容。一切艺术作品的形象都要求其内容与形式的高度统一，只有美的形式才能更好地表现美的内容，只有美的内容也才会有更充实的形式。但从总的方面来讲，内容对形式起着制约、决定的作用。奇石的形与意，就如同一切艺术品的形式和内容那样，意是非常重要的，只有有了意思深刻的思想、意义重大的主题、意味深长的情节，才能更好地充实形、说明形、反映形，创作出的奇石形象也才更有震撼力和感染力。（2）意是形的灵魂。奇石艺术是"天人合一"的艺术，石形是客观存在的固定不变的自然之物，人意是主观储存的丰富多彩的灵者之神。当石形的有限信息传递反映到人脑之后，即会引发人的无限遐思与联想，一旦在人

洋妇人（玛瑙石 8cm×9cm）

脑中储存的世间万象中找到对应物之后，便会赋予思想、赋予情感、赋予故事，这时干巴巴、空洞洞的石形才会有血有肉有灵魂，奇石的形象才能生动鲜活起来，才会象征一种事物、寓示一种思想、表达一段故事。（3）意是形的升华。一方奇石品位的高低，不仅仅在于石形"是什么""像什么"，而更重要的是"寓示着什么""意味着什么"，即意境如何。一方好的石头，主要是说它的石形"启迪性强、激发力足、内涵意深"，能够较好地使人进入意境。然而，意境贵乎

于远，远则"视觉难尽"；意境贵乎于深，深则"视觉莫穷"；意境贵乎于大，大则"视觉无限"。有了"远、深、大"意境的石头，哪怕石形只是"山的一角""人的一脚""龙的一首"，它也会使赏者感悟到"大山的深远""步履的艰辛""真龙的腾飞"，就会把有限的石形升华为意境的无限，达到"以少少许胜多多许""以极简练的形式表达极丰富的内容"的目的。因此说，形与意相比，意就显得更为重要。

通过对上述四个问题的分析探讨，可以看出构成奇石的各种元素，如同构成人体的头脑、五官、躯干、肌肤那样，其所处的位置、所起的作用及相互间的关系都是有一定的秩序和规律的，也是分主次轻重的，只有认识、处置、把握得当，才能更好地发挥综合作用，形成良好的形象。否则，把握不当，或主次颠倒，或轻重不分，或顾此失彼，都是会影响整体形象和品位的，就会偏离赏石的正确导向。

黄帝问道（碧玉石 9cm × 6 cm）

十五、要把关注点始终放在戈壁石精品上

奇石精品，蕴天地之灵气，集日月之精华，是赏石界追捧和厚望的天之骄子。一些石友，特别是新玩不久的石友，由于对精品石的分量缺乏足够的认识，"玩石玩精品"的意识不强，刚开始较普遍的存有"四图"现象，即图"多"，看到什么石头都觉得"新鲜""少见"，不买些心里痒痒，时间不长弄了一大堆；图"全"，各个石种品类都想有，觉得缺了哪个也不全，不管质量怎样，见到新品种就搜罗；图"快"，刚开始热情很高，看到老石友有那么多好石头，"眼热心急"，想很快赶上去，企图一口吞个胖子；图"贱"，只要价格不贵，马上挤上去抢着买，似乎捡了多大的便宜。在这"四图"思想的导致下，时间没多长，他们"石头就买了不少，钱也花了不少，但好东西却没买来多少"。这些教训说明，赏玩奇石必须要强化精品意识，从一开始就要有个较高的起点，并始终把眼光放在精品石上，切实保证玩石水平和藏石质量。为此，必须从四个方面努力。

蝴蝶（沙漠漆石 8cm×5cm）

1. 充分认识奇石精品的重大分量

应该看到，奇石精品代表着赏石的最高水平。它们都是千里挑一、难得一见的宝贝，是"增之一分则肥，减之一分则瘦"的珍品，是"一朝选在君王侧、六宫粉黛无颜色"的"佳丽"。如果是精品石的话，天然造型石应具有雕塑艺术的特征，天然画面石应具有绘画艺术的特征，天然文字石应具有书法艺术的特征。对这样的石头，人们往往"发现它时眼前一亮，欣赏它时为之一震，品评它时激动一番"，堪称"千金易得，一石难求"，是众石杰出的代表，一生若有三五颗足矣。还应该看到，奇石精品是人们追逐的集中目标。常言道："看

戏曲看旦儿，吃饺子吃馅儿"。无论是玩石多年的大家，还是实力雄厚的新手；无论是奇石的一般爱好者，还是著名的收藏家，他们都把赏玩、收藏精品作为首选目标，"挖空心思地想，费尽力气地找，花大价钱去买"，不惜一切代价要把精品石弄到手。市场上只要有奇石精品出现，就有出高价的实力派玩家动情，他们都要斥巨资专门收购奇石精品。正如有些石友所说："玩石就要玩最好的""宁要精品一颗，不要通货一车"。更应该看到，奇石精品引领着赏石活动的发展方向。经过二十多年赏石热潮的洗礼，全国玩石的人越来越多，老石种大都开发殆尽，新石种多已浮出地面，一二级市场日见凋零，三级市场正在形成，不久市场交易、公司拍卖的重点将是奇石精品。可以说，未来石界的天下将是奇石精品的天下，未来奇石市场也是奇石精品的市场。谁拥有精品石多谁就会占据主动，谁拥有精品石多谁就能笑到最后。近几年，很多有眼光的玩石人、经营者、收藏家，早已开始动手收藏奇石精品，积极迎接精品时代的到来。

2. 牢牢把握奇石精品的很高标准

随着奇石精品的热炒热卖，在某些角落里所谓的奇石精品大有泛滥成灾之势，不管什么档次的石展，不少地方都叫"精品展"；不管够不够格，许多经营者都能随手拿出几盒、几袋所谓的"小精品"；不管是不是精品，有的人竟号称自己有几千块精品石。本来奇石精品是"质量最好，数量很少"，结果被一些人搞成了"质量太差，数量太大"。究其原因，最主要的是奇石精品的概念不清、标准不严，随意性太大。怎样解决这个问题？首先，要自觉维护奇石精品的声誉。要知道，"精品石"对石头来讲，是个最美好的称谓，也是最高的声誉。不能"矬子里面拔将军"，把什么石头都随意称谓精品石，"乱叫""冒充"

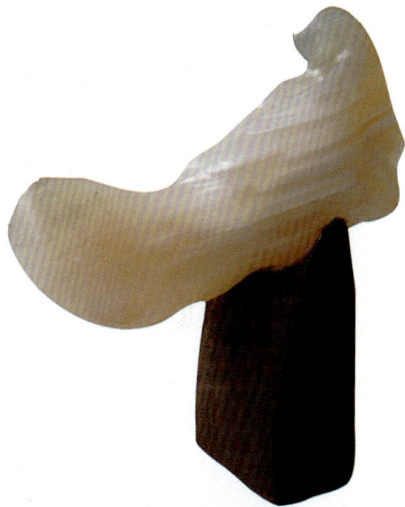

雏凤回首

（玛瑙石 8cm×3.5cm）

的结果只能损害、玷污精品石的名声，搞垮"精品石"的信誉。只有最出类拔萃的石头，才有资格佩戴"精品石"的桂冠。那种本来不够格而自吹自擂为"精品石"的，只能是贻笑大方，切不要干那样的蠢事。从而，自觉维护精品石的尊严，保证精品石的质量。其次，要在思想上弄清奇石精品的概念。应该明白，能称为奇石者，在石头中也只是占少数。即使这样，也不是所有的奇石都是精品，那种简单地把奇石与精品画等号的做法是不妥的。奇石至少包括入品、佳品、精品三个部分，只有那最少数的才是精品，绝不能把那些"刚够格的""比较好的"统统称为精品石，这种"鱼目混珠"的做法，只能自损牌子。从而，在思想上对什么是精品石要有个明确严格的界限。第三，要确立奇石精品很严的标准。石界有位资深专家曾经断言，全国精品石总量不应超过2000块。数目是否准确适当姑且不论，但起码说明奇石精品应该是个很严格的标准，是个很少的数量。目前，在全国未就精品石的标准形成共识之前，精品石的标准是否可用四句话概括："形意俱佳，久看不败，镇馆镇宅，人见人爱"。之所以这样讲，是说堪称奇石精品者，首要的在造型、意蕴方面，必须出类拔萃，能起示范表率作用；要经久耐看，经得住时间的检验；数量很少，只限起镇馆镇宅作用的狭小范围；还必须由广大群众认可，不能个人或少数人说了算。这样限制一下，是否能起到"控制数量，提高质量"的作用，还有待于实践的检验，况且也只是一家之言，一孔之见。

3. 必须明确奇石精品的寻找去处

精品石如凤毛麟角，非常稀少；似大海捞针，非常难找；像沙里淘金，非常艰辛。怎样才能寻到货真价实的精品石呢？对此，在石界有不少说法。有的说"靠运气"，运气好就碰上，运气不好即使在眼前也看不到。有的说"讲缘分"，有缘分，远在千里能相会，没有缘分，近在咫尺不曾识。还有的说"在机遇"，接触多、机会多，遇上的可能性就越大。但在笔者看来关键的是要靠"三有"，即：有眼——眼力好，有钱——实力强，有闲——空闲多，这是搞到精品石的三大保证。当然，落实到一个人身上，三方面条件都具备的不多，具有一两方面的不少。这就要区别不同人的情况，选择不同的去处采购，规律摸得准，去向选得对，就会收到事半功倍的效果。

"有眼""有闲"而又不怕吃苦的人，可以到一级市场去"翻"。所谓一级市场，就是指资源产地的第一线，就是石农家、地摊处和

祖孙乐

（玛瑙石 3cm×4cm）

采石场。这里的"石头多、石头杂、石头脏",有的是从产地刚运回,还带着泥土沙子的原始石;有的是多人多次挑过,剩下的"垃圾石";有的是好差没分,堆放叠压在一起的"混杂石"。这些"乱七八糟的脏石头,谁人见了谁人愁",如果没有吃苦精神,没有过硬的眼力,没有较长的闲工夫,谁也不会动手去翻去找的,即使翻半天未必能找一块。其实,只要肯吃苦,有眼力有耐力,在这些石头中"捡漏"的机会是很多的,有时甚至还能翻出"展览会上见不到、拍卖会上买不到"的精品石来。老实说一块一块地翻,反反复复地看,一天下来翻几十箱子的小"戈壁",累得腰酸腿疼直不起腰,滋味确实够受的。但一旦发现了意想不到的精品石后,那喜悦的心情也是常人难以体会到的。这或许就是"吃鱼不香打鱼乐"的缘故吧。老实说,一级市场还是真正玩石人的好去处。

禅悟

（玛瑙石 3cm × 6cm）

"有钱""有闲"但不想费力的人,可以到二级市场去"转"。这里说的二级市场,就是讲的一些石商在大小城镇经营的石馆、石店和展销会上的专卖柜。这些地方由于档次不同,石头的质量差别较大。小型的石店石头质量一般,由于石头经常处于交易流动之中,好东西很难存下,除非刚进货时难免也会有精品出现。大型的石馆档次一般比较高,石头质量也比较好,如果经营者属于经销兼收藏的行家,往往都会留有一些精品石。但这里的价格也比较高,因为其消费比较大,价格高一些也是情理之中的事。石馆、石店里,奇石大都整齐有序地摆放在几架上,不用动手费力,随意转一转就可一目了然。一些既有经济实力又有一些空闲的人,可以经常到这些地方转转,很有可能会碰到精品石,"捡漏"的机会也不能说没有。

"有钱""有眼"而没闲的人,可以到三级市场去"看"。三级市场,在这里讲的就是收藏者家中、拍卖会上和精品展时。这些地方,都是奇石交易的高端市场,石头的质量普遍很高。在这里,可以看到历史上传承有序的古石,可以看到在全国各地石展中得奖的名石,还可以看到藏家手里难得一见的珍石。但价格高得也往往惊人,少则几万,多则几十万,个别的几百万。只要有钱有雄厚的经济实力,在三级市场是完全可以买到精品石的。这里是大企业家、大老板们购石的好去处,购买的精品石质量大都是有保证的。台湾企业家、奇石爱好者陈荣昌先生，前几年以300万元人民币买下了奇石艺术家周伟权先生《纵怀》全书100件（套）奇石作品。在记者采访问他"300万元，您觉得值吗"的问题时，陈先生说："300万元确实也是个不小的数目……我没办法花那么多时间，300万买下了时间、一批作品，收藏了一个青年雅石艺术家的阶段创作成果。这个钱，我觉得花得很值。"

4. 正确认识和处理奇石精品的特殊关系

从前面的论述中可以看出，奇石精品对石头的质量要求是非常高的，质量越高奇石精品越有保障。怎样认识和处理影响石头质量的有关关系，是非常重要的。有关的关系认识和处理好了，才有利于对精品石的辨认、判断和购买。否则，有关关系认识和处理不好，就会妨碍精品石的把握和选购。对此，需要引起足够重视。

要认识和处理好质量与分量的关系。我们在评价一块石头时，常常会说这块石头有分量，那块石头分量不够。这里所说的分量，就是指石头的优缺点，优点越多、缺点越少，石头的分量就越重；反之，缺点越多、优点越少，石头的分量就越轻。因此，石头分量的轻重，直接影响石头质量的好差。所以，在购买精品石时，必须对石头的优缺点进行仔细分析和权衡。每块石头都不可能十全十美，都存有优缺点，即使一方精品石也不可能没有一点缺点，只是缺点很小且无关紧要罢了。因而，对缺点要严格把关，弄清是什么程度。如果缺点比较重，影响到石头的主体形象了，这样的石头就不是精品了，优点再多也不能当精品石买了。如果缺点的问题不大，"瑕不掩瑜"，或是能够弥补，则仍在选购之列，也不能因有点小毛病而放弃。

要认识和处理好质量与体量的关系。这里所说的体量，是指石头体形的大小。按说石头的大小与石头的质量是没有多大关系的，只是摆放地点位置的不同，才显露了体量大小的优劣。如果把体量不足10厘米的小石头摆放在厅堂之中，就显得很不起眼、没气派，缺陷似乎就显得很明显了。相反，如果把体量30厘米以上的石头当作手玩石来玩，恐怕也显得太大，也不合适。但这都不影响石头本身的质量，石头本身的质量是由石头的形、质、色、纹的综合表现所决定，而不是由石头的大小决定的。综合元素表现好，是小石头也质量好；综合元素表现不好，是大石头质量也不能说好。许多体量五六厘米的小戈壁石，就是因为其形、质、色、纹的综合元素表现出众，少则卖几千，多则卖几万，就足以说明这个问题。

　　要认识和处理好质量与容量的关系。所谓的容量，是说奇石形象内容的含量。石头形象的内容含量越大，创作的空间就越大；石头形象的内容含量越小，创作选择的余地就越小。另外，内容含量体现的题材越大，奇石的质量就越高；否则，内容含量表达的题材小，奇石质量就低些。比如，两块同是人物石，一块题材表达的是伟人的形象，另一块则表达的是孩童形象，虽说都是人物石，其质量和价值是相差很大的。因此，在选购精品石时，不仅要看石头有没有形象，还要看形象表达的是什么题材，题材越好的，石头的质量就越好。题材一般的，石头质量就不会很高。石头容量情况怎么样，对奇石质量确实影响很大。

　　要认识和处理好质量与钱量的关系。这里讲的钱量，其实是说石头的含金量，也就是说是石头的价格。在正常的情况下，石头的质量与石头的价格是成正比的，石头质量越高，价格就应该越高；石头的价格越低，表明石头的质量就越差。常说的"好货不便宜，便宜没好货"就是这个道理。所以，在购买精品石时，一定不要贪便宜，贪便宜往往会上当。但是，在不正常的情况下，那就要另当别论了。如果一块很好的石头，商家不知道，价格要得很低，顾客看出来了，以便宜的价格买下了好石头，这叫"捡漏"。相反，一块做假的石头，表面看起来很好，价格要得也很高，买家没识别出假货，用高价格买了劣质品，这叫"打眼"。在不正常的情况下，石头的质量与价格就成反比了，这时候就看眼力了，眼力好低价就能买到好石头，眼力差花大价钱也不见得买到好东西。

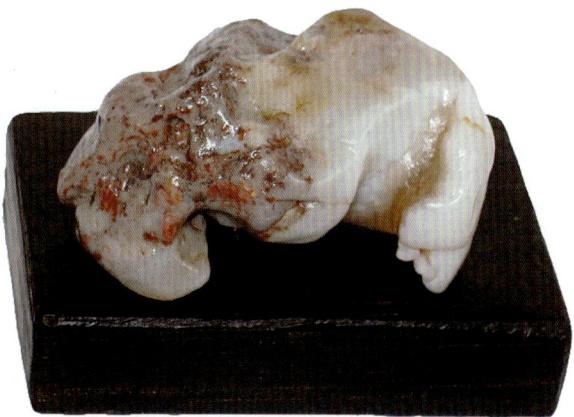

螃蟹（玛瑙石 5cm×3cm）

笔搁山（戈壁石 10cm×6cm）

十六、要留意选择题材优秀的戈壁石

在前边有关章节中曾提到过奇石题材，是指奇石艺术品的内容要素之一，是经过广泛认真的挑选，能够反映一定的社会生活，供奇石创作时直接应用的石头材料。它是奇石艺术品创作的基础和前提，其优劣程度如何，直接影响着奇石艺术品的创作质量。因此，在选购、采捡石头时，一定要留意选择题材优秀的石头，为创作奇石精品打下良好的基础。鉴于目前存在的问题，有必要提出几点引起关注。

1. 石头的题材要深明要义

据了解，目前对石头题材重要意义的认识相当肤浅。有的不在乎石头题材的内容，说什么"只要好看，管它是什么内容，能反映什么生活"；有的无视石头题材内容的客观存在，说什么"我说它是什么就是什么，谁能搞清楚"。由于这些糊涂思想认识的影响，一些石友不重视石头题材的选择，创造出的奇石作品一般质量都不高。对此，需要很好地克服模糊思想，提高认识水平。应该看到，石头题材是奇石创作的基础。没有这个基础，任何高明的作者也难为"无米之炊"、难有"用武之地"。题材优秀了，作者才能创造出惊人之作。所以，要想拥有精品，就要首先把功夫下在石头题材的选择上，"有了梧桐树，才能引得凤凰来"。应该看到，石头题材是奇石创作的条件。石头题材提供了什么条件，作者只能利用什么条件，"有什么武器才能打什么仗"，只能在现有条件的范围内考虑创作问题，离开条件其他只能是空想。所以，在石头题材选择时，不仅要看题材的内容是什么、像什么，还要考虑其提供的条件好不好，创作空间大不大。只有条件优秀了，创作选择的余地才广阔。还应该看到，石头题材是奇石创作的依据。石头题材提供了什么，才能创作什么，只能"比猫画虎""照

雄狮（玛瑙石 13cm×8cm）

葫芦画瓢"。简约或夸张可以，借题发挥、扬长避短、触景生情都行，但不能离开题材内容，无中生有。否则，创作出的作品只能是"无源之水、无本之木"，不会被大家认可。

2. 石头的题材要择优选取

既然石头的题材对奇石的创作有如此重要的作用，那么什么样的题材内容算是优秀健康的呢？从大的情况说，必须要符合国家的法律法令、民族的道德规范和社会的先进思想，具有积极进步、和谐共处、健康向上的精神风貌和良好品德。具体讲，在选择石头题材时有十个方面可供参考：（1）寄托敬仰崇拜的。像一代伟人、古代圣人、历史贤人，在人们心目中具有至高无上的位置。他们都曾为国家、为民族、为人民做出过杰出贡献，值得世世代代缅怀纪念。这类人物题材的石头，十分宝贵，十分难得，应该倍加关注。（2）激发豪情壮志的。诸如反映宁静致远、胸怀天下、立志成才、报效国家的，"闻鸡起舞""挑灯夜读""头悬梁、锥刺骨"刻苦学习的；"孟母断杼""岳母刺字""木兰从军"教子有方的；大鹏展翅、猛虎下山、雄狮扬威、一展宏图等方面的。（3）反映良好品德的。即助人为乐、团结友爱、遵纪守法，爱祖国、爱民族、

方丈（沙漠漆石 8cm×12cm）

爱人民，一不怕苦二不怕死，艰苦奋斗、勇往直前，热爱工作、热爱事业、刻苦钻研、勤俭节约、艰苦朴素的。（4）体现亲情爱情的。比如孝敬老人，爱护儿童，夫妻相爱，兄弟相亲，妯娌和睦，阖家团圆的。（5）表达吉祥如意的。像龙凤呈祥、红运当头、五福临门、喜鹊登枝，紫气东来、寿比南山、独占鳌头、鲤鱼跳龙门、观音送子等方面的。（6）意味惩恶扬善的。即伸张正义、抵制邪恶、主持公道、为人正直，倡导清廉、丑化贪腐等有关内容的。（7）颂扬美好生活的。诸如五谷丰登、六畜兴旺，丰衣足食、年年有余，鸡鸭成群、鸟语花香方面的。（8）记述民间故事的。如嫦娥奔月、夸父追日、女娲补天、精卫填海、愚公移山、大禹治水，牛郎织女、孟姜女哭长城等内容的。（9）体现成语典故的。如"三人行必有我师""桃园三结义""鹬蚌相争、渔翁得利""螳螂捕蝉、黄雀在后""狐假虎威""曹冲称象""煮酒论英雄""三顾茅庐""七擒孟获"等方面的。（10）展示锦绣河山的。像万里江山、北国风光，高山飞瀑、幽林深处，

田园人家、小桥流水，日出东海、夕阳晚霞，九曲黄河、大江东去，黄土高坡、大漠风情等等。有了这些比较健康优秀的石头题材，奇石创作必然会大大提高思想性和艺术性，从而创造出生动感人的艺术作品。

3. 石头的题材要用足用够

众所周知，在成堆成箱的石头中真正有造型有图案的石头非常稀少，非常难得。因此，对石头的造型、图案要特别珍惜，哪怕是石头上的一个点、一条线、一块面都不能忽视，都需要认真地分析研究它、准确判断它，尽力对其做出合理的解释和说明，绝不能轻易放弃它。对于石头题材提供的宝贵条件和信息，我们不仅要逐一地认清弄懂，而且要认真加以合理利用，充分发挥人的主观能动性，努力把它用足用够。审视石头题材的内容，就如同小学生看图说话，图是死的、人是活的，同是一张图，由于人的自身条件的不同，每个人发挥的主观能动性又不一样，说出的话、做出的文章是大不相同的。所以，在审视石头题材、看图（包括造型）说话时，必须积极地发挥人的主观能动作用，尽力做好如下几点：（1）按图说话，要把图说清楚、说系统、说完整。要按图说好话，就要对图案中提供的点、线、面、色块诸多现象，不能孤立的、零碎地看。如果孤立地、零碎地看，只能把它们看成是互不相干的一个一个独立存在的个体，看图说话也只能说零碎的话、说呆板的话。只有把图案中提供的点、线、面、色块联系起来看，才能看成系统、看成整体，这样看图说话也才能把话说系统、说完整。（2）就图说话，要把话说开去、说深远、

猛回头（玛瑙石 7cm×5cm）

说透彻。要就图说话，就要对图案中提供的点、线、面、色块的各种现象，不能表面地看。如果这样地看，就图说话，只能说表面的、浅层次的话。而只有透过这些点、线、面、色块的表面现象，深入进去，抓住本质，就本质说话，才能说深、说远、说透彻。（3）借图说话，要把话说充分、说圆满、说广大。要借图说话，就是对图案中提供的点、线、面、色块等有限的现象，不能静止地、一成不变地看。如果这样看，图中的小点只能是小点、短线只能是短线、微面只能是微面，只会把点、线、面、色块诸多现象看小了、看死了。而如果

用联想变化的眼光去看，图案中提供的点、线、面、色块诸现象，就会通过"小中见大、短中见长、缺中见全"等借题发挥的办法，把那些"意到笔未到"的部分表达出来。这样的看图说话，才能把小说大、把短说长、把缺说全，才能把图中应说的话说充分、说圆满、说广大，才能做出好文章、大文章来。

4. 石头的题材要用之合理

对于石头题材的内容，必须要用足用够，不可浪费资源。但是，也必须用之有度、用之合理。否则，用之失当、用之过头，不仅不能提高创作质量，相反还会损害整个创作，造成牵强附会、张冠李戴、弄虚作假的严重后果。因此，对于石头题材的内容所提供的各种条件和信息，既要强调用足用够，又要强调不能用之失当，这个度必须要把握好，绝不能干得不偿失的事。一是要防止生搬硬套。在审视石头题材内容的过程中，首先要认真读石，很好地领会石头图形所带来的信息。当这些图形信息反映到人的大脑中来之后，需要下功夫很好地认识、领会、理解和消化它，而不能囫囵吞枣、生吞活剥，在没有完全理解、似懂非懂或一知半解的时候，就主观武断地判定其是什么或不是什么；也不能将人的主观臆想，不顾石头的实际而强加于它，这两种生搬硬套的做法都是不妥的。正确的做法是顺其自然、人石对话，求得真知灼见，千万不能生搬硬套，"强石"所难。否则，创作出的作品就很难达到主、客观的完全统一，要么南辕北辙，要么名不副实。二是要防止无中生有。奇石创作同其他艺术品创作一样，来源于生活而又高于生活，来源于实践而又高于实践。创作的手法可以概括抽象，可以变形夸张，也允许触景生情、合理想象。但是，必须要尊重客观实际，尊重石头题材内容所提供的客观条件和信息，"抽象不能抽而不像，想象也不是胡思乱想，夸张更不能无中生有"，这是必须要遵循的创作原则。不然，奇石创作离开原石的题材内容，不受实际的约束而随心所欲，结果只能是胡编乱造，是不会被人们所接受的。三是要防止浅尝辄止。对于石头题材内容的认识，许多时候不是一两次审视阅读所能完全认识、领会和理解的。今天这样认识，明天又会那样认识；你这样认识，他却那样认识，甚至确立主题已创作成艺术品之后，过了三五年又会有新的认识和发现。因此，对石头题材内容的审视阅读务必弄懂弄通，不能轻易断下结论，即使把握性很大，定下了主题，完成了作品的创作，也不能搞一次定型、浅尝辄止，就一劳永逸了。还要经受时间和实践的检验，还可以再认识再提高。如果有了新的认识和更好的发现，仍要重新创作。

十七、命名是戈壁石艺术创作的重要环节

在戈壁石创作的过程中，命名具有举足轻重的作用。可以说，是对奇石感性认识的一种理性升华，是凝练主题的一种具体表达，是抒发情感的一种良好方式。名题好了，可以为奇石增光添彩；名题砸了，也会使奇石黯然失色。题名不仅直接影响着奇石的艺术价值和品位档次，而且也反映着创作者的文化素养和思想水平。对此，不能有丝毫的马虎大意。要搞好题名创作，必须要做好下列工作。

两小无猜（玛瑙石 10cm×11cm）

1. 要认清命名的意义

目前，在赏石界有一些石友，特别是一些新入门的石友，较普遍地对奇石命名的作用和意义缺乏认识，有的认为"只要石头好，名字叫啥不重要"；有的认为"名字就是个符号，起个有所区别的就行了"；也有的认为"名字不好起，与其起不好，不如不起好"。常常"重视在选择石头上下功夫，轻视在奇石命名上用气力"，因"石头不错，名字不好"而影响奇石的艺术创作。因此，很有必要提高对奇石命名重要性的认识，切实弄清奇石命名的重要性和必要性。

命名是为奇石赋意立命。奇石是"天人合一"的艺术，如果没有人的发现和介入，石头的自然形态再美再好，也只是山间河滩中的自然之物。只有被人发现之后，并被赋予妙意，石头才有艺术价值。为奇石起名就是做"人赋妙意"的工作。如果一方充满自然之美的奇石珍品，再获得一个诗情画意的名字，那么它才能具有更旺盛的艺术灵魂和生命力，才能真正成为自然美与艺术美相结合的艺术品。奇石如果没有恰如其分的思想内涵的命名，就如同一个人没有灵魂和生命一样。从这个角度讲，为奇石题名就是为奇石做赋意立命的工作。只有把这个工作做好了，奇石才能真正成为艺术品。

命名是为作品开宗明义。一件奇石作品创作出来之后，其主题思想是什么，作者的内心情感和真实意图是什么，都是需要观赏者了解和领会的。因为任何

作品都是为了让人欣赏的，目的在于让观赏者领会和接受作品的主题思想。恰到好处的命名，就是为了帮助观赏者更好地理解作品、接受作品。一旦有了贴切的命名来点题明义，就如同打出一面招牌，让人一目了然，就可以引导观赏者的注意力和聚焦点，直接感染和影响其思想认识以形成思维定式，自然而然地接受作者的情感和意图。试想，如果没有恰如其分的命名来标题示意，观赏者就难得要领、迅速了解和领会作者的看法和意图，只能根据石头的形、质、色、纹等提供的条件去构思去联想，再费一番周折。而有了观点鲜明的题名，观赏者就方便多了。这就是命名的作用和意义。

命名是为观赏者启思联想。一件艺术精湛、意蕴深远的奇石佳品，要使观赏者真正品味到意境之美，言简意赅、引人深思的命题无论如何是不能缺少的。这样的题名，让观赏者看了之后，就好像有了一名称职的向导或解说员，引导欣赏者顺利进入奇石意境的大门，使其犹如身临其境，深感意境之美，达到了引人入胜的效果和目的。这时的命名，在奇石与观赏者之间实际上起的是一种媒介的作用，让观赏者很快接触实情、了解石意，享受到奇石的意境之美。

2. 要遵循命名的依据

在奇石题名方面，有的题得很巧，时常"名出惊人"；有的题得很雅，富有诗情画意；有的题得很准，闻其名便知其石……一个好的题名是从哪里来的？是天上掉下来的吗？不是。是人们凭空想象出来的吗？不是。是头脑里固有的吗？也不是。好的题名只能从奇石中来，是奇石的形、质、色、纹等综合元素在人脑中的反映，经过人脑加工厂的分析、概括、整理而提炼形成，是"人石结合"的产物。所以，在题名创作过程中，一定要尊重原石、尊重作品、尊重人的实践创造，具体做到"四个依据"。

要依据主题思想。在奇石创作中，立意的形成和主题的确立，是完全根据原石中的自然形态、质地、色彩和纹理等综合元素所提供的物质条件决定的，是经过人脑的反复加工而成的，不是作者凭空想象而来的。因此，在奇石命名时，必须以奇石的立意和主题为依据，运用言简意赅的文学语言，起一个具有创意的名字，准确、生动、深刻地把立意和主题表达出来。这样产生的名字，必然紧扣主题、含义深刻、生动感人，会成为非同凡响的题名。不然，如果离开立意和主题另搞一套，即是挖空心思，说得天花乱坠，也只能是"南辕北辙""名不副实"，令人费解。所以说，这名好，那名好，不如紧扣主题的名最好。

要依据艺术形象。奇石的艺术形象，是"人石合一"的结晶，是自然美和艺术美塑造的典型，是反复创作最后形成的唯一成果。所以，在为奇石题名时，必须要参照奇石的艺术形象，进行刻画、提炼，简洁明了地把名字描述出来，这样的题名必然像艺术形象那样光彩照人，具有很强的艺术感染力。比如：在奇石创作时，根据原石的自然形态，塑造出了一头四肢挺立、怒视前方、鬃毛高扬、威风八面的雄狮艺术形象。命名时，必须首先考虑这个艺术形象能够说明什么？并依此进行思考，从中抓住最本质的东西，最终题名为"王者风范"，用以显示强者的威严，就比较贴切。

九龙壁（玛瑙石 14cm×6cm）

要依据奇石特色。还有一些奇石，由于先天条件的不足和缺陷，并没有形成人物、动物、景物、器物之类的艺术形象，但又感到石头很有特点。给这类奇石命名时，就要按照石头提供的有限条件，具体分析找出其中最主要的特色，并依据特色给奇石命名。比如：一块黑灰色的奇石，光滑的石面上，什么色块、纹理都没有，只是在右上方有一白色圆点同石面形成黑白反差，依据此特点为奇石题名为"皓月当空"，使平常的石头增添了耐人寻味的意境。

要依据作者的情感。作者的激情和灵感，在创作过程中一旦形成，要么是被奇石的艺术形象所感动，要么是被奇石的深邃意境所震撼，要么是被奇石中的耀眼亮点所激发，这种不由自主而产生的真情实感，往往是奇石艺术创作最具灵气的东西，也是思想精华所在。在奇石命名时，要及时抓住，并以此顺藤摸瓜，依据"闪光点"和"思想火花"给奇石题名。这样的题名，是作者真情实感的表露，往往最能打动人、感染人。

3. 要掌握命名的方法

奇石命名，没有固定不变的方法，只能依据每方奇石的具体情况而定。但是，这并不是说奇石命名无规律可循。不用说历史上有许多好的题名方法可以借鉴，单就近二十多年赏石实践积累的不少好的命名方法也够参考。命名的具体方法可以不学，命名的普遍规律必须掌握。特别是一些带规律性、思想性和指导性很强的方法，还是很有必要学习、领会、掌握和运用的。下面的几点方法就值得参考。

画龙点睛法。常言道："牵牛要牵牛鼻子，打蛇要打七寸处"。是说从事任何工作都要坚持抓主要矛盾。给奇石题名也是一样，必须要抓住关键点。画龙点睛法，就是命名抓关键点的方法。所起之名直接点题，要一名揭示题意，一语道破天机，直截了当、明明白白，毫不转弯抹角、拖泥带水。使人看了题名，对作者的创作意图、对作品表达的主题都清清楚楚一目了然。这样的题名，对整个奇石作品具有提纲挈领、抓一点活全局的作用，是切中要害的题名方法。

阴阳相济法。按照"阴阳"学说的哲学思想，世界上的万物都含有阴阳两极，既有好的一面，又有差的一面；既有强的一面，又有弱的一面；既有实的一面，又有虚的一面……相依相补，共处同一物体之中。奇石作品当然也不能例外。"阴阳相济法"，就是针对奇石作品诸多的阴阳差别，强调在题名时要兼顾阴阳两方，所起名字要体现"以强补弱、以动化静、以美遮丑、以意补形"，奇石写实一些的，题名就要虚一些；奇石写意一些的，题名就要实一些，使虚实相补，相得益彰。这样的题名，就可以扬作品之长、避作品之短，收到很好的效果。

笑口常开（玛瑙石 6cm×3cm）

移花接木法。我们中华民族的文化十分发达，语言十分丰富。在长期的生活实践中，人们创造出了许多"名言警句""格言成语""诗词歌赋""文萃典故"等。移花接木法，就是说在奇石题名创作时，采取"拿来主义"，借用上述的文化精华为奇石题名。选择那些"词能达意，语能示物"的语言精华，给奇石起一个典雅的名字。这样做，往往可以收到"雪中送炭，锦上添花"的良好效果。

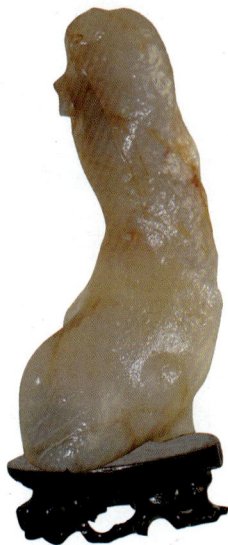

白毛女（玛瑙石 4cm×11cm）

对比筛选法。一方奇石题名好不好，单个孤立地看往往难以说清楚。把许多题名放到一起来比较，谁好谁差就比较清楚了。对比筛选法，即是这种比较鉴别的方法。就是说，给奇石题名时不妨多题几个，相互比较比较，从中选出一个较好的。如果怕这样是"矮子里边拔将军"，也可以与同类别人题名比较好的进行对比，还可以请石友们帮忙题几个，放到一起比一比，总可以从中选出最佳题名来。这种"优中选优"的题名，一定是好的题名。

逆向思维法。逆向思维，是一种创新型的思维方式。是说当一项工作碰到困难、遇到难题，进行不下去的时候，可以从原工作方法相反的方向去寻找新的解决问题的方法，往往会峰回路转，使问题得到解决。奇石命名也是这样，有些奇石或杂乱不堪，或模糊不清，或残缺不全，存有明显的缺陷。如果按照常规的创作要求，很难题出合适的名字。遇到这种情况，不妨采取"逆向思维法"，反其道而行之，从相反的方向去思考题名，化腐朽为神奇，使奇石绝处逢生、反弱为强，收到意想不到的奇特效果。笔者有一方椭圆形薄片式白色玛瑙石，石面中央从上而下贯通一条褐色的石筋，粗看起来很不美观，扔在一边好长时间没管。忽然，有一天豁然开朗，遂起名为"破镜重圆"，使奇石起死回生。

破镜重圆（玛瑙石 7cm×5cm）

4. 要符合命名的要求

一方奇石的题名到底好不好，最终还要接受实践的检验，接受广大读者群众的检验。多数读者群众普遍反映好、普遍评价高，那才算真正的好，读者群众这一关很重要。因此，对广大读者群众对奇石题名的审美要心中有数，他们是什么样的心理，有什么样的习惯，有什么样的爱好要求，从创作一开始就要足够重视、认真考虑。只有这样，创作出的奇石题名才能符合他们的爱好要求，也才能受到真正的欢迎。从多年来的实践看，广大读者群众对奇石题名的要求主要有：

要名副其实。广大读者群众对奇石题名的要求，首先是名副其实、一目了然。要"一看就清楚，一想就明白""闻其名便知其石"。最厌烦的奇石题名，是含糊其辞，模棱两可，华而不实、名石不一，"听起来好听，看起来好看，就是石头不是那回事"。因此，奇石题名一定要朴实无华，一是一、二是二，名字和石头完全是一码事儿，切忌有哗众取宠之心；奇石题名一定要一针见血、一目了然，直截了当、不转弯子，切忌"包子咬了几口还没咬出馅来"；奇石题名还一定要表达清楚，用词准确，不能含糊不清令人费解，切忌使人莫名其妙。

要言简意赅。对于奇石题名，读者群众较普遍地希望语句简练，寓意深刻，高度概括，饱含哲理。"听起来有听头，看起来有看头，品起来有嚼头"。大家最不喜欢的是"白开水一碗没味道""懒婆娘的裹脚又臭又长"。语句长了没内容大家不欢迎。语句短了含义不深刻同样不受欢迎。奇石题名，必须寓意深刻，"以石喻人，以人比石"，饱含哲理，意境深远。在用词上要含蓄一些，不要太直白；在方法要辩证一些，不要太死板；在内容上要丰富一些，不要太浅薄。

要富有创意。读者群众对奇石题名，还要求要善于变化，要有新意，不能"老一套""老重复"。有些题名本身并不是不美不雅，而是用得太多了、太滥了，大家就不喜欢了。比如：一看到山间瀑布的奇石，就是"高山流水"；一看到村边小河的奇石，就是"小桥人家"；一看到雄鹰飞翔的奇石，就是"大鹏展翅"；一看到观音形象的奇石，就是"普度众生"……老是这一套，谁能不烦呢？所以，在奇石题名创作时，一定要大胆创新，别人用过的，尽量不用；重复出现的，必须回避，经常有所变化，有所创造，有所发展，这样才有生命力。

要幽默诙谐。对于奇石题名，广大读者群众还有一个要求，就是给奇石题的名字要有趣味性、幽默感，要引人发笑，寓教于乐。绝不能"看起来硬邦邦的，读起来干巴巴的，品起来枯燥燥的"。因而，为奇石题名，在技巧上要讲点艺术性，在措辞上要有点诙谐感，在语意上要有点风趣味，防止呆板、生硬、枯燥，"嚼如白蜡"一点味道都没有。笔者有一方 12 厘米大的沙漠漆人物石，酷似一盘腿打坐、低头诵经的和尚，其光光的头部，双目微闭，口歪歪的，长得很滑稽丑陋，遂题名为"经别念歪了"。人们看后反映："既好笑，又有意思"。

经别念歪了（沙漠漆石 10cm×12cm）

十八、戈壁石的陈设摆放是很有讲究的

戈壁奇石经过选择、立意、题名、配座等各个环节的创作完成之后，作为艺术品怎样陈设摆放成为一个值得重视的问题。有些石友对此不以为然，觉得奇石创作完成之后摆放在哪里都一样，有个地方就行了。其实，并非如此。奇石作品的陈设摆放，不是个简单、孤立、毫无目的的行为，它不仅具体涉及摆放地点、观赏角度、衬托用具、占有空间和周围环境等多方关系，而且还直接影响作品的展示效果、读者的观赏审美和氛围的整体和谐，是个轻视不得、省略不了、必须关注的重要问题。那么奇

望乡（碧玉石 8cm×9cm）

石的陈设摆放究竟怎么办才合理呢？从一些有经验玩家的体会看，需要"围绕一个目的，处理好四个关系"，即围绕一切为了观赏效果的目的，处理好陈设摆放与观赏角度、与衬托用具、与置放空间、与周围环境等四个关系。做好了这些工作，奇石作品的陈设摆放就可以说做到了合理雅观。

1. 处理好奇石陈设与观赏角度的关系，摆放地点一定要合适

奇石艺术品创作出来之后，如何让人们看得清清楚楚、明明白白，使奇石的艺术形象能够完整、准确、迅速地反映到人们的大脑中去，正确处理好奇石的摆放位置与读者的观赏角度的关系非常重要。如果奇石摆放位置的角度、高度、亮度比较适当，观赏者就容易看得清、看得准、看得全，奇石的艺术形象就会一目了然反映到人脑中去。相反，如果摆放的位置不当，结果或是看不清，或是看不准，或是看不全，就会影响人们的观赏效果。因此，在处理奇石的摆放与读者的观赏角度的关系时，应着重把握好三点：一是要考虑摆放位置的高低。人们观看物体的清晰程度，首先同所看物体的角度有很大关系。一般说来，观赏角度愈大对奇石形象就看得愈清楚，观赏角度愈小就看得愈模糊，加之奇石最佳观赏点的不同，选择奇石摆放位置时就必须考虑观赏角度的问题，位置的过高过低或偏左偏右都不利于观赏。比如，奇石的形象是一只站在山巅俯视

天下的雄鹰，要给它选择陈设的位置，就应高于人的视平线以上，这样才便于读者看清楚雄鹰俯视天下的面目和姿势，以饱览雄鹰俯视时的英姿。假如摆放位置低于人的视平线以下，人们只能看到鹰的头顶和背部，就看不到奇石的最佳观赏点。奇石摆放得上下不同的效果是这样，左右不同效果也是如此，该左则左、该右则右，特别是需要侧视的奇石形象更是如此。二是要考虑摆放位置的远近。人看物体的清晰程度，同物体的大小和距离的远近有很大关系。物体的过大过小、距离的过远过近，都会影响到观赏的清晰程度。通常说来，石体较大，摆放的位置就应离人稍远一点；石体较小，摆放的位置就应离人近一点。不然，石体愈大、离得愈近，或是石体愈小、离得愈远，都会影响观赏效果。"不识庐山真面目，只缘身在此山中"，就是这个道理。三是要考虑摆放位置的明暗。大家知道，光线的明暗也直接影响着观赏物的清晰程度，过明过暗都是不利于看清物体的。所以，奇石摆放的位置一定要考虑光线的明暗问题。特别是在家庭里摆放奇石因居住的环境条件所限，就更需要考虑光线问题。如果摆放的位置处于屋内边角的阴暗处，光线不足，该加射灯就要考虑加射灯的问题，不然，就会影响观赏的清晰度。上述三个方面考虑把握合适了，奇石观赏就一定会收到好的效果。

2. 处理好奇石陈设与衬托用具的关系，摆放用具一定要合位

供奇石陈设摆放的用具，通常是几桌、台案、架柜、屏龛及垫板。它们与奇石的关系是服务与被服务的关系，奇石是主，用具是从。这些用具使用不使用、使用哪些不使用哪些，完全是从奇石的陈设效果需要考虑，有所用有所不用，需要进行选择。选择使用得当了，可以增进奇石的陈设效果；选择使用不当，则会影响陈设效果。所以，对选择使用陈设用具必须引起足够重视，做到"四个区别"：（1）要区别不同的地点。奇石陈设的地点不一样，选择使用的陈设用具也是有所不同的。集市地摊的摆放与家庭、石馆的摆放不同，与大的展厅的摆放差别就更大，使用的陈设用具也就大不相同。一般说来，地摊摆放比较随意，家庭摆放因地制宜，石馆展厅摆放规矩统一。家庭的奇石陈设摆放多使用几桌、架柜，

昭君出塞

（玛瑙石 4cm×9cm）

石馆的奇石摆放多使用台、案、屏、龛，展厅特别是大的展览使用的用具，多是整体规划、统一制作，风格一致。比如：2005年8月内蒙古阿拉善地区举办的戈壁石精品展，专门邀请台湾地区的专家布局指导，展台统一制作，展位相对独立，做到一石一台一景，并以字画、盆栽、窗格、射灯相配合，整体风格简洁明朗、文化氛围浓厚，具有国际大展风范，取得了很好的展示效果。（2）要区别不同的玩法。奇石赏玩的方法多种多样，有单石单体的玩法，有多石组合的玩法，还有手中把玩的玩法。赏玩方法的不同，要求所使用的用具也有所不同，单石单体的玩法多使用几桌、屏龛，多石组合的玩法多用台案、垫板、架柜，手中把玩则不需要什么用具。比如，小品组合的玩法，就多是选用几桌、

老友（玛瑙石，均为 3cm×6cm）

台案或使用垫板，很便于小品石一局一局的布局演示；也有的将组合成局的小品陈设在小博古架上，效果也不错。（3）要区别不同的体量。在室内陈设奇石的体量，可分大、中、小三种类型，大的在一米左右，中的在50厘米上下，小的在30厘米内外。由于体量大小的不同，在选择使用陈设用具上也不一样。一般说来，"大的要落地，中的要登台，小的要进架"，比较合理适当。所谓大的要落地，即是说室内的空间有限，将一米左右大体量的奇石落地摆放为宜。如果将这样大的奇石放在桌上或架上，就显得很不合位，影响美观。同样，如果将10厘米左右的单体小品石放在几桌、台案上，恐怕也显得微不足道，太渺小了。所以，体量大小不同就要选择使用不同的地点和用具。（4）要区别不同的档次。虽说都是奇石，但质量档次也有所不同。不用说详细区分，就是从大的方面加以区别，至少也有"入品、佳品、精品"三个档次。奇石档次不同，所使用的用具也应有所不同，特别是用具的材质上更要注意区别。目前，

在陈设用具的使用上有追求奢华的现象，不管奇石的质量档次如何，都选用红木材质的用具，以为这样才能提高奇石的身价。其实不然，奇石质量一般使用红木用具，就如同"叫花子穿蟒袍"，很不得体，反而让红木用具夺走了石头本来就不多的彩头。当然，并不反对"好马配好鞍"，奇石精品使用红木用具，那才是材当其用。

3. 处理好奇石陈设与占有空间的关系，摆放空间一定要合体

奇石无论在什么地方陈设摆放，都需要占有一定的空间。这个空间有多大比较合适，里边就有一个奇石体量与占有空间的对比关系问题。空间过大、奇石太小，奇石陈设在里边就显得空旷渺小；空间过小，石体太大，奇石摆放其中就显得满当拥挤，二者都会影响审美效果。因此，奇石陈设摆放时必须要考虑与占有空间的对比关系问题。奇石陈设摆放的空间大小合适了，奇石陈设就显得合身得体，就能把空间美显示出来了。奇石陈设摆放的空间有什么具体要求呢？从许多陈设效果比较好的情况看，占有的空间应该具有"三性"：一是空间的宽松性。奇石不管陈设摆放在什么样的间隔空间里，都应该"上留天、侧留边，四周有空闲"。在一般情况下，"天"留得宽度约占石体高度的四分之一，"边"留得的宽度约占石体宽度的五分之一为宜。这样，奇石陈设在里边，给人就有宽松舒适的感觉。目前，有些石友在这方面注意不够，空间宽松的观念不强，奇石陈设总想往里边多摆放一些，不管空间的大小，常常是一个挨一个，中间无间隔，或是顶天立地、不留空隙，满满当当拥挤在一起，严重影响了奇石的美感，这是需要加以克服的。二是空间的素雅性。为了深化主题、烘托气氛、点缀场景，在奇石陈设空间里挂点字画、摆点盆栽、放点小配件，不仅是必要的，

五虎上将（玛瑙石，均为 3cm×7cm 左右）

而且也是可行的。但是，一定要把握好度，保持好空间的素雅性，千万不要搞过了头，如果所挂的字画花红柳绿，或是大家之作；所摆的盆栽体量过大，或是奇花异草；所用的小配件光彩照人，或是非常名贵，这样奢华的陪衬，就会导致喧宾夺主、让配件抢了奇石的"戏"，违背了使用配件的初衷，是画蛇添足、弄巧成拙的表现，是不足取的。三是空间的独立性。奇石陈设的每一个空间都具有相对的独立性，也就是说在一个空间里只能摆放一方奇石。如果是小品组合，虽说可以同时摆放两枚以上的奇石，但都必须与主题相关联，是构成一局的组成部分，与主题无关的则是不能放在一个空间里的。否则，在一个空间里摆两个以上不同主题的奇石，就如同"一个槽上拴两头叫驴"，是会相互干扰、相互打架的，是不利于奇石艺术形象展示的。因此，在奇石陈设摆放时，必须保持空间的相对独立性，只能"一石一台一景"，即使空间较大，也不要见缝插针，再挤入其他奇石，破坏空间的相对独立性和审美的专一性，想让别人多看些，结果哪个也看不好。

4. 处理好奇石陈设与相邻物品的关系，摆放环境一定要和谐

农民大叔（沙漠漆石 11cm×15 cm）

奇石陈设空间周围常摆有一些其他的物品，特别是家庭藏石多有这种情况。家庭面积大的奇石多陈设在客厅、书房之中，家庭面积小的则摆放在餐厅或卧室里边，奇石陈设常常"与书籍字画相伴，与瓷器玉器相邻，与生活杂物相聚"。二者的关系处理好了，整个环境氛围就会和谐相处、相映生辉、美不胜收；如果二者关系处理得不好，就会杂乱无章、互相干扰、无美可言。因此，处理好奇石陈设与其他物品的关系很重要，力求做到"四相"。第一，整体风格要相同。奇石摆放一定要注意保持传统的民族风格，与这个风格相符的其他物品可以保留，与其不符的则坚决调整。试想，在整个客厅摆放奇石的大环境里，墙上却挂的是大幅的西洋油画，地上摆的是欧洲古典式沙发，这种布局是多么格格不入、不伦不类。像这种情况是必须要纠正的，不然就会贻笑大方。相反，如果墙面挂的是我们民族淡雅的文人字画，屋里摆放的是明清仿古家具，古色古香的氛围与奇石陈设十分吻合，民族风味更加浓厚，艺术效果就不言而喻了。

第二，整体内容要相近。在陈设奇石的客厅或房间里的其他物品，在内容上必须与奇石赏玩相近，像玉器、瓷器、铜器、字画等文玩之类都可以保留，使其与奇石相映成趣，不仅不会影响奇石的观瞻，相反还会使整个文化氛围变得浓厚。当然，与奇石赏玩内容相差很远的其他物品是不应保留的，像日常生活用品等闲杂之物，则要清理到其他地方，绝不能与奇石摆放在一起。第三，整体布局要相容。家庭奇石陈设的布局难度较大，一方面家中的各种物品较多较杂，一方面地方空间相对较小较差，这对整体布局是不利的。但是，还要看到只要因地制宜从实际出发，经过努力还是可以把整个布局工作做好的。怎样才算布局好呢？要简洁有序，很多时候的杂乱是同东西太多有直接关系，所以下决心要把不必要的东西清理掉，东西的数量减下来了，布局就好搞了，包括奇石也不要陈设得太多，简洁有序也是一种美；要错落有致，奇石与其他物品的摆放要高低错落、前后穿插，切忌前后成行、左右成列，这样必然机械呆板，缺乏灵动变化；要主次有别，最佳位置、主要场面一定留为奇石的陈设，防止次要的陪衬之物占据主要位置，真正把奇石陈设突出出来。第四，整体色彩要相宜。

人对色彩的感觉最为敏感，映入眼帘的首先便是鲜艳的色彩。所以，整体氛围要想实现和谐，色彩的协调相宜非常重要。况且，奇石的石性沉稳，不事张扬；石色多为暗淡，比较柔和，要求周围的环境氛围要清洁淡雅、古朴淳厚，忌讳墙面的大红大绿、家具的花里胡哨和其他物品的耀眼光泽。因而，在整个布局时，一定要注意色彩的协调相宜，把那些"抢眼"的物品调换掉，防止其与奇石"抢戏"，与整个气氛不协调，影响大环境的和谐一致。

丹凤朝阳（碧玉石 9 cm×28 cm）

十九、图纹石也是戈壁石赏玩的一大长项

由于戈壁石雕塑式的外形十分突出，一些专家及其书籍、画册都把它归入造型石一类。在介绍其特点和优长时，往往对其"形、质、色、纹"四大元素中的前三元素大加赞扬论述一番，而唯独对"纹"不作评论，似乎给人们的印象"纹"是戈壁石的一大缺陷。真实情况是这样吗？据多年来一直赏玩戈壁石并对其有深入研究的一些内行反映，图纹石在戈壁石中虽说没有造型石数量那么多、质量那么好，但与其他石种的图纹石相比毫不逊色，仍属佼佼者。那为什么夸戈壁石而不言图纹呢？原因很简单，就是因为戈壁石的形、质、色太突出了，以致掩盖了本来很好的"纹"的特色。下面联系实际集中谈谈戈壁图纹石的情况。

彭祖（碧玉石 6cm×4cm）

1. 戈壁图纹石的特殊价值

戈壁图纹石与其他图纹石相比，虽有许多相同之处，但其在生成原因、综合元素和存世量方面，都有一些自己独到的方面。正是它的独到之处，构成了它的特殊价值，使之别具一格更加引人注目，成为新的亮点。综合概括起来讲，戈壁图纹石主要具有这样几个特点：（1）成因特别，引人更加注目。据科学考证，图纹石上的图纹，有的是在成岩时期原生的，有的是生成之后被其他矿物成分浸入后形成的，有的是风化、水冲和人工切割等外力作用而成的。图纹石大量的是水冲卵形石，也有不少人工切割打磨的不同形体。戈壁图纹石的成因除具有上述某些石种共性原因外，又具有自己本身形成的一些不同具体情况：有的是沙漠漆在生成的过程中没有完全覆盖原来的石体，漆膜与石体的色差形成了图纹；有的是玛瑙体两次或多次形成，后边生成的包裹了前边生成的，二者间的对比差就像琥珀的包裹体那样，形成了内含的图纹；还有的是碧玉石几种色彩共处一体，色块对比之差形成了图纹。这些不同生成的原因，使戈壁图纹石别具一格，很有自己的特色，更加容易引起人们

的关注和喜爱，大大增强了吸引力。（2）元素完好，图纹更加精彩。奇石好与不好，关键在于元素的综合情况好不好。戈壁图纹石，一般来说其形、质、色三元素公认都比较好，所以只要图纹好了，就是一件综合元素完好的奇石。而其他一些以图纹著称的奇石，虽说其图纹比较好，但其形、质、色等方面往往不够好，缺一方面或几方面，有明显的缺陷。比如：柳州来宾纹石的纹确实出色，但其色多是深褐色一种，色彩比较单调；山东博山纹石的纹也很出众，但其质为石灰岩，质地软而脆，坚固性差；云南大理石的图纹非常漂亮，但人工切割后图纹才能显现出来，纯天然性差；雨花石的形、质、色、纹的综合元素都很好，但其图纹的清晰度大都不行，只有放在水里才能看清，还有一些卵形石的图纹打磨抛光后才能清晰，人工味太足。唯有戈壁图纹石不存在这些问题，因而形成的图纹更加精彩。本人有两方小戈壁图纹石，是古代士大夫形象的人物石，石上的图纹恰同人物的胡须和长袍上的褶纹巧合，显得十分飘逸美观。（3）数量较少，收藏更加珍贵。一个石种的数量多少，是相对而言的。说戈壁图纹石的数量少，是说它与戈壁造型石相比而显得少，其实还是有相当数量的。戈壁图纹石是体积大的比较少，体积小的并不少；而体积大的图纹石中，是图画型的比较少，纹理型的并不少。

比如体积大的千层石、蜂巢石、鸡骨菊花石和玛瑙花，都是戈壁石中体积比较大的纹石类。况且，数量多少也各有利弊，多了便于收购，但收藏的价值相对要小；少了确实不好采购，但收藏价值相对增大，更加显得珍贵。从收藏的角度讲，少了反而是件好事。

烘云托月

（玛瑙石 6cm×3cm）

2. 戈壁图纹石的审美特征

戈壁图纹石，是由戈壁石石面中的点状纹、线状纹和块状纹（色块）巧合构成的。其中有许多形成山水、人物、花鸟等不同的画面和图形，经过创作者的运用、发挥并赋予相应的思想内容，就创作成了题材不同的天然石画、几何图形或文字书法等艺术作品，是戈壁石中的一大门类，也是我国奇石艺术最基本的表现形式之一。戈壁图纹石有什么样的审美特征呢？既然它是天然形成的图画和文字，同人类的绘画和书

戏水（玛瑙石 6cm×4cm）

法等艺术品相似相近，那么就让我们运用鉴赏字画的标准、方法和原理，联系奇石艺术的实际，认真对戈壁图纹石做一番分析研究，它的审美特征就十分清楚地展现在面前了。

首先是画面的简练概括美。众所周知，我国传统的绘画艺术，从表现手法上分写实的工笔画和写意的意象画两大类，而写意的画法是我国绘画的核心和灵魂。从大量的戈壁图纹石作品看，不管什么样的题材内容，也不管是什么样的艺术形象，构成的线条非常简练，展现的形象高度概括。有的只是略略几个线条，就勾勒出了艺术形象。有的艺术形象，或只是一个整体轮廓，或只是主要部分的象征，甚至"眉目不清、首尾不全、缺东少西"，简练到不能再简练的程度。所有成像大都处于"似与不似"之间，都属于"意象石"的范畴。在这一点上，同我国传统写意画的艺术特征完全一样。因此，戈壁图纹石的美，就在于简练概括的意象美。我们审美也就是欣赏戈壁图纹石的简练概括的意象美。

其次是纹理的律动飘逸美。我国的早期绘画，就是从白描的线条勾勒开始的。从甘肃马家窑出土的彩陶绘画，到山西晋南的永乐宫壁画、甘肃莫高窟壁画，有许多就是靠线条的勾勒，把人物形象栩栩如生、灵动飘逸地表现出来。线条在我国绘画中是最基础的基本功。而从戈壁图纹石的纹理看有多种多样，有的像山间梯田那样的层叠纹，有的像树木年轮那样的涟漪纹，有的像空中云朵那样的卷云纹，也有的像几何图形那样的缠丝纹，也有的像花布经纬线那样的色差纹，还有的像夜空繁星那样的麻点纹……这些不同样式的具有韵律风格的纹理，如果同画面中动物的毛发、人物服装的皱褶、身体的线条等相巧合，作品形象就会充满律动韵扬之感，就会像行云流水那样灵动飘逸起来，非常美观。所以，我们欣赏戈壁图纹石，主要是欣赏其律动飘逸之美。

第三是色彩的浓烈厚重美。因为戈壁图纹石的质地大都是玛瑙、碧玉质，质地坚硬致密，所以其画面中色块的颜色不仅十分丰富，而且非常鲜亮。常见色有大红、枣红、墨绿、金黄、黝黑、雪白……这样色块构成的画面，有的像张大千的泼墨画，有的像林风眠、李可染的彩墨画，有的还像西方的水彩画、油画，大都是浓墨重彩，色彩十分浓烈厚重。同其他品种的图纹石那种色彩单调、颜色暗淡、轻描淡写、朦朦胧胧的风格有很大的不同。色彩的浓烈厚重美，是戈壁图纹石的又一审美特征，我们欣赏它就要注重欣赏其色彩的浓烈厚重美。笔者有一方7厘米大的名为"龙凤呈祥"的白色玛瑙图纹石，在橙黄色的石面上由紫红色的碧玉质的条纹勾勒成了一龙一凤，呈现了一派喜庆吉祥具有我国彩墨画风格的图画。

3. 戈壁图纹石的选择原则

戈壁图纹石选择什么样的好，应该把握什么原则？对此，由于人们的审美情趣和爱好偏向的不同，是存有较大差异的。就如同对绘画艺术那样，有的人可能喜欢国画，有的人可能喜欢年画，也有的人可能喜欢油画、粉彩画。即使国画，有的偏好写实的工笔画，有的偏好写意的意象画。确实是"萝卜白菜，各有所爱"。但这并不是说戈壁图纹石的选择就不存在共性，就没有需要共同遵循的原

龙凤呈祥（玛瑙碧玉石 7cm×3.5cm）

则和标准。从绝大多数人的喜好看，好的戈壁图纹石应该具备"品相完好端庄，图形清晰形象，构图协调适当，题材雅俗共赏"等四个方面。

一是品相完好端庄。戈壁图纹石，本来主要观赏的是画面的图纹所构成的形象，至于石体的外部形状似乎不是怎么重要。但是外部形状往往首先给人以印象，所以也不能有所忽视。特别是戈壁图纹石，不像其他石种的图纹石外部形状大都是卵形的。而戈壁石则不然，外部形状变化大，什么形状的都有，需要很好地选择，不然也会影响其美观。总的来说，挑选时要注意品相完好端庄，外部轮廓无大的起伏、内含平面无大的凹凸、正面画面无大的乱纹、整个石体无大的伤处，具备了这几点，基本上就可以说是一方品相完好端庄的好石头了。

二是图形清晰形象。图形的好差，是决定戈壁图纹石好差的关键。图形好了，这方戈壁图纹石就是一方好石头。对此，挑选时必须引起足够重视。怎样才算图形好呢？图形至少一要清晰，二要形象。所谓清晰，就是说图形的画面不能模糊不清，特别是图形中的主体形象不能存在体量过小、色差过小、视角过小三个影响观赏效果的问题，主体形象的体量、色差、视角必须要大一些，这样才看得清楚，以保证观赏效果。所谓形象，就是说图形中的主体形象一定要像，

而且越像越好。但从实际情况看，完全像是不可能的。只要大的轮廓像、主要特征像、关键环节像就可以了。只要有了整体轮廓、有了主要特征和关键环节，就有了联想的基础，形比较像就基本达到了。具备了这样清晰形象的条件，也就是好的图形了。

三是构图协调适当。构图，就是画面的布局，也就是位置的经营。构图怎么样，直接影响着戈壁图纹石的质量和观赏效果。"构图好不好，关键看协调"，所处位置适当了，相互关系协调了，构图也就完美了。因而，在挑选戈壁图纹石时，构图主要看三个方面：首先，看图形是不是在石体的宽大正面，在这个位置就比较适当，如果在石体的侧面就不适当，看起来就不协调。其次，看主体形象是不是在画面的重要位置，所处的这个位置的前后、左右、高低、背向诸方面是否适当，过于偏重那一点也不好，只有适当了才同整个画面协调。第三，看画面中的主体形象与配属形象所处的位置适当不适当，如果配属形象占据了主要位置就不适当。只有主体形象在主要位置，配属形象在次要位置，这样布局才显得协调。如果这些位置都比较适当，说明相互关系协调，构图比较合理，是可选择的对象。

四是题材雅俗共赏。题材内容如何，对戈壁图纹石的质量好差影响很大。所以，在选择戈壁图纹石时对此也需要引起关注。总的要把握好"雅俗共赏"这一点。好的题材

马克思（玛瑙石 10cm×9cm）

内容，应该是生活味浓，贴近生活、贴近实际、贴近大众；故事性强，有故事，有情节，有味道；内涵量大，充满了文化艺术的内涵和情感意蕴；思想性好，能够言明一道理，动之一情怀，给人一启示，引发一联想，意境深邃，富有哲理性和启示性。如果是这样题材的戈壁图纹石，相信人们一定是会喜欢的。笔者有一方10厘米大的椭圆形玛瑙图纹石，在浅褐色的石面上，乳白的色块和线条构成了一尊世界伟人马克思的半身像，长长的头发和胡子，高高的额头和鼻梁，深邃的目光炯炯有神，可以说形神兼备，是一方十分难得的戈壁图纹石。

二十、戈壁人物石很值得赏玩

人物石，在奇石赏玩中占有重要的位置，是许多石友的偏好和最爱。赏玩它，可以同神人、古人、伟人、常人近距离会面畅谈，可以回忆往事、重温历史、叙述旧情，可以唤起对神仙佛祖的顶礼膜拜、对圣贤伟人的无限思念、对英雄豪杰的崇敬赞叹、对历史典故和民间故事的追思向往……它更接近人类的社会生活和人情世故，更有利于"人石对话"的深入进行，更有利于充分表达人的思想情感。事实表明，要赏玩好人物石，关键在于充分发挥人的主观能动性。人的主观能动性发挥好了，人物石才能被更好地发现、运用、创作和演义，才能把人物石所带来的诸多信息挖掘表达得淋漓尽致。怎样更好地发挥人的主观能动性呢？重要的应是从以下四个方面着手。

大救星（玛瑙石 6cm×9cm）

1. 抓住石种优势，让戈壁人物石"凸"起来

平时，石友们在谈到人物石时，绝大多数人会对戈壁人物石大加赞赏，认为其"数量多、质量好、品类全"，具有十分突出的特长和优势。但也有少数人并不这样认为，觉得并无特别之处。到底戈壁人物石好不好？通过具体分析来寻找答案。从现实情况看，戈壁人物石确实很出色。正如一些石友所说，不仅数量很多、质量很好，而且品类齐全、各类人物都有。在种类上说，男女老少，古

含笑（玛瑙沙漠漆石 11cm×11cm）

今中外一应俱全。高矮胖瘦，黑白美丑各种都有。可以说在人类社会中凡是有过的各式各样的人物，在戈壁石中应有尽有。笔者藏有各类戈壁人物石几千枚，其中大的作品有"十八罗汉""金陵十二钗""七仙女下凡""八仙过海""观音三十三像""七十二贤人""百人头像"等各类人物石。从对比结果看，戈壁人物石确实很出众。其他石种虽说也有人物石，但像戈壁人物石这样多、这样好的很少，显然戈壁人物石与其他石种相比是长项；同所在石种中的其他品类相比，也有突出之处，戈壁石中的景观石、动物石、器物石也不少，但所占比重没有一个超过人物石，人物石在戈壁石中是个大项；与同类人物石的赏玩元素相比，它各项元素优良，其他石种的人物石要么是石灰岩、质地松软，要么是色彩单调、暗淡，要么是石肤粗糙、石纹不清，唯有戈壁人物石的"形、质、色、纹"诸元素齐备皆优，还有不少戈壁人物石是巧形、巧色、巧纹，应该说在人物石中戈壁人物石是个强项。从问题教训看，戈壁人物石的鉴赏确实易出差。既然戈壁人物石如此出众，那为什么有些人不以为然？问题的教训在于他们看戈壁人物石的方法不对。有的在整体上求全责备，本来是一枚特长很优秀的人物石，只因石体上有点"瑕不掩瑜"的小毛病，他们就吹毛求疵，自以为眼光高看不中，放弃不取。要知道，"人无完人，石无全美"，看石关键要看特长，并不能要求十全十美一点小毛病也没有，那样只能是一无所获了。有的在形象上求形轻神，只看"形像不像"，不管"神似不似"。石头本来是自然之物，有些地方肯定不会完全相像，老实说有个五六分像就满不错了，关键在于神似不神似。神似了，至于缺点什么、多点什么，只要不在要害处，就无伤大雅，应该说是一枚好石头。有的在特点上求实忘意，要求人物石像工笔画那样写实，对小写意或大写意那样的意象人物石看不上，喜欢所谓具象的，嫌弃意象的。其实，在奇石艺术品中，真正的具象石是不存在的，至少到目前还没发现同实物完全一样的奇石。只要这些认识上的偏差纠正了，戈壁石中的人物石还是大量存在的。目前，在戈壁人物石的选择方面，主要缺的是"伯乐"并不是"千里马"。

2. 抓住识别焦点，让戈壁人物石"显"出来

有些时候，几位石友一同去挑选购买戈壁石，有的在前边挑，有的在后边拣。有时常常碰到这种现象：一枚不错的戈壁人物石，在前边挑的没发现，在后边选的却拣到了。有的新石友不解地问"这是为什么？"分析起来原因有三：要么是不知常识，影响了识别；要么是注意力不集中，没有看见；要么是关注

点不对，没放到识别点上。老实说，人物石识别起来一般
不太复杂，不需要多渊博的知识和丰富的经历，除非个别
中外古今人物自己不认识不好识别外，大多不是常识缺乏
的原因。注意力不集中是原因的话也好解决，以后注意就
是了。恐怕主要原因大都出在第三方面上，就是识别的焦
点没抓住。要知道，不同的人物石是有不同的识别焦点的。
抓住了识别的焦点，识别起来就准、速度就快。如果抓不
住识别的焦点，别说不懂得常识、注意力不集中，即使懂
得有关常识、注意力又很集中，也是难以发现人物石的。
这里确实有个选择视角的技巧问题，懂得并掌握了它，就
等于拿到了开门的钥匙。在选择人物石识别焦点方面有哪
些技巧呢？从大的方面讲主要有三点：一是选泛指人物石

东坡持石

（碧玉石 6cm×9cm）

看轮廓。因为泛指人物就是一般的平常人，在识别上没有什么特殊要求，只要
大体的概貌像个"人样"就行了。所以，是不是泛指的人物石只要看准大体轮
廓就可以了，不需要看更多的细枝末节，应该把识别的焦点始终放在轮廓上，
轮廓像了就是人物石，轮廓不像就不能说是人物石。轮廓是泛指人物石的识别
焦点，必须要抓住不放。二是选类别人物石看特征。在选出人物石之后，如果
要确定是哪一类人物石，这就需要抓住那一类人物的主要特征，抓住了主要特
征就是抓住了识别的焦点。什么是特征？特征就是区别他类的关键地方。比如
说，老大爷的主要特征，一般是下巴有胡子，面部皱纹多，头顶无头发，或者
是弯腰驼背，具备一条就是具备了老大爷的特征，具备条数越多越说明是老大
爷的形象。还比如古代仕女，一般应具有杨柳细腰、盘头发髻、瓜子脸、小巧身，
如果再有蛾眉凤眼、樱桃小口，仕女的特征就更明显了。还比如西方国家的白
人，除了白色皮肤是特征外，还有长脸庞、高额骨、大鼻子、深眼窝，都是其
主要特征，如此而已，不一列举。识别类别人物石时，就是把识别的焦点放到
这些特征上，具备什么特征就属于哪一类人物。抓住了特征，就是抓住了识别
类别人物石的识别焦点，人物类别就选得准、区别得对。否则，就会出现偏差。
三是选特定人物石看感觉。所谓特定人物石，就是专指像某一人物形象的奇石，
像圣人、伟人、名人或是被人们所熟知、有很深印象的人物。坦白地说，选人
物石难，选类别人物石更难，选特定人物石是难上加难。难的原因除了少之外，
主要是技巧不会，会了也就不难了。选特定人物石的技巧，除了上述两点外，

还应着重看感觉。为什么要看感觉呢？因为这些特定的人物，既然人们都很熟悉、都有较深的印象，只要看到应该马上就有感觉，而且往往感觉反映得越快，表明这方人物石越像。如果一方伟人石，拿到眼前一看，多数人马上就能感觉到是哪位伟人，则说明这方奇石的象形程度很高；如果经过轻微提示，多数人能够感觉到是那位伟人，则说明这方石头的象形程度还可以；如果经过具体提示，多数人仍感觉不到、认可不了，则说明这方奇石的象形程度太差，绝不可作伟人人物石看待，不然是会贻笑大方的。笔者有一套马、恩、列、斯、毛、邓六大伟人小戈壁石组合系列（见179页"伟人系列"），是经过长期挑选、多人观看、几次调换，最后才确定下来的，是一套形神兼备、人见人爱的稀世珍品。

3. 抓住形态语言，让戈壁人物石"活"起来

一方好的戈壁人物石，至少必须具备形、神两方面的条件。如果说上一个问题是讲述人物石选择如何解决有"形"问题的话，那么这一个问题即是讲述戈壁人物石选择如何解决有"神"的问题。什么是有"神"呢？常言道："生动传神"，就是说活的、能动的就有神、就传神，死的、不能动的就没神、也传不了神。所以说，人物石的形体有没有动作很重要，有动作是"活"石、能传神，也就等于是有了形态语言，说明它在干什么或是它想干什么。人物石都有哪些形态语言呢？概括起来有"四句话"，即外貌的特征、面目的表情、肢体的动作、体态的变形。（1）外貌的特征，就是说这方人物石上人物形象的外貌特征。例如，是男人的特征还是女人的特征，是古人的特征还是今人的特征，是中国人的特征还是外国人的特征，人物的外貌具备了什么特征，就说明他是哪一类人物。在这里特征就是一种形态语言。（2）面目的表情，就是说这方人物石上的人面目有什么表情，比如是喜是哭，是怒是乐，是哀是愁等，这些就是表情。如果再细分还会有更具体的表情，比如说笑，就有大笑、微笑、冷笑、奸笑、苦笑、傻笑、嬉笑，或者是皮笑肉不笑、眉开眼笑、破涕为笑等各种各样的笑。这些面目的具体表情，在人物石上人的面目部位都会有不同的动作表现，这就是一种形态语言。是什么样的表情暗示着什么意思，就会像语言一样准确地传情达意。（3）肢体的动作，

少女（玛瑙石 16cm×14cm）

就是说人物石上的头、眼、嘴、肩、臂、手、腿、脚等肢体部位有什么动作，往往也象征着不同的形态语言。比如说头部的动作，就有仰头、低头、缩头、伸头、歪头等；眼部的动作，就有平视、仰视、俯视、侧视等；手部的动作，也有扬手、招手、抄手、背手、握手等；腿部的动作，也有叉腿、并腿、挺腿、抬腿、屈腿等；身部的动作，也有站、立、躺、卧、坐、蹲、弯腰、驼背、挺胸、趴下等等，这些常见的肢体动作，虽说不是什么语言，但只要一看是什么动作就便知是什么意思，可以说是"此地无声胜有声"。

（4）体态的变形，就是说人物石上人体不合比例，夸张变形了。本来人的头身比例在某些艺术门类是有"行七、坐五、跪四、盘三半"的比例要求的，有些人物石上的人体就不合这个比例要求，有的甚至夸张到了变形的程度。比如有的肥臀丰乳、肥头大耳、细高瘦长、身长腿短、头大身短、口歪眼斜等。这些夸张变形，也是一种形态语言，也有具体的公认含意，虽然没有用语言直接表达，但人们也会知道是什么意思。总之，戈壁人物石上的人物有了上述这些形态语言，就会很好地起着传神达意表情的作用，"精美的石头会唱歌""石不能言最可人"的奥妙也大都在这里。

高僧大德

（玛瑙石 7cm×15cm）

4. 抓住创作环节，让戈壁人物石"站"起来

经过认真挑选出来的戈壁人物石，虽说有些也已具备了人物石上人物的形象特征和形态语言，但并不等于说它就是一件艺术品了，只是表明它为人物石创作准备了良好的物质条件和基础。其形象特征和形态语言创作时用不用，什么时候用，还有待于创作者的思考决定。如果创作者的主观能动性发挥得好，这些形象特征和形态语言在创作时就会得到充分的开发和运用，反之它们就会被埋没无用武之地。因此，在挑选获得具有人物石形象特征和形态语言的好石头之后，持有人千万不能自满自足而忽视创作。应该坚持不懈地继续做出努力，开动脑筋，发挥聪明才智，充分运用和开发人物石的形象特征和形态语言，努力创作出人物石精品来。为此，在创作时着重抓好三项工作：一是要配个好座。人物石的配座，必须从人物石的特点出发，以烘托形象、表达主题为重，把人物石的最佳观赏面和角度固定下来，使之更完整准确地展现在广大读者面前。台座样式，应该与人物雕塑的底座相仿，以长方体、浅浮雕、简约的图案装饰

和线条勾边为好。这样的台座显得朴实、大方、庄重、雅观，有利于人物石的表现。一般不要搞图案繁杂的漏雕、透雕那种华而不实、喧宾夺主式的台座，以更好衬托人物石的艺术形象。二是要定个好主题。人物石更加贴近人类的社会活动和生活实践，大多数的题材来源于我国古代的神话传说、民间故事、成语典故、名人趣闻和现实生活，反映的主题也多是亲情、恋情、友情和事业、志向、爱好等。题名，就是为主题命名，给作品定名，必须要从生活实际着眼，不仅要简明扼要、直扣主题，而且要寓意深刻、富有哲理。所题之名一定要能打动人、启示人、教育人，千万不能大而化之、白开水一碗。笔者有一方 16 厘米高、形似青春女子的黄褐色鱼子玛瑙人物石，长发披肩，低首含笑，盘腿静坐，似沉思、似含情、似怀旧，抓住这些形象特征和形态语言，便题名为"怀春"，比较含蓄真切地反映了此时此刻该青春女子的内心情感世界，引人深思，耐人寻味。三是要找个好"伴"。有些人物石的形象特征和形态语言表达的比较清楚完整，有些表达的就含糊其词、言不达意，甚至说半截子话，形态语言只是发出了"呼"的信号，需要他人来做"应"的答复。遇这种情况，就需要给它找个"伴"，合适地进行组合，把没讲完的故事讲完整讲精彩。笔者有枚10 厘米高的浅褐色玛瑙人物石，形似一位古代壮士，双手抱拳，身体前倾，双目注视前方，像拳击、像作揖、像拜神，形象特征和形态语言都很明确，但只是一个"有上篇，没下文"的故事。为此，后来找了一枚体量相当、"年纪"相近、动作相似的玛瑙人物石，为其做伴。这样，两方人物石相对而立，抱拳行礼，一呼一应，告别的场面一目了然，遂题名为"道别"，把两枚小戈壁人物石的形态语言较充分表达了出来。

道别（玛瑙石，白石 4cm×9cm、褐石 5cm×10cm）

二十一、戈壁石开创了"小品组合"赏玩的新阶段

千杯少（玛瑙石 人物石 2.5cm×5cm）

　　奇石组合的赏玩形式，无论是在历史上或是在其他石种的赏玩中都曾出现过，但其在广泛性、深入性和灵活性方面都远远无法与这几年戈壁石"小品组合"的赏玩热潮相对比。20世纪90年代前后，戈壁石这个新石种在石市亮相后，人们在倾心赏玩较大体量的戈壁奇石的同时，一个赏玩戈壁石"小品组合"的热潮悄然兴起，其规模之广大、内涵之丰富、题材之宽泛、方法之多样都是空前的。它最大限度地发挥出了奇石的艺术表现力，最充分地调动了人们的艺术创作的主观能动性，最有力地拓宽了奇石的艺术领域和赏玩空间，成为新时期广大石友喜闻乐见和雅俗共赏的艺术形式。可以说是内蒙古戈壁石开创了"小品组合"赏玩的新阶段，使之以崭新的面貌活跃在奇石赏玩活动中，名正言顺地走向艺术的殿堂。怎样搞好"小品组合"呢？主要做法是：

　　1. 弄清作用，不断浓厚"小品组合"的兴趣

　　众所周知，过去人们赏玩奇石多是赏玩单体奇石，偶尔出现一下赏玩两件以上的组合，却显得微不足道，引不起人们多大的关注和兴趣，形成了单体石赏玩"跳光杆舞，唱独角戏"，长期一统天下的局面。这次，戈壁石"小品组合"赏玩热潮的出现，一改人们赏玩单体奇石的习惯，以极大的热情和兴趣投入到戈壁石"小品组合"的创作和欣赏中来，组合的题材丰富多彩，组合的方法灵

活多样，组合的成果精美绝伦，使奇石组合这种旧有的形式焕发了青春，从而具有更好的吸引力、更大的影响力、更强的生命力，大有同单体奇石赏玩并驾齐驱之势。"小品组合"这种赏玩形式究竟有什么重要意义、能起什么重要作用？这是一个值得研究弄清的重要问题。

组合在体量上可以把"小"变"大"。虽说奇石的审美不在于体量的大小，但一旦接触到大量小戈壁石之后，人们在感觉到"越小越莹润，越小越奇巧，越小越精彩"的同时，也总会有"体量太小，分量不够"的遗憾。"小品组合"的玩法改变了这种状况。人们按照预先策划好的主题，将两三枚、七八枚甚至更多的具有内在联系的"体量大小相仿、色彩浓淡相宜、外形风格相近"的小戈壁石，通过布局演示而组合在一起，形成生动的艺术场面，就像一组组充满情趣的雕塑，一幕幕生动感人的话剧，一张张栩栩如生的绘画，将创作的主题思想和意境表达得淋漓尽致。不仅弥补了小戈壁石"体量小、没分量"的不足，而且大大拓宽了奇石创作的主题和赏玩的空间，使"小品石"演示了"大主题"，从而把"小品"真正变成了"大品"。这就是组合把"小"变"大"的作用。

组合在质量上可以用"强"带"弱"。从小戈壁石的情况看，有些形象很奇巧、很生动、很到位，而有些形象不太好，存有这样那样一些缺陷。后者作为单体石欣赏就有些牵强，常常被弃之一边，派不上用场。然而，如果做成"小品组合"的话，情况就会发生变化，把这些"形象不太好"的小戈壁石同形象好的放在一起，进行有机地组合，形象好的主石就可以把形象不太好的配石带动起来，帮这些有缺陷的配石"化腐朽为神奇"，用"强"带"弱"，使"弱"变"强"，成为有用之才。这又是组合的一种重要作用。

组合在意境上可以由"浅"引"深"。单体石即使形象再好，由于"身单力薄"，在表达主题的表现力上有限，作者的创作意图和主题的思想意境，许多时候表达得很含蓄、很浅薄，主要是靠读者的感悟力、想象力来弥补。如果读者的感悟力、想象力不强，就很难领会作者的创作意图和主题思想意境。而"小品石组合"的情况就会大不相同，众多的奇石形象组合在一起，扩大了形象空间，通过它们的经营位置、肢体语言和呼应关系，往往就更直接、更清楚、更深刻地把作者的创作意图和主题的思想意境演示表达出来，使读者更加一目了然、心领神会。所以说，"小品组合"对作者的创作意图和主题思想意境的领会，可以起一种由"浅"入"深"的作用。

2. 广积素材，切实打好"小品组合"的基础

"小品组合"是由两件以上有关联的单体奇石的有机组合。组合规模越大，需要的单体石素材就越多。目前，发现组合规模最大的是一位新疆石友的"一百单八

决斗（玛瑙石，均为 8cm×5cm）

将"，用了 108 块小戈壁石。因此，要打算在"小品组合"方面有所建树，就必须首先有单体石素材的大量积累，这是"小品组合"艺术创作的基础和前提。如果没有单体石素材的积累，"小品组合"的创作就如同"巧媳妇难为无米之炊"。要知道，这种大量单体石素材的积累，并不是一件一蹴而就的易事，是需要长时间、大批量、多方式的广积厚存，不花费十年八年的工夫、不往产地跑上七趟八趟、不参加几十次大的奇石展销会、不一块块翻几千箱小戈壁石，是难以积存几千枚能用的单体石素材的。只有有了素材的广积厚存，"小品组合"的艺术创作才有用武之地。怎样做好素材积累的基础性工作呢？下列方法和技巧可以借鉴。

"先大把抓，后细分家"。绝大多数石友的家不在石头的产地或集散地，每次出去选石购石，无论是到产地第一线，还是参加大的奇石展销会，时间总是有限的。怎样在有限的时间内，尽量多选购一些能用的"小品组合"的素材？不少石友的体会是"出去大把抓，回来再分家"。即说，出去选购石头时，先不管是人物石、动物石，还是景物石、器物石，只要形象比较好，组合能用的都要统统买回来，回家后再区分归类备作组合之用，这是个"多、快、好、省"的办法。不然，需要人物石时只选人物石，而不要其他石；需要动物石时又只选动物石，而不要别的石，有些一时虽然用不上的好石头就白白放弃掉了，实在是一种浪费。这种"单

送娃上学去（玛瑙石 5cm×7cm）

打一"的选购方法是不可取的。

"提前立意，按图索骥"。"小品组合"与单体石的创作相比，人的主观能动性得到了更充分地发挥。单体石创作只能被动地依据原石提供的几大元素的情况而立意创作；"小品组合"的创作，就可以像其他艺术品创作那样立意在先，而后再按照预先立意的主题进行选料创作。因此，"小品组合"的创作，要充分发挥人的聪明才智，预先策划好一些主题，有目的有重点地去选购单体石素材。这样有目的有重点地去选购素材，重点突出，目标明确，针对性强，一碰到即可发现，及时购回。当然有了计划也不是一两次就能恰好遇上，有好多时候是"有心栽花花不开，无心插柳柳成荫"。这不要紧，只要心里有了想法，说不定什么时候就可随遇而得。

"已有单件，再去找伴"。随着时间的推移，积累的"小品组合"的单体石素材越来越多，创作选择的余地越来越大。有些"成伴"的即可"喜结良缘"。有些单体石虽然形象很好，但由于没有合适配件一时难以组合。在这种情况下，就要运用"已有单件，再去找伴"的办法，以后出去选购石头时着重考虑，尽心尽力找到另一半。有时可能是"众里寻她千百度，蓦然回首，那人却在灯火阑珊处""有情人终成眷属"。笔者在得到两方"黄雀""蝉"形状的玛瑙石之后，就因为缺少"螳螂"石，组合不成"螳螂捕蝉，黄雀在后"。苦苦寻找了三年，一次偶尔的机会在地摊上发现了绿碧玉石"螳螂"，最终如愿以偿。

"虽已成局，仍需努力"。石头素材的选购积累，可以说是一项长期无休止的工作。即使一些"小品组合"创作完成之后，也不能说一劳永逸、万事大吉了，仍需要坚持不懈地努力，继续留意寻找更好更合适的素材组件。只有不断地用更好的组件去替换不大好的组件，才能真正创作出"小品组合"的精品来。笔者目前有一套比较理想的"十二生肖"小白玛瑙石组合，就是前后花了八年多时间，其间不知替换了多少次，光替换下来的又可组合两三套"十二生肖"还用不完。所以，最后配出的这套"体量统一、色彩统一、风格统一"的"十二生肖"组合来，效果就比较好一些。"小品组合"的创作者们一定要十分清楚，"小品组合"不是一

观鱼

（玛瑙石 人物石 2.5cm×5 cm，缸石 9cm×4 cm）

些单体石的简单汇合，也不是低质量石的勉强凑合，而是小精品石的强强联合。遵循这个思想，努力多创作出"小品组合"的精品来。

3. 立好主题，努力加强"小品组合"的灵魂

主题，是组合创作依据的基本纲领，是一组作品活的灵魂，也是各组件关联的紧密纽带。在一定意义上讲，主题的好差决定了"小品组合"创作质量的高低。一组作品有一个好的主题，才能更有效地提高作品的分量，才能更好地宣传人、教育人、感染人，也才能有更旺盛的生命力。因此，在"小品组合"创作的诸多工作中，首先就是确立好主题。每个创作者都必须在立好主题上狠下功夫，充分发挥自己全部的聪明才智酝酿思考主题，反复推敲提炼好主题。什么是好的主题呢？好的主题必须具有"三性"，即思想性、新颖性、趣味性。

主题一定要有很好的思想性。任何一种艺术作品，都肩负着一个重要的功能，就是宣传

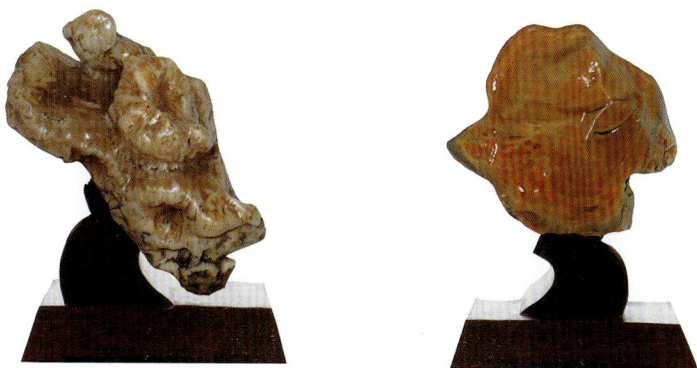

龙凤聚首

（戈壁石 龙石 4cm×6 cm，凤石 5cm×5 cm）

人、教育人、陶冶人。因此，要求艺术作品的主题必须要格调高雅、健康向上。我们强调"小品组合"的思想性，就是要求每一组艺术作品的主题，都应该坚持正确思想的灌输、良好品德的倡导和崇高精神的弘扬。要旗帜鲜明地告诉人们什么是对的，什么是错的；什么是美的，什么是丑的；什么是善的，什么是恶的；应该坚持什么，反对什么，使人们看后能够进一步明白一些做人处事的基本道理，从中受到启迪、受到教育、受到鼓舞。那些存有唯心主义、极端个人主义和封建迷信的东西，无论如何是不能立为主题的，在作品主题的选择确立方面必须严格把关。笔者有一组三位老者（两位坐着，一位站着）聚精会神下棋的"小品组合"。在选择确立主题时，开始立意为"下棋"，觉得直白浅薄；二次立意为"对弈"，字面文雅了些但不深刻；第三次立意为"胸有百万兵"，示意三位老者胸怀天下、心想大事，意境深远，有了较强的思想性。

主题一定要有很强的新颖性。"小品组合"，贵在创新。而创新的关键又

在于主题的创新。因此，"小品组合"主题的确立，首要任务是考虑新思想、新视角、新感悟，并从中筛选提炼出新奇的主题。主题具有了新颖性，整个作品就会焕然一新，就会以崭新的面貌同读者见面，也必将受到人们的欢迎和喜爱。在"小品组合"主题确立方面，切忌简单模仿、追赶时髦，"吃别人嚼过的馍"。要知道，任何艺术作品都是一样，第一次看到时觉得新鲜，第二次看到的感觉是重复，第三次看到就会发腻，第四次看到只能是生厌。所以，在"小品组合"立意时一定要坚持改革创新，别人多次用过的坚决不用，已经出现过的尽量回避，自己选择确立的主题必须是独一无二的，具有很强的新颖性。这样主题的"小品组合"才有吸引力和生命力。

主题一定要有很浓的趣味性。作为艺术品还有一个特殊功能，就是要有趣味性，能够给人们带来愉悦和欢畅。"小品组合"的主题也是一样，必须要有很浓的趣味性，思想含蓄幽默，情节生动逗趣，意境耐人寻味，手法夸张拟人，使人"赏之有趣，品之有味"，感受到的是很大的精神享受。笔者有一套"群鸟争春"的"小品组合"，采取拟人的手法，将19只不同形态的小鸟组成七组，分别立意为"相遇""相知""相恋""相爱""孵子""哺子""教子"，构成一幅情趣盎然的"群鸟争春"。不少人看后赞叹"有趣味""有味道"，收到了好的效果。

4. 精心搭配，尽力保障"小品组合"的效果

如果说以上三个问题是"务虚"的话，那么这个问题则是"务实"了，就是将上面讲到的认识、素材、主题诸多问题，通过布局搭配工作的组织实施而落到实处，最后创作出"小品组合"的艺术品来。这里说的布局搭配工作，如同建筑行业的经营位置、绘画创作中的布局构图一类性质的工作，在"小品组合"创作中具有特殊重要的地位。如果布局搭配工作没做好，即使认识、素材、主题等再好，也是要统统"泡汤""落空"的。怎样做好布局搭配工作？根据一些人的实践来看，关键是要处理好"组件与主题""配件与主件""环境与角色"这三个关系，并具体做好三个关系的协调搭配工作。

鞋与靴

（玛瑙石、碧玉石，均在8cm以下）

　　首先，组件与主题要搭配好。如果说重要，组件、主题在"小品组合"创作中都很重要，都是离不开、缺不了的工作。但是，如果把它们二者放在一起对比，显然主题就更为重要一些，组件是否使用关键要看主题的需要。也就是说要根据主题的需要来挑选使用组件，符合主题需要的就用，不符合主题需要的再好的组件也不能使用。如果使用了，就"文不对题"，只能起搅局的作用。因此，组件必须要按主题需要来搭配，"与主题相悖地方的不能要，容易引起对主题误解的不能要，不能充分表现主题关键点的不能要"，要优先选用那些能够准确、集中、充分表达主题的组件。只有这样，组件与主题才能协调统一，更充分完好地表达主题。笔者有一套"深情"为主题的"小品组合"（见336页）。在挑选组件前，首先分析弄清这个主题的思想含义，一是表达人情关系的，二是表达亲情的，三是表达的是不一般的亲情而是特深刻的。按照这三层含义，挑选了"慈母喂乳""岳母刺字""李逵背母""一母同胞""新婚之喜"五组小品组合，从不同角度深刻表达反映了"深情"的主题，艺术效果有很强的震撼力。

　　其次，配件与主件要搭配好。在同一局的组件中，有时数量多，有时数量少；有时分主次关系，有时不分主次关系。一般说来，组件少，不分主次的好搭配，而组件多又分主次关系的就比较难搭配，这就需要多费些心思和脑筋。一要考虑体量的搭配，因它们处于同一局中，体量大小要相仿，特别是人物石的组合高低胖瘦不能悬殊太大，不然就会失真、不协调。二要考虑色彩的搭配，应该是随类赋彩，实物是什么色彩组件也应该是什么色彩，实在达不到这个要求，各组件要么是清一色，显得格调一致；要么是多色同用，显得色彩斑斓，二者各有利弊，可视情况而定。三要考虑位置的搭配，主件放在什么地方，配件放在什么地方，相间应该多远，呼应关系是什么，都要考虑搭配适当，千万不能

走向人类（碧玉石 猿石 5cm×9cm ，桌石 9cm×4cm）

把主次搞颠倒。即使不分主次，布局也要考虑合理性。从视角看，各组件所处的位置，前后区分要有远近感，高低区分要有错落感，左右区分要有疏密感，整体布局要有和谐、平衡、对称等美感。

第三，环境与角色要搭配好。在布局搭配过程中，除了上述两个方面需要认真布局搭配好以外，还要搞好环境与角色的搭配工作。"小品组合"的演示环境非常重要，搭配好了就会烘托主题、配合角色、浓厚文化艺术氛围。因此，要按照主题和角色的需要，认真做好环境的布局工作，演示场所是用几架还是用台板，背景需要挂什么样内容的字画条幅，用什么样的花草盆景来做点缀，都需要考虑周到、搭配适当。笔者有一套玛瑙质的"竹林七贤"的小品组合，开始安放在博古架上，很难深刻表达主题思想。后来，布置在长条的台板上，或站或坐、或抱拳行礼、问候、示好，或席地弹琴、喝酒、吟诗，整个布局显得疏密相间、错落有致、点缀得当，生动地再现了"竹林七贤"放荡不羁、自由闲适的浪漫品格，有力地深化了主题意境。

珠光宝气（玛瑙石、玉髓石等，均在 6 cm 以内）

二十二、练好眼力是赏玩戈壁石的基本功

奇石艺术，属于造型艺术，即视觉艺术，依靠的主要是好眼力。什么是好眼力，用行话说是"有眼光"，用老百姓的话说叫"眼独"，用书本的话说称"慧眼"。总而言之，从字面看就是有一双聪慧过人的好眼睛；从内涵讲，实质上是说奇石发现的识别力、奇石作品的创造力、奇石审美的欣赏力、奇石品位的洞察力等都很好。因此，一个人的眼力好不好，直接影响着奇石发现能力的强与弱，影响着奇石鉴赏眼光的好与差，也影响着收藏水平的高与低。如何不断培养提高自己的眼力，是玩石人需要认真研究思考的一个重要问题。

1. 慧眼的作用

在玩石圈内，经常听到一些石友赞扬某某"好眼力""眼厉害"，另外也有人不以为然地说"什么眼力好不好，碰到好石头谁也会看好"。眼力有什么作用，人与人相比有没有差距？这确实是一个需要认清的问题。应该说，眼力在人与人之间是存有差别的，其作用对玩石人来讲也是举足轻重的。有了好眼力，就能够经常不断地发现好石头、拣到好石头、买到好石头。特别是在一些特殊的情况下，更看出眼力的差别和作用，"风口浪尖看水性，关键时刻显眼功"，对眼力是不容置疑和忽视的。那么，眼力究竟有什么作用呢？

慧眼可以选美。在平时，看到的石头比较少，好差比较悬殊，人们容易辨别石头的优劣，有时一眼就能分出好差。但在"石头比较多，档次差不多"的时候，特别是在大的石展中、好的石馆内、名人藏家里这些"好石云集，群星荟萃"的地方，要分辨出谁优谁劣，能在"优中选出最优，美中看出最美"就不那么简单和容易了。如果眼

梳羽（沙漠漆石 19cm×15cm）

大雕（沙漠漆石 15cm×11cm）

力不行，就像刘姥姥进了大观园，觉得什么都好，什么都新鲜，往往看得眼花缭乱、乱了方寸。只有能在"万马军中取上将之首"，那才算真功夫硬本领。其实，选石如同选美，没有好眼力是绝对不行的，别说错把劣者当优者"打眼"，就是"有眼不识金镶玉"也够丢人，如果再不懂装懂或是强词夺理，就更显无知可笑了。所以，要重视锻炼提高自己的眼力，有了好眼力才能在众多奇石中挑选出最好最美的。

慧眼可以识宝。石头本是自然之物，"发现了是个宝，没发现不如草"。地球上除了空气和水之外，恐怕就数石头多了。但并不是说什么石头都好，能称得起奇石的就很少，够上"宝"的更是凤毛麟角微乎其微了。要发现它，只有靠眼力，因为"慧眼能识宝"。有了好眼力，识出了宝，花大价钱敢买别人不敢买的好石头；有了好眼力，看准了好东西，就敢要别人不想要的好石头。"技高人胆大，法多能助人"就是这个道理。号称柳州"纹石专家"的李先生，就有一双练就的好眼力。因为眼力好，增强了买好石头的信心，舍得在别人犹豫徘徊时，花高价敲定与美石的缘分。1995年的一天晚上，他听说产地搜罗出一方好石头。第二天一大早就赶到了现场，一看果然是一方难得的好石头。可卖主要一万两千元人民币，在当时可算高价了。但他二话没说，价也不讲，就把石头收为己有。用他的话说"花明后年的钱，买今年的好石头"。后来，这方冠名"律动"的来宾纹石在大展中一亮相，就轰动了整个石界。

慧眼可以捡漏。在选择购买奇石时捡漏，恐怕非慧眼莫属了。虽说也有"瞎猫碰上死老鼠的时候"，但要在众多买家挑选、"一石过万眼"之后，仍能买到高品位的奇石，没有独到的眼光是无论如何也办不到的。只有慧眼才能识宝，这是被无数事实证明了的。不要说在戈壁石产地"大通货"多的地方"捡漏"机会较多，即是在石都柳州高手如云的地方，只要眼力好，"捡漏"的机会也是有的。2001年夏，上海市的著名收藏家刘先生初次来到石都柳州，当时当地产的"摩尔石"还不被人们看好，老百姓把其当"磨刀石"，广东、台湾人也不喜欢，价格低廉得让人怀疑是"垃圾石"。一天，刘先生转到马鞍山石洞一家石店里，发现了一块躺在地上的石头，满身污垢，没有底座，同杂物乱石混在一起。但刘先生看后觉得眼前一亮，被奇石的优美形象惊呆了。买来之后，经清洗配座冠名为"摩尔少女"，在同年深圳石展上，以最高分获得金奖。有个境外人出数万美金要购买此石，最后也难以如愿。

慧眼可以辨假。如果说选美、识宝、捡漏依靠的是慧眼，那么"辨假"就更难以离开慧眼。目前，奇石作假手段翻新，大有充斥市场之势。不仅质地较软的石灰岩类的石头"打眼穿洞""改形酸洗""刻纹涂彩"，就是质地坚硬的二氧化硅岩类的石头也动起了"手脚"，"减肥瘦身""粘接涂漆""抛光喷沙"也大行其道。在这种情况下，一两次买假货，上当受骗情有可原，因为"老虎也有打盹的时候"。如果屡屡受骗，就要考虑眼力问题了。因此，在石头市场混乱的情况下，要想不被假石头所骗，只有练好内功、修好眼力，真正成为"火眼金睛"，就不怕作假手段的"高明"，就能识破这些鬼把戏，永远立于不败之地。

2. 慧眼的条件

慧眼，既然对玩石人具有如此重要的作用和意义，那么具备什么样的条件和标准才算慧眼呢？老实说，目前全国还没有统一的条件要求和具体衡量的标准。只能结合赏石活动的实际，从大的方面概略地提出几个方面，作为学习锻炼、培养提高和不断努力的方向和目标，也算衡量鉴别的尺度与标准，以此激励大家向这个方向和目标迈进。

不仅个人有几块好石头，而且收藏的奇石普遍好。一个人发现和藏有几块难得的好石头，虽说不是一件一蹴而就的易事，但也不能因此就说这个人的"眼力好"。因为数量有限，不足以说明问题，还带有较大的偶然性。而只有具备了不仅有几块好石头，而且整个收藏品"数量比较多，质量普遍好"，达到了相当

蛙鸣

（碧玉沙漠漆石 7cm×7cm）

高的档次和水平，在省市较大范围内有影响力，这样才称得起有好眼力，别人也才会真正服气。

不仅能在好石头中发现好石头，而且能在烂石堆中发现好石头。经常捡石头、买石头的人都知道，好石头也有相对集中的地方。一般地讲，新发现的石滩、产地第一线、石贩刚进的货、上档次的石馆里等，都是好石头较多的地方。在这些地方挑选石头，碰到好石头的机遇就大一些。但是，仅能在这地方挑选到好石头，还不能说眼力好，因为碰运气的可能性很大。只有既能在这些地方挑选到好石头，又能在那些未开发的处女地、选剩的"垃圾石"、地摊小贩处等好石头较少的地方挑选到好石头，那才说明眼力独到，别人不好发现而自己能够发现，表明眼力超人一等。

小狗

（玛瑙沙漠漆石 4cm×6cm）

不仅有易见到的好石头，而且也有难发现的好石头。一个人收藏的奇石，如果都是一些常见的"熟面孔"，同大多数人藏有的石头并没有什么两样。尽管质量都不错，但也不能说明他的眼力好，只能表明"大众化"。只有这个人收藏的奇石别具一格、很有特色，别人有的他的好，别人无的他都有，特别是平时难得一见的好石头在他这里能够看到。这才说明这位石友的眼光独特，有值得别人学习的地方。

不仅花高价能买到好石头，而且花低价也能买到好石头。"一分价钱一分货"，在正常情况下价格的多少与货物的质量高低是成正比的，价格越高说明货物的质量就越好。奇石作为商品也是一样，价格在一定程度上意味着奇石的质量。因此，花大价钱也是能够买到高质量的奇石的。但是，这并不能说明购买人的眼力好，只能说明他的经济实力强。只有在花不多钱的情况下，买来了超值几倍的好石头，那才能证明购买者的眼力不一般，敢买不被卖者看好的好石头，这才最具说服力。

不仅对都看好的石头能看好，而且对许多人不看好的石头也能看出好。对于奇石的审美和鉴赏，尽管各人有各人的看法，有时差距还比较大。但是，在很多时候和情况下，对许多奇石的看法或是相同或是相近，共性还是大于个性的。因此，被大多数人都看好的石头，自己也认为是好石头，这应该说是正常、合理的，但并不表明自己是慧眼。只有对多数人不看好的石头，自己能有充分的理由看好，并被以后的实践证明自己的看法是正确的，这才真正表明自己的眼力高人一筹。

不仅能看好目前都看好的石头，而且还能预见今后能看好的石头。对于目前市场上很火爆石种的石头，尤其是久经考验老石种的石头，自己能够看好接受，表明自己有一定眼光和水准，但还达不到慧眼的程度。只有对新发现的一些石种，特别是未被市场认可的新石种，自己经过冷静分析，能够预测到未来市场的走势，判断出今后将成为市场的主打石种，假如以后又得到实践的验证，那么就表明这位石友具有很好的眼力，不仅能够明辨今天，而且还能预见未来，这种眼力才可称为好眼力。

3. 慧眼的形成

"眼是心之窗，心是眼之根。"眼力，是一个人的知识水平、实践经验、悟性能力的综合反映和集中体现。玩石人一双慧眼的形成，完全"是从石头书里读出来的，是从石头堆里练出来的，也是从石头题里悟出来的"，可以说是一个不断修炼的漫长过程。因而，"要想玩好石，必先练好功"。作为一个玩石人，一定要把练眼视同练功，长期坚持不懈地学习、实践、思考、积累，经过十年八载的努力，"功到自然成"，最终是可以练出一双慧眼的。

慧眼是从石头书里读出来的。书本，是前人经验的总结，是人类智慧的结晶，是各种知识的海洋。人们无论从事什么样的行业和工作，都要注重书本知识的学习。许多玩石人的眼力好，一个共同的原因就是他们重视看书学习，知识非常丰富，理论十分深厚。所以，要培养提高自己的眼力，就必须抓好书本知识的学习。首先，要学好专业类书籍。一方面要学习古人书写遗留下来的石谱、石论等有关奇石方面的书籍；一方面要学习现代人编写的奇石专著、奇石画册之类的书籍，特别要重视订阅目前办的比较好的《石道》《宝藏》《中华奇石》《石友》《石语》《环球赏石盆景》等专业性很强的刊物。其次，还要重视学习一些相关的书籍，像哲学、文学、美学、地质学、化学类，此外，对绘画、雕塑、书法、诗歌等也要多加涉猎。读书学习时，一定要紧密联系实际，切实学懂弄通诸如"什么是美""什么是艺术""奇石美在什么地方""奇石的艺术特色是什么""怎样欣赏奇石美"等基本问题，通过读书学习，用知识武装自己的头脑，开阔自己的视野，增强自己的眼力。

慧眼是从石头堆里练出来的。"实践出真知，实践生高见"。一些玩石人的慧眼，就是在拣石、买石、赏石、品石的实践中形成的，是整天同石头打交道、在石头堆里摔打磨炼出来的。试想，如果没有同成千上万的石头接触交往过，怎么能一眼就识别出石头孰优孰劣？如果没有到奇石产地、全国大展、名人藏家等地方参观见识过，怎么能知道什么样的奇石是精品？如果没有看到过奇石造假、不懂得真假石头的区别，又怎么能分辨出作假的石头？因此，"要想有真

问天（碧玉石 4cm×9cm）

知灼见，必须要经历实践"。真正想玩好石头的人，就应该经常"到河滩山涧里看一看，去石馆石展中转一转，在石摊石堆内翻一翻，同名人名石见一见"，天长日久，"万石练一眼，一眼看万石"，本领自然就大了，眼力必然就好了。

慧眼是从石头题里悟出来的。"脑之官则思"。如果不经过自己大脑的思考，即使读书了、实践了，也是不会有大的收获和长进的。"读书不思考，等于没用脑""实践不想事，等于瞎胡混"。因此，必须要重视思考、善于用脑，真正把读书、实践、思考三者紧密结合起来，带着玩石中的问题读书，用读书成果指导实践，在实践中不断思考提高。这样，经过发挥头脑加工厂的作用，就会把书本上的东西变成自己的、实践中的感受变成理性的、问题里的思考变成真知的"。艺术界里常讲的悟性，恐怕就是这里讲的读书、实践、思考三者结合的成果，是思想上的收获和醒悟。所以，在玩石的过程中一定要多提问题、多想问题、多研究和解决问题，经常勤于思考、善于用脑，这样才能不断地悟出新道理，以增强和提升自己的眼力。

辈辈侯（猴）（沙漠漆石 7cm×8cm）

二十三、参与论石是提高戈壁石赏玩水平的好方法

论石，是赏石活动中群众创造的一种好方法。所谓论石，顾名思义就是对奇石发表看法和议论。论石的内容，大到奇石之理论，小到奇石之长短，凡是与奇石有关的问题都可以展开讨论。大量事实表明，采取多种形式，大力开展论石活动，有利于人们提高认识、明确意义，积极参与赏石活动；有利于人们交换看法、消除争议，达成共识；有利于人们活跃思想、寻找办法，研究和解决新情况新问题；还有利于人们畅谈新体会，总结新经验，形成新理论，指导赏石活动深入健康地发展。总之，一句话"论石好，大有益"。

开屏

（碧玉石 7 cm × 5 cm）

1. 论石的意义是巨大的

赏玩奇石，虽说是一项历史悠久的传统文化活动，在不同的朝代也曾形成过几次大的赏石热潮，但先人们并没有留下多少完整系统的理论专著。20世纪80年代初兴起的这次赏石新热潮，活动一开始就缺乏科学理论的有力指导，遇到了许多困难和问题。石友们自发组织起来"摸着石头过河"，不断地尝试新方法、开展新活动、总结新经验，使活动蓬蓬勃勃地开展起来了。群众性的论石活动，就是群众创造的提高鉴赏水平的好方法。大家通过赏石文化艺术研讨会、创办专业报刊论坛、举办座谈沙龙等活动方式，积极参与论石活动收到了很好的效果，发挥了很大作用。

对重大问题加强了认识。在赏石界，有些牵涉全局、影响巨大、模糊不清的问题，长期困扰着大家。对此，各级不少赏石组织，发动组织石友讨论，让大家在有准备的基础上谈认识谈看法，引经据典、各抒己见，经过集思广益、群策群力，使问题得到了较好解决，思想认识有了新提高。比如，对奇石是不是艺术品的问题，历史上没有明确定论，当代人们争论不休。有的认为奇石不是人为作品，不是艺术品；有的认为是艺术品，而且是一切艺术之母；有的认为虽然不是艺术品，但有艺术性，是类艺术品；认识的差距较大，争论也相当

激烈，有些专家学者、大师权威都卷入其中，且事关奇石能否走向主流社会、登上艺术殿堂。经过长达数年的广泛讨论，大家的认识日趋一致，最终于 2005 年夏在天津首届华夏雅石艺术论坛研讨会上绝大多数人达成共识，认为奇石精品是艺术品。一场旷日持久的"艺术品"之争尘埃落定。

对新生问题活跃了思想。在赏石活动中，不时会发现一些新的石种，出现一些新的玩法，产生一些新的问题，往往刚开始人们的看法相左、褒贬不一。经过广泛深入的讨论和正确的舆论导向，大家活跃了思想、增长了见识、打开了思路，对新的东西予以接受。内蒙古戈壁石这个新石种，20 世纪 90 年代前后上市之后，尽管受到多数人的欢迎和青睐，但也有少数人有不同见解，能否成为今后市场的主打石种，大家看法并不完全一致。经过一些刊物以"大漠狂想曲""塞上传奇""戈壁石抢滩石市""国内悄然兴起小品热""戈壁小品走俏台湾"为题的连续宣传报道，和"戈壁小品能否成为市场主打石种"的讨论，使广大石友进一步活跃了思想，开阔了眼界，更加认清了戈壁石的优长，很快在国内外掀起戈壁石的赏玩热潮。

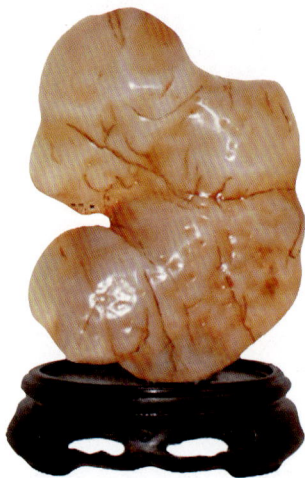

胎儿

（玛瑙石 4cm×6cm）

对争论的问题达成了共识。有不同的看法和争论，在石界是经常发生的。怎样解决存在的争议，不断统一大家的看法，协商和讨论是个好办法。特别是对一些争论较大的问题，更需要广泛深入地讨论，"车不开不行，理不辩不明"，讨论透了，理自然就清了，共识才能真正从思想上形成。比如，对于奇石鉴赏评比的标准开始大家分歧很大，各地看法很不一致，柳州有柳州的标准，银川有银川的标准，上海有上海的标准……经过几年的反复讨论、深入研究，最终形成了比较一致的看法，全国印制了统一标准，有力地指导了赏石活动。

2. 论石的方式是多样的

采取什么方式进行论石，没有固定不变的形式，总的是以灵活多样、简便宜行为原则。可以大会发言，一人讲众人听；可以召开小型座谈会，既讲又听畅所欲言；可以采取书面发言，投稿参与一些刊物的专题讨论；还可以一人一石一分析，展开"心石对话"，只要利于敞开思想，充分发言，相互启发，共同提高，就是好形式。从实际效果看，以下几种常用的论石方法更好一些。

参与会议研讨听而论道。这些年来，全国各地分别举办了许多奇石展销会，期间大都就一两个专题进行奇石文化艺术理论研讨。会前，协商指定专人发言，分题目分角度有重点地做好准备，并提前写出发言稿。会中，一人讲大家听，专题演讲，深入阐述。会后，将发言材料印发给与会人员，供大家深入学习参考。有时还以地区为单位组织讨论，以便于消化理解。这种大会式的论石方法，尽管多数人的发言机会不多，只是听少数人发言演讲，但质量相对比较高，属于高峰论

相会（玛瑙石 5cm×5cm）

坛。发言论石的人多是专家教授等学有专长的石界名人，大都见解独到、语出惊人，使人有"听君一席话，胜读十年书"之感。多参加一些这样高档次的研讨会，听听行家里手们论石，应该说是一种享受，也是难能可贵的。

七八石友相聚坐而论道。据了解，这几年许多省市的赏石组织都分别定期不定期地举办了赏石文化艺术沙龙和小型座谈会。每次参加人数多少不等，多者十多人，少者七八人，一次相对集中一两个议题，或就某个赏石观点，或就某个赏石品种，或就某种赏石玩法，或就随身带来的一些奇石，组织大家展开讨论、发表见解、交换看法、互相启发，都较好地达到了共同提高的目的。这种论石方法，虽然参加人数不多，但便于交流思想认识和不同看法，深入性、启示性比较强，是种值得借鉴的好方法。

一人单独活动思而论道。如果说参加会议研讨是集体论石的话，那么一个人单独从事一些力所能及的活动，就属于个人论石。况且，召开会议集体论石的次数毕竟是有限的，而个人单独活动随心所欲、有感而发，就可以经常进行了。有的石友在赏玩奇石过程中，自己觉得对某个问题有见解，或是对某种论争有自己的看法，写成稿件投给相关刊物，积极参与报刊论石。有的石友购买奇石专著、订阅奇石杂志，坚持边读边思边写，把读书心得体会写成论石笔记。有的石友对自己收藏的奇石，经过"心石对话"，或诗歌或短文，逐一加一点评，进行"一石一议一分析"的论石。这些论石方法虽然不引人注目，却是简便易行、行之有效的良好论石方法。

3. 论石的议题是筛选的

奇石作为一门艺术，是有许多问题需要研究分析，一一加以论述清楚的。从实际情况看，论石的内容确实比较宽泛、比较丰富。其中，也有大小主次、轻重缓急之分。因此，论石的议题是需要认真筛选的，挑选那些价值大、针对性强、很新颖、有指导作用的作为议题。紧紧围绕这个重心展开论述，深入分析，细致研究，论深论透，以切实保证论石的深度和水平。根据许多人的论石体会，应该选择下列一类问题作为论石的议题，是值得参考的。

举足轻重的关键性问题。要挑选论石的议题，首先是要挑选那些在奇石赏玩中的关键性问题。什么是关键性问题呢？就是那些事关全局、牵一发而动全身的重点问题，就是那些长期困扰、久议不决、啃不动不好啃的难点问题，就是那些虽有定论、但疑问重重、没捋顺没弄通的疑点问题。抓住这些"老大难"问题作为论石的议题，论石才算抓住了关键点和要害处。选这些问题作为论石的议题，论述起来确实难度很大，但要看到论述好了影响也很大。例如，有关赏石的名称问题，历史上的叫法很多，什么"奇石""怪石""灵石""供石""美石""文石""趣石""雅石"等十多种之多；日本称"水石"，韩国称"寿石"，台湾称"雅石"，西方一些国家称"矿体石"；在现实商讨统一时分歧又很大，经过多次讨论研究，最后同意以"奇石""观赏石"

美人鱼（玛瑙石 4cm×6cm）

为名称的最多。1990 年 7 月举办的"中国首届观赏石观摩与研讨会"上，统一使用了"观赏石"的称谓。但至今仍有"奇石""观赏石"正名之争。老实说，虽然称"观赏石"包含的面比较宽、内含量比较大，但它不如称"奇石"的名称抓住了中国赏石的本质特征。其实"越宽泛越失去了自身的特色，越想同国际接轨越失去了自己的民族特点"。但不管怎么说，能把名称之争的范围缩小到最低限度，应该是一个进步，对统一大家的思想还是起到了积极的作用。

普遍存在的倾向性问题。虽说有些问题还没有达到举足轻重、至关重要的程度，但涉及范围广、牵扯人员多，又是个似是而非、模糊不清的普遍性、倾向性的问题，也是应该选择为论石议题的。把这样具有普遍性的问题作为议题，经过广泛深入的讨论使大家明辨是非、弄清对错，往往会起到"拨亮一盏灯，照亮一大片"的作用。比如，2006年前后引发的奇石"具象好还是抽象好"的争论，刚开始牵扯的人很多，不少专家学者都卷入其中，许多石友对这个问题也不大清楚。随着争议的深入，道理越辩越清楚，是非越来越明白，最后绝大多数石友认为"奇石还是越像越好"。

内容集中的专题性问题。在筛选论石的议题时，还要注意内容多少的适度性，挑选那些内容集中、题目单一、专题性强的作为论石的议题。这样的论题，"切口小、纵深大、含量多"，容易议深议透。否则，题目很大、面很宽，什么都想说，什么也"嚼不烂"，结果只能是囫囵吞枣。比如，关于对"沙漠漆"的认识问题，刚开始就出现过不同的看法，有的认为"是风沙吹得柔润如玉，如同烤上一层黄色的漆"；有的认为"沙漠漆绝不是风沙烤上去的"，是地下水含有微量元素作用的结果；还有的认为"沙漠漆不是石"，称"沙漠漆石"不妥，称其名时"最好把沙漠漆附着的石种称谓加上去比较科学"等等。经过这样"一事一议"的论石，使大家对这个专题性的问题有了明晰的认识。

眼下萌生的新颖性问题。在筛选论石议题时，还要注意挑选那些在赏石中新发现的、新产生的问题作为论石的议题。因为，选新问题作为论石的议题不仅实用性好、可解众人之难，而且很新颖、具有很强的吸引力，常常会收到好的效果。比如，关于质、色好的单品石能否赏玩的问题，这是近年来在赏石中出现的新问题。过去，人们一直认为"玩石就是玩造型，没形象的石头不值得玩"。这次，问题提出后，

浪花（玛瑙沙漠漆石 13cm×7cm）

经有关奇石报刊的大篇幅论证，使人们慢慢认识到"只要质、色非常好、有特色，单品石也可以玩"，也是新形势下的一种玩法。从此，玩石玩"质、色"也成为一种时尚，"长江红""贵州青""三江彩"流行了起来。

4.论石的氛围是友善的

许多人还体会到，要搞好论石活动不仅需要认清论石的意义、明确论石的方式和选好论石的议题，而且还需要一个友善的良好氛围。有了友善良好的氛围，既利于把玩石的道理论得清清楚楚、明明白白，又可通过论石增进友谊、增加感情。不然，论石的氛围不好，或是态度生硬，或是出言不逊，或是争名

争利，不但论不好赏石的道理，还会伤害情谊、影响团结。因而，在论石活动中一定要创造一个友善的氛围，努力做到"四要四不要"。

要抓住焦点争论，不要吹毛求疵。论石的根本目的，是为了把赏石中某个观点、某种道理、某个问题论证清楚、讲述明白，让人们能够理解和支持。但由于人们认识奇石的能力不同，看奇石的角度不同，对奇石的了解程度不同，往往对奇石的看法和认识也不同，有时差距还比较大。所以，在论石活动中出现"看法分歧、观点对立"的现象也就在所难免了。有不同看法是正常的，并不可怕。关键是要弄清分歧的焦点，并围绕焦点讲清道理、说明理由，同时还要虚心听取对方的看法，接受别人合理的东西，逐步消除分歧，使看法趋于一致。即使一时谁也说服不了谁，也要坚持围绕争论焦点谈看法，千万不能偏离焦点而言他，更不能吹毛求疵，"鸡蛋里边挑骨头"，说人家什么"错字连篇""用词不当""标点不对"之类的东西。如果不注意这一点，不仅无助于讲清道理，而且还会适得其反。

要摆事实讲道理，不要主观武断。在论石讨论时，特别是一些登载在报纸杂志上的论石文章，有时摆事实讲道理不够，主观武断下结论有余，一会儿指责这个赏石的"追求……是低层次"，一会儿又指责那个人的"玩法不正宗"，让人们看后很是不舒服，很难接受他的观点。要知道，论石的观点、道理要想让别人接受，只能靠摆事实讲道理的办法，而不能简单生硬。即使别人不接受自己的看法，也只能是"以理服人，而不能以势压人"。论石应该是充分讲理的、耐心说服的，要让事实说话，让道理服人。这样，才能收到好的效果。

要坦诚直率地批评，不要讽刺挖苦。在论石活动中，对于一些不正确的看法，特别是一些错误的思想观点，比如唯心主义、封建迷信的东西，要敢于批评、抵制，不能熟视无睹、麻木不仁。但这种批评，在态度上是友好善意的，在方法上是坦诚直率的，一定要和蔼可亲，耐心细致，绝不能"乱扣帽子"，也不能讽刺挖苦、旁敲侧击。否则，不仅帮人"治不好病"，还会使人反感。这是论石开展批评必须要引起注意的。

要勇于接受正确观点，不

龙龟（碧玉石 12cm×5cm）

要强词夺理。"人非圣贤，孰能无过"，论石也是一样，一个人不可能讲的观点、道理都完全正确。错了不要紧，纠正过来就是进步。敢不敢坚持真理，能不能修正错误，特别是自己所犯的错误，是衡量一个人涵养性好不好、修养程度高不高的标志。在论石过程中还有一种不好的现象，就是对别人的正确观点不能虚心接受，对自己的错误认识不敢承认。有时，明明知道自己错了也不承认，相反还强词夺理为自己辩护。这样做，只能影响自己的风度和形象，是万万不可取的。

圣母（玛瑙石 4cm×6cm）

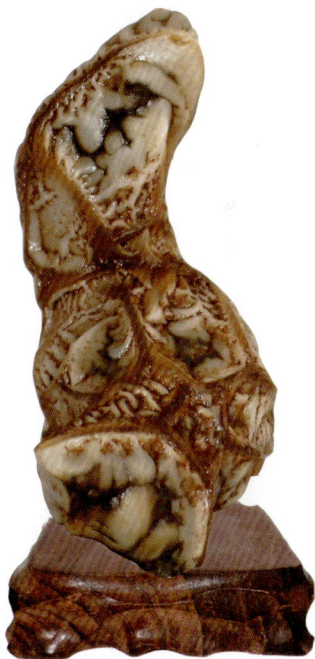

昭君思乡（玛瑙石 1cm×4cm）

二十四、赏玩好戈壁石也是需要一点精神的

猴子捞月（碧玉石 3cm×7cm）

赏玩奇石，既是一种高雅的文化意趣和艺术审美活动，又是一个劳心费力需要付出许多艰辛的事情。从石头的采拣选购到艺术创作，从欣赏品味到展示交流，都是需要投入大量的人力、物力和财力的。诸如翻山越岭野外采石时的艰辛，长途跋涉到产地购石时的劳累，百思不解相石不清时的苦恼，挑完几十箱石头一无所获时的扫兴，遇到不公平鉴评时的委屈，几十年如一日不懈追求的苦恋……面对这些情况，没有那么一点精神，没有那么一股劲头，没有那么一种骨气，是无论如何也玩不好奇石的。纵观古今，一些成功的奇石鉴赏家和收藏家，他们无一不是付出了艰苦劳动和不懈努力的。在他们身上凝聚和闪烁着一种吃苦耐劳的精神、如醉如痴的精神和锲而不舍的精神。如果赏石不只是为了"弄几块玩玩，消遣一下"，而是真正想在奇石赏玩方面有所成就有所建树的话，那么就应该具有"四心"，即童心、静心、恒心和痴心。

1. 玩石需要寻奇探宝，应该具有"童心"

奇石的天然性和艺术性，集中体现在一个"奇"字上，或石形奇巧，或石质奇润，或石色奇丽，或石纹奇特，奇是赏石艺术的根本特性。从一定意义上讲，玩石实质上是在玩"奇"，也就是说在寻奇探宝的过程中追求精神上的朝气和思想上的新奇。因而，要适应赏石艺术这一基本的特性需要，就必须具有很强的童心。因为儿童的好奇心强，对一切新奇的东西总是充满了很大的兴趣；求知欲浓，总想弄懂弄通任何疑难问题；好胜劲足，身上总有一股蓬勃向上的朝气。这种难能可贵的童心，是奇石爱好者必备的心理，是奇石创作的原始欲望，是爱石、觅石、品石、藏石走向成功的强大动力。从许多石友的情况看，童心对他们参与赏石活动具有重大的作用和影响。

童心好奇，是爱石的入门向导。人们为什么好石，是怎样走上爱石之路的？回答的结果可能是多种多样的，但较多的往往会说是"好奇心"把他们领入了爱石之门。有的常常介绍说，一次到朋友家去玩，看到人家博古架上摆放着几方造型奇怪的石头，与古瓷、玉器放在一起相映成趣，很是漂亮。当时就觉得"有意思""很好玩"。从此，自己就开始四处捡石头、买石头，玩起了石头。有的也会介绍说，一次上街逛古玩市场，看到一处围了不少人，走近一看是在挑选奇形怪状、花花绿绿的石头，一些人还在议论"这块像什么""那块色彩美"，兴致很高。那时自己就感到很奇怪很纳闷，石头怎么会像人物、动物的形象呢？在好奇心的驱使下，当即也选购了两块小戈壁石，拿回家孩子们看后，有的说像猫、有的说像狗，一家人争论得热热闹闹不亦乐乎，从此就开始玩起了石头。常言道"万事开头难"，童心能成为人们爱石的由头，足见其意义非同寻常。

海东青（碧玉石 10cm×6cm）

童心好学，是相石的精神动力。大家知道，奇石艺术也称发现艺术，即是说石头的奇妙之处在于发现，发现了它就成为奇石，发现不了它只能是普通石头一块。可见，奇石贵在发现，但也难在发现。许多人面对很多石头，就是"看不出、分不清，发现不了"奇石，常常为此而苦恼，有的半路就干脆放弃不干了。怎样才能识别发现奇石呢？除了具有相当的文化知识、阅历经验、艺术水平等因素外，还有很重要的一点，就是欲望和态度。渴求的欲望越强、态度越坚决，发现奇石的可能性就越大。从实际情况看，儿童、年轻人的求知欲望最强，天生好学，对"认识不清、识别不了"的疑难问题，有一股"打破沙锅纹（问）到底"的劲头。有了这种求知好学的强烈欲望，对读石、相石、辨石无疑是一种强大的精神力量，就不会在相石百思不得其解时"打退堂鼓"。相反，只会知难而上、遇难而进，千方百计"识出石像，弄懂石意"，获得好的奇石。所以说，有了童心，相石就有了取之不竭的精神动力。

童心好强，是藏石的成功心理。每个人都会有这样的感觉，平时发现一块好的奇石非常不易。可见，要想成为一名成功的收藏家，收藏积累许多精品奇石的难度有多么大。因而，要想在奇石收藏方面有所成就有所作为、搞出点"名堂"来，没有一种不怕苦不怕难、无所畏惧的勇气，没有一种勇往直前、敢打必胜的心理，是难以实现的。要适应这种需要，唯有童心不可。因为儿童争强好胜、富有朝气，有一种"初生牛犊不怕虎"的劲头。有了蓬勃向上、无所畏惧的童心，在收藏奇石艰难困苦的路上就能披荆斩棘，一步步迈向胜利。从一些成功的藏石家的情况看，也正是这样。他们之所以在藏石方面获得成功，一个很重要的原因就是有一颗"永不言老、永不言败"的童心，支撑他们排除万难、闯荡东西、辛劳一生，最终实现了自己的愿望。

2. 玩石需要用心费脑，应该具有"静心"

古人云："宁静致远""心静思深""静心者成大事"，是说静心对想问题、做事情、干事业至关重要，赏玩奇石也是同样。奇石是"天人合一"的艺术，是"人石统一"的产物，需要人石的有机结合，需要人石的反复对话，需要人石的深入交流，是件劳心、费脑、用力的事情，静不下心来是绝对不行的。然而，在当前的赏石界，静心恰恰是个薄弱环节。一些石友由于受社会上功利主义思想影响，在赏玩奇石的过程中心浮气躁，很难静下心来，时常"坐不下来，钻不进去，想得不深，用脑不够"。不仅影响了赏石活动的深入开展，而且也妨碍了赏石理论的系统产生。要解决这个问题就必须联系赏石的实际，充分认识静心对赏石的重要作用和意义。为此，首先应该认清以下几个问题。

李远背母

（沙漠漆石 18cm×28cm）

静下心来，才能更好地发现奇石的形象。我们常常见到这种情况，几位石友结伴到奇石展销会上选购奇石，能不能静下心来对于能否发现选购到好石头的结果是大不相同的。虽然同在一个销售市场，能够坐下来静下心，聚精会神地一块一块仔细翻看石头的，就发现购买的好石头多，甚至还能买到很难得的好石头。而心神不定、心猿意马，"人在市场中，心在石头外"，走马观花、东游西逛者，很少能买到好石头。有时这些石友不仅不认识自己的"心不静""不用心"，相反还抱怨"展销会办得不好""好石头越来越少"。由此可见，能不能静下心来是能否发现买到好石头的关键之一。这是因为，真正的奇石本来就数量不多，加之多数形象比较异样，特别是体量较小的戈壁石，看起来就很费劲，发现形象就更难，不少时候选石一晃而过、稍纵即逝，不要说三心二意、粗心大意，即是瞪大眼睛、全神贯注，也是很难发现的。所以，挑选购买奇石时，一定要耐心地坐下来，翻过来倒过去地仔细察看每一块石头，只有这样好石头才不会从自己的眼皮子底下溜走。

落日（玛瑙石 9cm×5cm）

静下心来，才能更好地确定奇石的立意。在赏玩奇石的过程中，时常会遇到这种情况，一块石头有好几个角度可以立意，一时不知选哪个角度立意为好。有的奇石立意完成之后，在不长时间里又有新的发现，先先后后曾三四次地更换主题。还有的奇石创作完成几年了，偶尔一天又看到了新的更佳的角度，又不得不更换立意。所有这些现象说明，奇石立意是个难度很大、很费心伤神的事情。如果不静下心来，仔细认真地察看角度、权衡利弊、分析短长，是很难选好角度、准确立意的。因此，在奇石立意时，一定要平心静气地坐下来，排除一切杂念的干扰，过细地翻看石头的各个角度，冷静地分析对比，必要时翻翻书籍、查查资料，尽心尽力地给石头选个好角度。千万在立意时不能马马虎虎、心不在焉，否则是不会立出什么好意的。

静下心来，才能更好地品赏奇石的意境。奇石作品的意境美，是奇石美的灵魂。它是石中之境与作者之意的有机结合。对于奇石的意境美，有的人能够体味感悟到，有的人却品赏体会不到，究其原因可能是多方面的，但共同的一点在于是否全身心地投入。如果是全身心地投入品赏，是一定会感悟到意境美的；如果是无所用心地随意看看，是不会获得意境美的。因此，在欣赏品味奇石的意境美时，必须要静下心来，全身心地投入其中，真正把自己摆进去，用心用脑地去体味、去思考、去联想、去感悟，通过形体语言和意象语言反复对话、深入交流，才能读懂奇石的内涵和意蕴，才能真正感悟到奇石的意境美。一些人选择在夜深人静的时候赏石，泡上一杯浓茶，边品茶边欣赏边体味，就是为找个安静的时候，能静下心来品赏，这恐怕就是个中的原因。

3. 玩石需要长久努力，应该具有"恒心"

奇石收藏，是个由少到多、逐步积累需要长期坚持的活动，不是短期内所能奏效的。许多人为此花费了几十年甚至一辈子的精力，可以说是条漫长曲折的道路。在这条路上，不仅有美丽、欢乐和精神享受，而且也充满了艰难困苦和寂寞忧愁，要经历不断地排除干扰、克服杂念、战胜自我、获取成功的很长过程。因此，要想使自己的奇石收藏最终获得成功，必须具有坚忍不拔的恒心，坚持不懈地做出长久努力。为此，就要注意防止和克服影响恒心保持的"四种不良情绪"。

要注重克服"难以入门"的情绪。一些新手看到别人赏玩奇石有滋有味，凭一时冲动也玩起来了石头，由于思想准备不足，没入门就遇到了许多困难和问题，"赏石的常识不懂，市场行情不明，选石方法不会……"觉得"两眼一抹黑""丈二的和尚摸不着头脑"，对以后收藏好奇石缺乏信心。这种"难以入门"的情绪如果解决不好，直接妨碍在收藏奇石的道路上坚持下去，必须要下决心克服。应该承认，赏玩奇石，对绝大多数人来说，刚开始确实是个陌生的领域，加之其历史悠久、博大精深、十分奥妙，要想了解、认识、把握它，谈何容易。但也应看到"世上无难事，只要肯登攀"，只要充满信心、开动脑筋、想尽办法、努力去做，是没有克服不了的困难。同时，还应该看到只要注重学习研究，诚恳虚心地向书本、向实践、向行家学习，努力懂得赏石的基本常识，了解圈内的主要情况，把握所爱石种的规律特点，是完全可以"入门上路"的。

要注重克服"急于求成"的情绪。一些石友玩了一段奇石之后，觉得"费了不少心，出了不少力，花了不少钱，收获却不大"，慢慢滋长了急躁情绪。这种急于求成的情绪不克服，直接影响恒心的保持。对此，要认真加以克服。要看到，奇石收藏如同大海捞针，是件难度很大的事，没有一定的时间和功夫，想在短期内搞到精绝之品、获取大的成就是不现实的。常言道："十年的媳妇熬成婆"，只要苦于学习、勤于实践，扎扎实实练好基本功，要相信会"功到自然成"的。况且，"欲速则不达""干着急也不是办法"，关键的是要对以前的收藏情况作一次认真分析，总结经验教训，找出问题和解决的办法，明确以后的努力方向，坚持不懈地干下去，最后是一定会成功的。

黑龙潭（碧玉石 13cm×6cm）

要注重克服"摇摆波动"的情绪。在收藏奇石的过程中，还有一种不稳定的情绪，也同样会妨碍恒心的保持。就是一些石友对奇石收藏没有主见，缺少基本的看法和估量，往往"情绪随着市场的冷热波动，兴趣跟着价格的升降摇摆"，思想上的问号不断。要认识到，奇石进入市场后即是一种商品，也会受价值规律影响的，"价格高高低低，人员进进出出，市场冷冷热热"，都是正常现象。对此，不应该大惊小怪，更不应该影响收藏奇石的恒心。还应该认识到，奇石不单是商品还是文化艺术品，具有无法用经济价值衡量的文化价值、艺术价值和收藏价值。只要真正喜欢奇石，就要一以贯之地坚持下去，不应该受外界的干扰和影响。

要注重克服"盲目自满"情绪。一些人往往就是这样，"没有成绩时灰心丧气，有了成绩时又会趾高气扬"，奇石收藏也是如此。当收藏达到相当水平之后，有的石友就不能正确对待，觉得"好石头收藏不少了，再折腾也是这样了"，产生了"收藏到顶"的自满情绪，劲头慢慢松下来了。殊不知，奇石收藏"成绩虽有大小高低之分，但绝无到头到顶之事"，盲目自满自足，只能造成功亏一篑。具有远大志向的人永远是渴求进取，不懈努力，最后才能"终成正果"，搞出了大的"名堂"。

4. 玩石需要真情实感，应该具有"痴心"

古今把赏石视为"健体的方式、畅神的玩物、启智的工具、修身的榜样"这样四个层次。而最高的层次是将无奇不有的石头人格化，"以石喻人，以人比石"，视石为朋友、为兄长、为榜样，学石之长、悟石之意，从中汲取营养、陶冶情操、完善人格，以达修身养性之目的。要想达到这个最高层次，赏石必须要有一颗"痴心"。所谓痴心，就是对奇石的赏玩具有极度迷恋之心。有了这样的痴心，才会对石有真情实感，才能与石对话、与石交流、与石沟通，更好地感悟做人的道理，激发和培养淳朴、刚毅、正直、善良的完美人格。所以说，痴心对赏石进入最高层次具有重要作用。

有了痴心，爱石可以忘我。赏玩奇石，有无痴心表现是很不一样的。一般的喜欢石头，大都是空闲了到石店转转，碰到好的买回玩玩，事多忙了放在一边。一旦到了入迷、上瘾、成癖、痴心的程度，表现就大不一样了，就会出现"一天不玩石手痒瘾犯，两天不玩石心烦意乱，三天不玩石不思茶饭，四天不玩石坐卧不安"的现象。有的见了卖石头的走不动，一坐下来挑选就是多半天，不吃饭也不会感到饿。有的一听说哪里搞奇石展销，在家里就坐不住了，时间少坐飞机也得赶去看看，非买回一些心才能踏实下来。有了这样的玩石痴心，这些石友的赏石水平提高很快，收藏的石头档次越来越高，大都在当地小有名气。

有了痴心，敬石如同兄长。历史上一些文人雅士喜欢石头早已超出人石的界限，对奇石饱含深情，视为同心知己。大诗人白居易视"双石"为伴，满怀深情地"回头问双石，能伴老夫否？石虽不能言，许我为三友"。唐朝宰相牛僧儒对奇石"待之如宾友，视之如圣贤，重之如宝玉，爱之如儿孙"，常常"游息之时，与石为伍"。特别是宋代大书法家米芾，更是爱石有加，与石下拜，尊石为兄，花三十两白银购买一方奇石，用满腔热血成就相石"四法"，千古无双，成为佳话，被人们称为"石痴""石癫"名副其实。

有了痴心，学石视作榜样。还有一些痴心爱石的石友，在赏石过程中坚持"与石比德""以石为师"，注意从石头中汲取为人处世的养分，虚心学习石头的"坚贞、平实、沉静、温润"的良好品质，以此陶冶情性，培养品德。也有许多文人画家"以石为师"，从赏石之中引发联想，领会艺术之美，感悟创作技巧和灵感，把赏石顿悟的意境转化为艺术创作，有力地提高了创作水平。发现价值1.3亿元戈壁石"雏鸡出壳"的北京市张老先生，坚持几十年如一日地爱石、觅石、藏石、学石，长期奔波在大漠荒滩之中，不仅收藏了大量上好的戈壁石，而且在晚年将其中的上万方奇石捐献给了北京市朝阳区政府，展现了新时代痴石人的良好品格和精神风貌。

水上游（戈壁石 11cm×5cm）

二十五、购买戈壁石摸索规律很必要

从目前个人藏石的来源渠道看，一是自己采拣，二是朋友赠送，三是市场购买，而市场购买对绝大多数藏家来说是主要渠道。这样，就会常常遇到如何准确地判断石头的价值，怎样才能花钱不多而又买到好石头的问题。特别是在目前奇石市场不够规范、奇石价格很不稳定，有些石商漫天要价的情况下，要购买好奇石就应该首先研究奇石，了解市场，弄清行情，摸索规律，是很有必要、势在必行的。否则，不懂得奇石，不了解行情，不知道规律，不仅买不到货真价实的好石头，相反还容易上当受骗。选购石头有什么规律可循呢？

1. 尽快沟通，建立起买卖的诚信关系

从现实情况看，要想买到好石头，首先要能看到许多好石头，这样才能有选择的余地。怎样才能看到许多好石头呢？一些人可能觉得这并非是什么难事，不就是到奇石市场多找找多看看吗？其实不然，有些时候卖家的货架下面放得很多石头就是不让你看，说什么"石头都摆出来了，要看就是那些"。有石头不让看，这是为什么呢？分析起来，主要原因是"相互不熟，缺乏信任"。卖家怕你把石头碰坏，怕你看了不买白费劲，怕你挑选了别人不买了，等等。这说明，要想看到好石头买到好石头，首先要与卖家建立起良好的诚信关系。没有诚信关系的建立，不仅难以买到好石头，闹不好还会弄得双方不愉快。在市场经济中，本来买卖双方是一对矛盾，他们之间既有"你卖他买，难以分开"的相互依赖的一面，又有"你想差货卖个好价钱，他想花钱不多买个好东西"的相互排斥的一面。因此，建立相互诚信的关系是十分必要的。作为买卖的双方都应该为此作出努力，积极沟通，打破僵局，互信互利，买卖双赢。作为买方应从下面几点努力。

尽量在一处多买点石头。从卖家来说，都愿做大宗的买卖，这样往往"费劲不大，赚钱不少"，而做零零碎碎的小买卖，常常是"出力不小，赚钱不多"。因而，你如果在他那里买不了多少钱的东西，他是不大愿意接

静思（沙漠漆石 3cm×4cm）

待你这客户的。特别是通货小戈壁石几元钱一块，你如果买不了几块，他是不愿意让你一箱子一箱子都打开，随意让你挑选的。对此，买户应该理解卖户的心情，尽量在一处多买点石头，千万不要"买一块换一个地方"，采取打游击式的购买方法，这样是不会受到卖家欢迎的，有时还可能受到冷遇和白眼。刚进入市场，可以先粗略地转一圈，简单地看一下谁家的货好有特色，而后选择最好的一家停下来，细心地多挑选多购买一些。卖家一看你挑出来很多，是个买家，自然会主动拿出石头来让你挑选的，不愁没有石头让你看让你选。况且，石头买得多，价格自然也就好搞了。实践证明，集中在一家多购买一些是好办法，不仅可以看到、买到好石头，而且还能让卖家在买卖中了解你是个买家，会为以后的交往打下信任的基础。

袋鼠

（沙漠漆石 13cm×15cm）

尽量出个偏高的价格。由于是初次打交道，在奇石的价格方面要从长计议，看得远点有好处，不要过于计较，或是有贪小便宜的心理。特别是在货不好买、货少的情况下，更应该在价格上宜高不宜低，适当出得高一点。这样，让卖家看到虽说买得不多，但价格还算不错，也会感觉到你是个肯出价、有诚意、可交往的人。这样，也为以后的再次交往留下好的印象。

尽量别损坏卖家的石头。戈壁石"虽质坚、但性脆"，怕磕怕碰。一旦磕碰留下伤痕很难挽救弥补，卖家不愿顾客多翻多看原因也多在此，就是怕"磕碰坏了，不好卖了"。因此，买家在挑选戈壁石时，一定要倍加小心，轻拿轻放，不磕不碰，对石头多加爱惜。千万不能乱扔乱摔，惹卖家不高兴。如果买家注意爱惜石头，卖家就会"看在眼里，安在心里"，原来担心的情绪就自然打消了，石头就会放心地让你看、让你选。同时，也为以后再挑选他的石头，创造了有利的条件。

尽量搞一点思想交流。为了加深了解，增进感情，在选购奇石的过程中不妨同对方聊聊天、拉拉家常，主动问问当地的民风民俗、石头产销、品种优长、审美爱好等情况，也可以顺便介绍一下自己的生活阅历、玩石感受、个人喜好、收藏打算之类，以深入了解、沟通思想、增强感情、建立友谊。

只要真正从上述四个方面做出努力，让对方知道你不仅是一个懂行的人、买东西的人，而且还是一个讲诚信、可交往的人。这样，"一次生、二次熟、三次就有了好基础"，以后打起交道、做起买卖就容易多了，卖家不仅会让你随便挑石头、选石头，而且甚至主动地给你留下好石头、新石头。在几个主要地方的一些卖家那里站稳了脚跟，长久收藏奇石就游刃有余了。

2. 随行就市，树立起交易的正常心态

在购买奇石的过程中，有一个令众多石友感到棘手的问题，特别是资历较浅的石友，就是难以准确地对所买奇石的价格做出判断，不敢或不善于讨价还价，总怕"还价高了吃了亏，还价低了买不成"。这是为什么呢？分析起来主要原因有三：一是有史以来就是"黄金有价，奇石无价"，在价格方面缺乏历史借鉴；二是目前奇石市场很不规范，奇石价格很不稳定，"石无准价，行无实情"，缺乏市场参考；三是奇石个体之间的差异很大，完全相同的没有，即使同一块石头发现前与发现后的价格也大相径庭，缺乏同类的可比性。由于这"三个缺乏"，造成奇石难以确定合理的价格。的确，在价格确立上确实很难，但这并不是说在这方面无规律可循。从一些有经验的老石友的情况看，只要做好了下面三点，就会变难为易。

友人
（玛瑙沙漠漆石 6cm×8cm）

要懂得奇石的优劣，对奇石的价值要心中有数。大家知道，奇石的价值说到底是由奇石的质量所决定的。在通常情况下，奇石的质量越高，奇石的价值也就越高，反之也是一样。这就告诉人们，要想弄清奇石的价值，就必须首先弄清奇石的质量。如果对奇石的优劣不懂、好差不知，价值就无从知晓。因此，作为奇石的购买者，要想在奇石买卖中做到既敢于还价又善于还价，就必须从提高赏石的能力入手，努力学习懂得赏石的基本常识，熟悉掌握衡量奇石优劣的标准，了解知道各种奇石的艺术特征。有了对奇石较强的鉴赏力和分辨力，一石当前就能分出奇石质量的好差，就能做出价值的恰当判断。只要对奇石的质量、价值心中有数了，讨价还价还有什么难的呢？出什么价格就可视情而定、见机行事了。

要懂得市场的行情，对奇石的价格要心中有数。虽然，目前的奇石市场还很不规范，奇石的价格很不稳定。但是，奇石市场毕竟经过了二十多年的发展，

还是有一定基础的；具体稳定的价格没有形成，而大体的粗线条的、约定俗成的价格还是存在的。例如，通货小戈壁石前几年的价格，一苹果箱大约三五十元，质量好些的七八十元；单块挑选购买，一块也就两三元钱，好点的三五元。标准尺寸的戈壁石，每方大都是几百元几千元。几万元的也有，但只是少数，对大多数购买者来说也不是主要选购对象，无须知道更多。近年来价格有些上涨，到了市场可以先看看、先问问，打听一下行情。常言说："货比三家，价问五处""不怕不懂价，就怕不问价"，看得多了、问得多了，行情也就了解得八九不离十了。对市场的行情心中有数了，搞起价来随行就市底气也就足了。

要懂得卖方的心理，对卖家的判断要心中有数。一宗奇石的买卖能否顺利成交，是买卖双方的事。当然，同卖家的意愿和态度有很大关系。所以，要想使奇石的买卖顺利成交，需要对卖家的一些具体的情况作些了解和观察，如卖家是石农还是石商，是小商小贩还是大户经营，做奇石生意是新手还是老手，对奇石的知识懂得多少，特别是对正在交易中的奇石的艺术价值发现没有……都需要在购买过程中想法摸清底数。要知道，这些底数清不清，对讨价还价的针对性是有很大影响的。如果是石农，说明他的石头不是花钱买来的，只要能换些钱，价格差不多就行了；如果是石商，要赚得是"差价钱"，只要卖的价格比买时贵一些就可出售了；如果卖家对所卖奇石的艺术价值没有发现，价格讨还的余地就很大，等等。知道了卖方这些底数，讨价还价就胸有成竹了，还价的针对性和成交的可能性就大大增强了。

红运当头

（玛瑙石 6cm×8cm）

3. 区分对象，确立好选购的不同方法

从多年购买奇石的实践看，绝大多数卖家还是比较好打交道的，不少经过奇石的买卖还结成了朋友。但也有少数性格特殊、个性十足的卖家，同这些人打起交道来有时确有不少困难，如果方法不当，不仅买卖做不成，相反有时还会生一肚子气。因而，如果遇到那些性格"憨""油""鬼""精"的卖家，就要区别对象，讲究方法，采取"一把钥匙开一把锁"，千万防止一概而论、不加区分，用同一种态度和方法，同具有不同性格的卖家打交道，那样是不会收到好的效果的。怎样同不同性格的卖家打好交道呢？

遇到"憨"的卖家，要采取"劝导"的方法。在奇石市场上，经常会遇到一些来自大漠深处、塞外边疆的石农，这些卖家大都淳朴、憨厚、善良，但属于"外面世界见识不了多少，市场行情知道不了多少，石头知识了解不了多少，客套话语讲述不了多少"的老实人，同这种"憨"型的卖家打交道，既不能歧视看不起他们，也不能"动心眼"欺骗他们，要真心实意地善待他们。对于他们的"死理""偏见""无知"等，要采取开导劝说的办法，帮助他们了解实情，分辨是非，弄清真假，明白石理，在打通思想、以理服人的情况下进行交易。这样，不仅买卖做了，双方的心情也都愉快。21世纪初，笔者到宁夏银川市参加奇石展销会，一天在市场的边角处，看到一位二十多岁的蒙古族小伙子面前摆放着十多方戈壁石，石头也没清洗，土头垢面，还带着不少沙粒。明眼人一看就知道，这是来自产地一线的石农。当时，笔者看中了一块不到20厘米、状似猪头的沙漠漆石，问他要价多少，小伙子不吭声，一旁的同行提醒他"问你价哩"，小伙子还不搭腔。过了好长时间，他突然脸红脖子粗地大声说"800块"，引得在场人都笑了。笔者接着问他："怎么要价这么高（当时像这样的戈壁石市场价也就是七八十元），能不能低一些？"这回倒很干脆地说："40块。"一旁一位四十岁左右、也是摆摊卖石的人说："你怎么能这样要价，一会那么高，一会又这么低，这怎能做好买卖？"转过身来又说，"他第一次到大城市卖石头，请原谅。"后来，笔者对他说："小伙子，卖石头也要先了解行情，不能乱要价。刚才，你先要800太多，后要40太少，按市场价我给你80元。"小伙子高兴地接过了钱。

遇到"油"的卖家，要采取"分析"的办法。在购买奇石的时候，还会遇到一些做石头买卖多年"走南闯北、经多见广"的卖家。其中，有的脑瓜子转得特快，你说"石头有残"，他马上回答"是老伤"；你说"石头没形象"，他立即说"像什么也不见得好"；你说"要价太高"，他说"我这里最便宜"，很会应酬。有的嘴巴子挺好用，"能把小的说成大的，把死的说成活的，把差的说成好的"，忽悠起来没完。对于这些能说会道的"石油子"，要采取边听边想边分析的办法，看他哪些话说得有理，哪些话说得不对；哪些话说得是真，哪些话说得是假；哪些话说得是虚，哪些话说得是实。一一分析，对的则听，错的不从，"千万别被他的甜言蜜语所迷惑，被他的虚情假意所欺骗"，乱了方寸，没了主意。要做到"你有千条计，我有老主意""你有千言万语，我有一定之规"。只有这样，才能排除干扰，买到自己称心如意的好石头。

遇到"鬼"的卖家，要采取"迂回"的办法。还有极少数的卖家，"正路不走，走歪路""本事不学，想邪招"，弄虚作假，欺骗顾客，有的甚至给石头"做手脚减肥，动手术造像""为断处喷砂，给糙面抛光"，任意"整容打扮"，企图以次充好，以假乱真，进而骗取利润。在市场交易中，他们把这些加过工的石头常常作为"精品"向顾客推荐，一些缺乏经验和识假能力的买家，有不少时候会上当受骗。对于这些"捣鬼"的卖家，购买石头的时候除了提高警觉、倍加小心外，还要采取"敲山震虎"的方法，旁敲侧击，指桑骂槐，或是讲曾发生过的"造假"丑闻，或是讲自己"上当"的经历，或是提问题质疑，转弯抹角地让卖家意识到你对造假有警惕性和辨别力，不敢再拿假东西唬人。采取这种暗"敲打"的办法比明"揭露"稳当，可以避免不必要的纠纷争吵，既教育了别人，也保护了自己。

迎敌（玛瑙石 8cm×5cm）

阿福（玛瑙石 5cm×5cm）

遇到"精"的卖家，要采取"坦率"的方法。在一些大型的奇石展销会上，有时还会遇到几个"货品精致，话语精到，行情精通，处事精明"的卖家，这些人大都是在石头场上练就了一身硬功夫的行家里手，在本地都是大有名气的腕级人物，有的甚至在整个石界也是有影响的高手、精英。遇到这样"成精"的卖家，如果非要同他们做买卖打交道，就要考虑合适的方法，一般地讲采取斗智斗勇，"华山论剑"的方法不行，采取"绕弯子""动心眼"的办法不行，采取"挑毛病杀价""软磨硬泡"的办法也不行。只能采取"开门见山、直截了当"的简练办法，用真诚、直率、豁达打动对方，有时会收到好的效果。一次，到南京参加全国性大石展，同去的一位石友看中了阿拉善左旗一名腕级卖家的一方石头，这方石头不足 20 厘米，形像坐猴的玛瑙沙漠漆石，开价最低三千元。石友采取"打开窗户说亮话"的办法，直率地说："我喜欢你这方奇石，价格能否再低一些"，卖方一看买方很真诚，马上把价格又降了近三分之一，以两千二百元成交，双方都很满意。

4. 把握时机，订立好购石的计划设想

"农家人种地讲节气，爱石人买石重时机"。把握时机，对买石人来说的确很重要。如果机遇来了把握不好而错过了时机，"该发现好石头的时候遇不到，该买便宜石头的时候买不成，该到手的精品石又跑掉"，确实是一件令人很遗憾的事。而且，"机不可失，时不再来"，过了这个村，就没这个店，再想碰到那样的好石头就难上难了。因此，在购买奇石时，一定要分析和认识时机，把握和利用好时机，按照时机有计划有设想地去选购奇石，绝不能轻易放弃每一个时机。

购买好石头的时机不要错过。从多年的购石实践来看，"石农捡石刚回时，小贩购石归来时，展销会刚刚开始时"，都是发现和购买好石头的大好时机。因为这时的石头，都是刚刚采购回来上市的，没有经过更多人的挑选，相对来说里边好石头就比较多，碰到和挑选的余地就比较大。所以，如果不是一般的买几块玩玩的买主，而是热心于收藏的奇石大玩家，就要紧紧抓住这些购买好石头的时机，抽时间费心思地去选购奇石。当然，这时候的石头价格要高一点，但也不要因此而错失良机。特别碰到平时难得一见的好石头，千万不能因为价格高点而放弃。要知道，这样的良机一时错过，以后即使多花十倍的价钱也很难再遇到那样的好石头。眼看着好石头从自己的面前溜掉，是会抱憾终生的。

购买价格便宜石头的时机不要错过。什么时候买石头价格比较便宜？许多新石友们对这个问题很关心。从现实情况看，大的奇石展销会快结束的最后两天价格比较便宜，有时降价的幅度还很大；如果是星期天的集市，下午石头的价格要比上午低一些；假如在石馆里，长期积压的石头比刚进的要便宜。这些都是顾客购买便宜石头的好时机。因为从卖家来说，这些时候他们或是急于推销石头转场，或是想卖完石头轻松回家，或是为了卖掉陈货加快周转，总之不管什么原因都想多卖掉一些石头。在这种心理的影响下，自然价格就降下来了，讨价还价的余地也就大了。固然，这些时候的石头质量可能要差一些，有不少好石头已被别人买走了。但也并不是说就没有好石头可选了。常言说："鱼过千层网，网网都有鱼"，只要多下功夫、多费眼力，有不少时候还是可以买到物美价廉的好石头的。

购买表象不佳精品石的时机不要错过。在购买奇石的时候，人们对于"自

身条件优良，所处位置抢眼"的石头容易引起关注，也好定下购买的决心。而对那些"处境很差，缺陷很多，感受很怪"的石头，即使难得的精品石，也往往"好差不分，犹豫不决，取舍难定"，不少时候放弃不买，错过了很好的机会。应该懂得，越是被卖家摆放在不显眼的地方，越是自身存有这样那样一些毛病，越是让人一时琢磨不透的石头，要么确实是很差的东西，要么是被一些假象所掩盖的好石头，有的甚至不乏是精品石。因此，在购买奇石的时候，不能仅看货架上摆的石头，而不看货架下堆放的石头；不能仅看表面光鲜的石头，而不看有毛病缺陷的石头；不能仅看一目了然的石头，而不看难以辨识的石头，被一些表面的假象所迷惑而放弃购买精品石的良机。买不买石头，关键是看石头本身有没有奇特独到的优长，而不在于有没有毛病、好不好辨认，更不在于放在什么地方，绝不能因小失大、错失良机。

头羊（戈壁彩玉 12cm×6cm）

二十六、搞好鉴评是活跃戈壁石赏玩的有效方式

赏玩奇石，是一项群众性的审美活动。怎样保证这项活动健康、深入、持久地开展，定期不定期地举办一些规模不等的奇石展销会，认真进行奇石展示、鉴定、评比，是个有效的方式和激励机制。多年来的实践表明，每年在全国各地举办的比较成功的奇石展销会，大都是一次"奇石精品的大荟萃，赏石水平的大展示，理论经验的大交流"，为藏家与藏家、石友与石友、地区与地区之间的相互学习交流搭建起了一个很好的平台，不断为赏石活动注入新的活力，推动赏石活动一浪高一浪地向前发展。但也有少数的由于鉴评工作做得不好，引发了许多不必要的矛盾和纠纷，阻碍了活动的正常开展，教训也是非常深刻的。怎样搞好鉴评工作？

高僧（玛瑙石 7cm×8cm）

1. 要明确鉴评的目的

对参展的奇石逐一进行鉴评，固然有一个鉴定评比出"品质优劣、名次高低"的问题。但是，鉴评的目的远远不局限于此。更重要的是通过专家对参展奇石的鉴评，使个人真正明白什么样的是好石头、什么样的是石头一般，从而开阔眼界、增长见识，找到自己的差距和不足，明确以后的努力方向和目标；也使地区之间明白各地的不同风格和特点，看到各自的优长和短处，互相学习，取长补短，达成共识，共同发展。总之，通过鉴评工作实现"统一思想认识，提高鉴赏水平"的目的。

要鉴评出努力的方向。目标和方向，是玩石人藏石的向导和指南。对头与否，直接影响着收藏的质量和水平。对此，一些玩石时间不长的石友，虽说知道一些玩石的常识，但没有亲眼见识过更多的精品奇石，努力的方向总觉得模糊不清、琢磨不定；一些玩过一段时间的石友，收藏购买了一定数量的奇石，究竟质量怎么样，自己坚持的方向对不对，心里也缺乏底数；一些收藏时间较长的老石友，虽然具有丰富的收藏经验和成果，但时间长了也容易形成偏见，陷于

盲目性。通过大的奇石展销会，大家亲眼看看鉴评获得金银奖的精品石，亲耳听听专家学者们谈石论石的高见，亲身体验一下鉴评奇石的经历，对于个人了解全局的发展趋势，认识明确赏石的最高水准，找到自己的问题和差距，重新确立以后的努力方向，都是很受启发、大有益处的。因而，鉴评人员更需注意和把握鉴评的方向性和指导性，从严执行标准和准则，使评出的精品石具有广泛的示范性和导向性，以给广大石友正确方向和引导。

要鉴评出学习的样板。一般说来，参展获得金银奖的奇石，是鉴赏标准的具体体现，是精品石活生生的样品，也是人们藏石的样板和目标。因此，在鉴评的过程中，鉴评人员要以高度负责的精神，严格掌握鉴评标准，认真过细地进行鉴评工作，努力把真正符合标准条件的奇石精品鉴评出来，为大家树立起活的精品样板，绝不能降低条件，凑合照顾，把不该评上的评上，使人们产生错觉、发生误导，玷污获奖奇石的样板作用的名声。

要鉴评出赏石的兴趣。鉴评工作还有一个重要的目的，就是通过鉴评充分调动广大石友赏玩奇石的兴趣和积极性。为此，负责鉴评工作的有关人员，必须要有良好的道德品质，鉴评出于公心，坚持公开、公正、公平的原则，对参展的奇石逐一做出恰如其分的鉴定，真正让广大石友满意。这样，才能充分调动大家参与赏石的积极性。切记不能徇私舞弊、乱拉关系、搞人情照顾，该评上没评上，不该评上的却评上。这种不公平的现象一旦出现，就会严重影响和挫伤广大石友参与鉴评工作的兴趣和积极性，是必须坚决防止和克服的。

2. 要把握鉴评的标准

《观赏石鉴评标准》是鉴评奇石质量优劣的依据和准则，是人们赏石形成共识的基础和前提，也是对当前石界的疏导和规范。这个标准经国土资源部批准，于2007年9月正式颁发实施了。它强有力地改变了石界"标准林立，混乱无序"的状况。怎样使之得到更好的贯彻执行？人们、特别是负有鉴评责任的有关人员如何正确认识、理解、把握它是个非常重要的问题。认识、理解、把握的适度得当了，才能很好地贯彻执行；否则，就会在执行中出现偏差或失误，妨碍其正确地贯彻执行。因而，对标准的理解和把握，特别是对其中一些关键性问题的理解和把握，需要引起足够的重视,确保适度性和正确性。

关公（筋脉石 2cm×5cm）

标准细则粗细要适度，防止过粗或过细。标准是从全国赏石的全局出发，着眼整体情况而研究制定的。就大的方面来看，应该说是适合全国各地的主要情况的。至于各地一些兼顾不到的特殊的、具体的情况，允许各自制订细则来弥补。这不仅提出了一个各地细则如何制订的问题，而且也提出了一个细则与标准的关系问题。应该说，细则是按标准制订的细则，是标准的细化和补充，不是离开标准另搞一套；细则是要比标准具体细致一些，但也不能事无

鳄鱼（玛瑙石 2cm×5cm）

巨细、过分琐碎，防止过细而"抓小丢大"或"抓一漏三"；执行中碰到个别细则与标准不一致的地方，细则要服从标准，不能"分庭抗礼"或凌驾标准之上。总之，在标准和细则的把握与执行上，一定要粗细适度、兼顾两方，过粗了、太原则，不好操作；过细了、太琐碎，容易忽略大的方面。只有处理和把握好了二者的关系，标准才能得到更好地贯彻执行。

奖励数量宽严要适度，防止过宽或过严。按照标准的规定，鉴评工作既要对参展奇石逐一做出等级鉴定，又要对参展奇石做出奖励评比。一次展览，奖励面应该多大，奖励数量控制在多大范围比较合适？这是一个值得关注和把握的问题。奖励面过宽了，获奖数量很大，虽然"皆大欢喜"，但影响得奖的质量和稀有性；奖励数量控制严了，受奖面很窄，得奖者很少，质量和稀有性虽说有了保障，但容易使人们产生"高不可攀"的感觉，也会影响参与的积极性。因而，奖励数量一定要宽严适度、多少适量，防止过宽过严或过多过少。这些年，从大家反映比较好、满意度比较高的几次大的评比结果看，大都是金奖掌握在5%、银奖掌握在10%、铜奖掌握在15%比较适当。这样，受奖面大约控制在30%左右，既有一定数量，又能保证质量，宽严比较适度。

要素分值轻重要适度，防止过重或过轻。对奇石的观赏要素、标准根据不同的石种特点，分别划定了不同的分值，最后依据得分的多少来确定奇石的等级和获奖的名次。总的来看，划定的不同分值，可以说照顾到了大多石种的特点，还是合理可行的。但对某些地区的个别石种也有考虑不周、兼顾不到的地方。即使同一类奇石也有一个要素主次、轻重的把握问题。比如：灵璧石、大化石同属造型石，但它们的主要观赏要素却有很大的不同，灵璧石主要观赏要素在

形、声，形、声方面的分值应该打得高一些；大化石的主要观赏要素是质、色，质、色方面的分值就应该高一些。这样，才能突出各种奇石的特点，打分也才能抓住主要矛盾。但也要注意轻重适度，不能搞得过分了。奇石艺术毕竟是多种要素巧合的综合性艺术，既要有全面性，又要有独特性，二者缺一不可。

3. 要严格鉴评的程序

鉴评工作，是对参展的每一方奇石的质量好差作出鉴定的工作，是非常严肃、引人注目的工作。一些石展搞得"民愤沸腾，不欢而散"，常常都同鉴评工作"评得不准，奖得不当，定得不公"有直接关系。为什么会出现这些问题？究其原因，既有评委素质不强、眼力不够的问题，又有不正之风干扰、坚持原则不力的问题，还有个别"权威人物"心术不正、玩弄权术、搞一手遮天的问题。实践表明，要解决这类问题，关键的是要采取"民主鉴评、民主决策"的方法，严格实行民主程序，坚持群众路线，广泛听取各方面的意见，只要做好这些工作，就能有效地防止少数人或个别人说了算，就能防止不正之风的干扰，就能避免大的纠纷的发生。实行哪些民主程序呢？（1）各地荐评。就是以各地的组团为单位，组织召开会议采取"自报公议"的办法，先由个人谈对自己奇石的看法，而后其他人补充发言；在每个人发言的自评的基础上讨论酝酿本地区向上推荐受奖的意见。在会议讨论中，引导大家力求做到三点：一是解放思想大胆地"讲"，有什么看法和意见要毫无保留地讲出来，即使不够成熟的意见也允许讲出来。真正做到敞开思想、畅所欲言，形成民主讨论的氛围。二是一为二客观地"看"，在发表意见和看法时，要坚持两分法，既谈优长，也谈不足，防止"王婆卖瓜、自卖自夸"，更不能"说自己的像一朵花，讲别人的如豆腐渣"，做到实事求是、客观公道。三是发扬风格主动地"让"，在讨论决定向上推荐的受奖名单时，要主动地把荣誉让给别人，绝不能争名争利、闹个人主义。只要做好以上几点，就为整个鉴评工作打下了良好的基础。（2）代表议评。从各地组团中分别抽出两三名作为代表，由展销会筹备会统一组织，在展览参观开始的前一两天时间里组织大家先到展厅里观看议评，并按预先发给个人的《代表议评获奖奇石意见表》，背靠背地签署自己的意见，最后由会议工作人员汇集在一起，形成代表们的议评意见。在这个程序中，要注意引导

神兽

（玛瑙石 13cm×14.5cm）

代表们站在全局的高度，严格按照标准条件，以高度负责的精神，把真正符合获奖条件的奇石评比出来，防止从小团体利益出发，搞地区保护主义。（3）评委鉴评。这是鉴评的关键阶段。每类奇石的专业评委不应少于5~7人。评委们要以认真负责的态度，按照分工逐一对参展奇石作出鉴定，并对获奖奇石评出名次，而后汇集到一起，形成评委的意见。在这个程序里，要求评委们做到：凭标准条件打分，够多少打多少，力求准确无误，防止搞个人好恶；凭石种特点打分，主要要素的打高分，次要要素的打低分，防止搞平均主义；凭职业道德打分，一视同仁，按质打分，防止搞人情照顾。只要做到了这些，就不会出现大的偏差。（4）监委审评。这是最后一个程序，主要由监委审查各地的推荐意见、代表们的议评意见和评委们的鉴定意见。审查重点，主要是看有没有重大偏差，有没有严重不正之风的干扰，评委们的意见同各地代表的意见是不是不一致。如果发现严重问题或意见分歧，要责成评委重新复议鉴评。如果没有发现大的问题，各方的意见又基本一致，就可以评委的名义予于正式公布。

4. 要端正鉴评的态度

鉴评工作能否搞好，还同承办方、鉴评方、被评方等有关各方的态度有很大关系。如果承办方精心筹划、热心服务，能够为鉴评工作提供一个良好的平台；鉴评方认真负责、公正无私，能够为鉴评工作提供一项很强的专业服务；被鉴评方严于律己、虚心好学，能够为鉴评工作提供一种积极的配合，鉴评工作就没有搞不好的。相反，如果大家态度消极、私心重重，承办方只是为收取摊位费和参展费、不能提供热心周到的服务，鉴评方乱拉关系、鉴评得不准、不公、不合理，被鉴评方名利思想严重、争等级争名次闹个人主义，鉴评工作无论如何是搞不好的。所以，同鉴评工作相关的各方人员，必须态度端正，出于公心。既然大家都喜欢赏石这项活动，那么就要为它多操一份心、多出一把力、多做一点贡献。只要大家都积极行动起来，"人多力量大、柴多火焰高"，鉴评工作是一定能够搞好的。

组织人员要有公益心。组织一次大的展销会，搞一次繁杂的鉴评工作，可以说是一项非常艰巨的工作。需要筹备寻找场地、邀请专家名人到场，协调舆论宣传配合，组织动员参展人员，安排布置展厅环境，提供鉴评器具设备……"吃喝拉撒睡、迎来送往会"无所不有。要做好这些具体、细致、大量的工作，承办

思想者（玛瑙石 3cm×5cm）

人员必须要有一颗很强的公益心，喜爱赏石艺术，热心赏石活动，愿意为大家服务。有了这种公益心，工作即使千头万绪，也会安排得井井有条；困难再多再大，也会千方百计提供优质服务；自己再苦再累，也不会喊难叫苦。正是有了这些热心人的精心筹划、细致安排、周到服务，奇石展销、鉴评工作才有一个良好的工作平台。可以说，公益心是承办人员必备的基本素质。

　　鉴评人员要有公正心。奇石艺术，是一项专业性很强的审美艺术。要对其做出准确合理恰如其分的鉴定和评比，要求鉴评人员必须具有高度负责的精神、渊博的知识阅历、精到的专业技能、出色的审美能力和良好的道德品质。在这些必备的基本素质之中，当前最需要的是鉴评人员要有一颗公正心。因为工作性质需要它，广大石友呼唤它，目前石界缺乏它，鉴评工作又离不开它。鉴评人员只要有了这种公正心，工作就会认真负责、一丝不苟，尽心求得准确合理；专业功力不到，就会刻苦学习钻研，不敢滥竽充数、马虎从事；面对不正之风干扰，就会铁面无私，只认奇石不认人。所以，在标准制订颁发之后，广大石友都殷切希望各级尽快建立一支高素质的鉴评师队伍。没有一支很好的鉴评师队伍，标准再科学再好，也难以得到

梳羽（碧玉石 4cm×6cm）

很好的贯彻执行，人们担心"歪嘴和尚会把'经'念歪了"。

　　参评人员要有公德心。作为奇石的被鉴评方，同广大石友的心情一样，都希望自己的奇石被鉴评得"等级高一些，名次好一些"，这种心情是完全可以理解的。但问题的关键在于怎样才能使自己的藏石质量高一些呢？归根结底还在于自己平时多学习、多实践、多练眼，而不能只把关注点放在鉴评上，不遗余力地争等级争名次，甚至因为没有被评上奖励而"骂人""罢展""闹事"，造成很不好的影响。应该懂得，奇石鉴评工作做得好不好，不仅鉴评方负有不可推卸的责任，而被鉴评方同样负有重要的责任。为了配合做好鉴评工作，被鉴评方一定要有良好的道德修养，具有很强的社会公德心。在被鉴评时，要虚心好学、相信专家，敢于认识自己的差距和不足；要发扬谦让精神，甘于吃亏，"见荣誉就让、见困难就上"，把名次让于石友；要善于忍耐，即使鉴评不公、受了委屈，也要保持冷静，通过正当途径反映意见，而不能不顾一切地大动干戈，所有这些都是被鉴评方需要注意学习修养的。

二十七、努力迈向戈壁奇石收藏的最高境界

常言道："乱世囤粮，盛世收藏"。近三十年来，随着改革开放的经济发展，人民物质生活的不断改善，在全国兴起了各类收藏的热潮。其中，收藏奇石的人越来越多，收藏规模越来越大，收藏水平也越来越高。面对好的形势，不少石友特别是一些资历较浅的石友不时发问，奇石收藏有没有最高境界，怎样到达和实现这个最高境界？他们提问的实质是在探求奇石收藏追求的目标和通向这个光辉顶点的道路。应该说，对藏石人而言确是一个非常值得研究和思考的问题，

清风明月（碧玉石 6cm×7cm）

其事关奇石收藏的发展趋向，事关藏石人不断努力的方向。对此，虽说目前在理论上还没有现成的答案，但从一些藏石大家的成功事例的共同特点中，还是有不少规律性的东西可循的，他们的经验还是值得借鉴的。

1. 从长远计议，确立藏石的远大目标

古人说："凡事欲则立，不欲则废。"告诉人们无论干什么事情，特别是一些重大的事情，事先必须要有深思熟虑的思考，要有周到严密的设想，要有切实可行的规划蓝图。这样，事情做起来才会有个明确的目标和努力的方向，才不至于走弯路、打乱仗、陷入盲目性。同时，往往目标制订的越远大越切实可行，获取大的成功的可能性就越大。奇石收藏也是一样，要想获取大的成功，到达藏石的最高境界，就要首先弄清什么叫藏石的最高境界。所谓境界，即事物所达到的程度和表现的情况；所谓藏石的最高境界，即是藏石在心态上的崇高。由此可以看出，要达到藏石的最高境界，绝不是一件一蹴而就的易事，也绝不是"三早晨两晚上"即可干完的小事，而是需要长期不懈地努力的难事和大事，有的甚至要为此奋斗一生。为此，没有长远的规划设想不行，没有远大的奋斗目标也不行。什么是奇石收藏的远大目标和最高境界呢？从一些收藏大家的成功事例的特点看，至少应该具有四个方面的条件，简单概括起来是"有

忆奥运

（人物玛瑙石 5cm×9cm）

别具一格的特色，有自成一体的系列，有难得一见的精品，有自悟一套的理论。"所谓"有别具一格的特色"，就是说这些藏家的藏品非同一般，形成了自己独有的风格和特点。他们有的专门收藏一个石种，如江苏徐州的栾先生，集中收藏了上万方灵璧石。有的专门收藏一种题材，如兰州军区的一位将军，集中收藏了一百方画面为树木的黄河石。有的专门收藏一个类别，如上海的周先生，集中收藏了许多历史名人赏玩遗传下来的古石。他们在收藏方面，不仅角度选得好、题材选得准，而且"切口小，纵深大"，在一点上获得突破，具有鲜明的特色，非常引人注目。所谓"有自成一体的系列"，就是说有些藏家不再是仅仅玩单体石，而是把自己的许多藏品按照各自的思路组合成局、成龙配套，形成了一个系列。他们有的将自己众多的藏品，依照"合并同类项"的办法，将龙凤鹤龟、狮虎鸡猴等分别组成一个一个不同的团体，十多个不同姿态动作的同类相聚在一起，也别有一番风趣。有的将同一题材的藏品组成一局一局的故事，从不同的角度集中反映一个主题。如台湾的周先生，将自己收藏的戈壁石组成一百件套的生活趣味浓厚的小品，围绕反映人生哲理的主题"纵怀"组成系列、汇集成册。福建漳州的平先生，将自己收藏的九龙壁人物石，组合成"五百罗汉图"，场面气势恢宏，甚为壮观。他们这种"组小品成大品，集小景成大作"的系列玩法，就像历史上一些名画家的长卷《清明上河图》《八十七神仙卷》那样的大作，引人注目，十分感人。所谓"有难得一见的精品"，就是说藏家的藏品不仅质量好、精品多，而且有很难看到的顶尖藏品。就像北京张先生的"雏鸡出壳"、上海刘先生的"摩尔少女"、柳州高先生的"烛龙"那样的稀世珍品。所谓"有自悟一套的理论"，就是说藏家不光有丰富的藏石和长久的实践，而且在实践中自己心悟体行、获得了一套见解独到、新意盎然的理论。就像柳州的《石道三段》一书的作者张先生、台湾的《弄石大旨》一书的作者廖先生那样，他们在赏石的实践中自己悟出了一整套的认识深刻、道理精致、指导性很强的赏石理论。如果奇石收藏基本符合了上述的"四有"条件，就应该说实现了藏石的最高境界，就完全是一个成功的奇石收藏大家。

2.从实际出发，确立藏石的风格特色

实事求是，一切从实际出发，是做好任何工作，干好任何事情的指导原则。搞奇石收藏、确立自己的藏石风格特色当然也不能例外。所确立的藏石风格特色同主、客观的实际情况相符了，才容易获取成功，达到目的。不然，与实际不符或者相悖就难以成功，甚至造成最终失败。因此，在思考确立自己的藏石风格特色的问题时，必须要充分地分析研究与其相关的主、客观的实际情况。在思考成熟后才下决心，切忌草率行事，不顾实际的主观臆断。要考虑哪些主、客观的实际呢？从一些有这方面经验藏家的情况看，可以概括为"就新、就优、就近、就好"八个字。这里说的"就新"，就是说确立自己藏石的特色必须要有新意，要是新的石种、新的题材、新的角度，一定是"新鲜的少见的，别人没干的"。如果别人、很多人都已有了，自己就不能选择确立相同的角度，除非自己搞得质量比人家的更胜一筹。要知道，特色如果同别人的完全一样，那就不叫特色，那只能叫重复、模仿。在选择确立自己藏石特色时，应该要超前思维，"想别人没想的，干别人没干的"，那才能形成自己的特色和风格。新，是藏石特色的灵魂，有了新意才说明藏石有了特色。上边说到的"就优"，就是说确立藏石特色的石种必须是优良的石种，一是数量多，二要质量好，这是确立藏石特色的重要

孔子（戈壁彩玉 13cm×23cm）

基础。如果没有"数量多、质量好"的石种作基础，藏石特色的角度、题材、专题再好也要受影响，也难以充分地表现出来，而且缺乏必要的物质基础和条件，"巧妇难为无米之炊"。所以，在确立自己藏石特色时，必须要尽量考虑那些大石种、名石种、好石种，像戈壁石、灵璧石、大化石、雨花石、黄河石、长江石等，这些石种资源丰富、品种良好，挑选的余地很大，可以为藏石形成特色提供物质保障。前边说到的"就近"，就是在确立藏石特色时，还要考虑所用石种的资源产地离自己住地要近，"近"是个很重要的条件。离得近，信息才灵通，可以在第一时间买到好石；行动就方便，可以节省很多时间；花费

就减少，可以降低许多成本。所以，确立自己藏石特色所用石种的产地或集散地最好就在自己居住地的附近。这样，就能"近水楼台先得月"，使自己形成藏石特色具有很方便的条件。前边还说到的"就好"，就是说在确立自己藏石特色时，还要考虑到自己对这个特色到底是不是喜好、偏爱，这是藏石特色形成的能源动力。如果自己对所确定特色很喜欢，搞起来就充满了激情和力量，不懂的就会积极地去学，没有的就会主动地去找，难办的就会咬紧牙关去干，获取成功就有了原动力。相反，假如自己不喜欢、缺乏兴趣，做起来就会无精打采，遇到困难就会"打退堂鼓"，甚至导致放弃。总之，上述四方面的情况，如果同自己确立的藏石特色基本相符了，就说明了自己藏石的特色选准了、角度选对了，成功的把握就很大了。

3. 从一字做起，确立藏石的实干精神

《老子》第 64 章中记述："合抱之木，生于毫末；九层之台，起于累土；千里之行，始于足下。"比喻任何远大目标，都要从目前细微小事做起。到达和实现奇石收藏的最高境界，应该说是个远大的目标，是个系统工程，要实现它也必须从小处着手，从一字开始。只有这样脚踏实地、一步一个脚印地去干，才能"积少成多，积小成大"，最终实现和到达藏石的最高境界。从目前一些藏石大家的成功事例来看，他们搞收藏之所以能够到达理想的顶点，是同他们多年的艰苦奋斗、埋头实干分不开的。

和平鸽（沙漠漆石 20cm×13cm）

不用说他们一块一块石头地细心挑选，也不用说他们一局一局组合地精心创作，只是概略地说一说他们迈向藏石最高境界的具体经历，就可以看出没有顽强的实干精神是绝对不行的。他们大都经历了"由低到高"三个阶段的漫长过程：一是初级阶段，也叫自发阶段。即玩石刚刚进入两三年时间，虽说藏石的基本常识知之不多，但找石买石的兴趣和热情很高，看到什么样的石头都觉得新奇，碰到了就想法去买，很关注石头"是什么""像什么"，追求数量上的占有和积累，藏石往往是"在数量上贪多，在速度上图快，在品种上求全"，以拥有许多各种的石头而感到满足，以获取感官上的愉悦而兴奋，藏石带有较大的盲

目性，基本处于原始自发阶段。在这个阶段，多数人"摸不清门路，捋不出头绪"，较多的是凭着"好奇""兴趣"玩石，赏石水平处在"趣味"的层面。二是中级阶段，也叫自觉阶段。随着玩石时间的延长和藏石数量的增多，藏石实践中遇到一些问题引发了质疑，更加重视赏石理论知识的学习和现实问题的研究，开始思考自己藏石的重点和特点，购石也不再简单地满足"是什么"，更加关注石头的"内涵孕育着什么""有什么故事"，以便汲取思想营养，实行与石比德。藏石注意"控制数量、追求质量、放缓速度"，选石买石更加理智，自觉性、目的性和选择性更强了，藏石的质量越来越高，好石头越来越多，由开始的自发阶段转入自觉阶段，赏石也已进入"道德"的层面。这个阶段，对藏家来说是个提高的阶段、收获的阶段，也是个承前启后的关键阶段。如果继续坚持不懈地努力下去就有可能到达藏石的最高境界。假如满足现状、故步自封，藏石就此也可能停止不前，甚至半途而废，这时是个严峻的考验。三是高级阶段，也叫自由阶段。进入这个阶段的藏家，大都玩石十多年时间了，赏石的理论知识越来越精通，实践经验越来越丰富，赏石的眼力也越来越好。赏石更重视石头的"意境是什么""石像说明了什么""心石对话"更加深入，从中悟出了许多人生哲理和思想智慧。藏石的数量和质量又有了大的提高，或组合或系列的作品已成龙配套，难得一见的精品石也开始拥有，自己的藏石风格特色逐步形成，在实践中也获取了一套独到的见解、经验和理论，在玩石的王国里可以无拘无束地自由驰骋、游刃有余了。至此，标志着藏家迈进藏石的最高境界，赏石达到"哲理"的层面，从而获得了巨大的成功。这三个阶段，由于藏石人的情况不同，所需时间可能有长有短，但作为大的阶段不可逾越。要迈进和实现藏石的最高境界，必须要经历"自发、自觉、自由"三个阶段，是缺一不可的。当然，即使实现了藏石的最高境界，也只是说明赏石已具有相当高的水平，并不意味着藏石的终结或停息，仍需继续向前发展。

4. 从学中提高，确立藏石的不断飞跃

一些石友觉得"收藏奇石容易，形成理论难办"，要实现收藏的最高境界能达到"有心悟一套的理论"这一条最难，认为多数人"过不了这一关"。其实不然，既然有长期选购、赏玩、收藏奇石的丰富实践，完全具备了产生理论的基础。之所以没有生成理论，问题的要害在于没有很好地发挥自己头脑这个"加工厂"的作用，没有在实践中产生"两个飞跃"。这方面的问题解决了，理论自然就会产生了。学过马克思主义认识论的人都知道，实践产生理论，理

宝象（玛瑙石 5cm×4cm）

论来源于实践，而且是认识在实践中产生"两个飞跃"的结果。当然，要产生赏石的理论，也要靠赏石的实践。那么，怎样才能使赏石实践更好地产生赏石理论呢？从实际情况看，需要抓好"多学习、多实践、多研究、多总结"这四个关节点。抓好了这"四个"关节点，实践产生理论就有了"助产婆"，认识产生飞跃就有了"助推器"。所谓"多学习"，就是指多学习有关赏石的理论书籍和专业报刊。这些书本上、报刊上的赏石理论知识，都是前人、别人赏石实践的结晶和精神的财富。学了他们的赏石理论，就等于间接地从事了赏石实践。从这个角度讲，学习也是实践，是一种间接的实践。而且学习赏石理论知识越多，就表明间接的赏石实践就越多，就越可以弥补自己实践的局限性。一些人缺乏独到见解的理论观点，同本人不重视学习理论知识有很大关系。脑袋里理论知识贫乏，思路眼界不宽，认识能力自然就不够，就很难有"出语惊人"之处。要改变这种状况，非多学习不可。所谓"多实践"，就是到产地、石摊、石馆、石展等有奇石的地方多跑多转、多问多看，多同石头打交道，多见识各种各样的石头。实践多了，不认识的就慢慢认识了，认识肤浅的也就逐步加深了。什么是好石头，什么是差石头，什么石头美，什么石头意境好，什么玩法新，诸如此类的问题都会明白的。"实践长见识，实践出真知"，确是"喻世名言"。所谓"多研究"，就是把学习别人借来的、实践当中获取的，统统拿过来，逐个加以分析研究，弄清哪些是对的、哪些是错的；对的为什么对、有什么经验，错的为什么错、有什么教训；这些经验教训中，有什么共同的规律可循，经过自己头脑的认真"加工"，力求搞得清清楚楚，有个明确的答案和结果。"研究好，大有益"，这是个不可忽视的重要问题。所谓"多总结"，就是把研究的很多成果，进行细加工、精加工。把原来那些具体的、复杂的，通过总结使之精练化、抽象化；把原来那些孤立的、分散的，通过总结使之关联化、条理化；把原来那些单个的、肤浅的，通过总结使之深刻化、系统化。这样，就会把实践中产生的许多新观点新认识总结变成新经验；把一些感性的实践经验，总结上升为理论。总结搞多了，理论也就慢慢形成体系了。总而言之，把这"四个"关节点的工作做好了，实践就会产生理论，认识就能产生飞跃。即使有些石友由于文化水平所限，形不成文字理论也写不成文章或著作，但确会在实践中形成一些独到的见解和观点，理性的东西会越来越多，"有心悟一套的理论"也是可以做到的。

目标已经确立，方法也已明确，只要我们坚持不懈地努力下去，收藏的最高境界是一定能够到达和实现的。

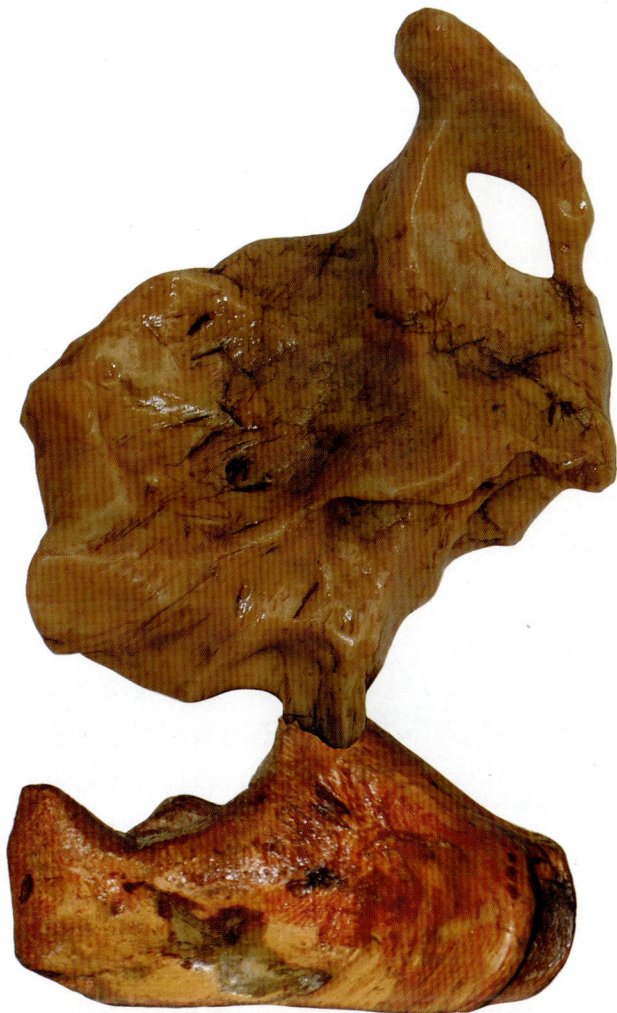

仙鹤（戈壁石 10cm×9cm）

二十八、戈壁石赏玩的明天会更美好

绿孔雀（碧玉石 18cm×7cm）

圣僧（碧玉石 6cm×5cm）

最近，石友们凑到一起，议论较多的一个话题就是赏石的前途怎么样？有时候一些石友听说哪里的奇石市场较冷清，就对赏石的前途很担忧，情绪跟着就"冷一阵子"；有时候看到谁的石头卖了高价、创了纪录，就对赏石的前途很乐观，情绪随着就"热一阵子"。这种"忽冷忽热"的情绪，反映了一些石友对奇石赏玩的前景缺乏基本的估量，心中没底没数。未来赏石的前途究竟会怎么样？我们虽然不是算命先生，但联系有关的情况冷静地进行一些分析，对未来赏石的前景还是可以"窥豹一斑"的。对当前赏石活动本人总的看法是："根深叶茂，基础牢靠，方兴未艾，前景看好"。根深叶茂，即是赏石历史悠久，文化积淀深厚，能经得住风吹草动；基础牢靠，即是我国经济发展仍会很好，群众参与赏石的很多，经济和群众两大基础稳固，能够确保赏石的发展；方兴未艾，就是这次赏石热潮的兴起时间不长，还未达到顶峰，发展潜力很大，所以说"前景看好"。支持上述论断的具体理由如下：

1. 赏石的经济背景会越来越乐观，预示着赏石前景看好

古今中外的大量事实表明，赏石活动的兴衰常常同经济形势的好差紧密地联系在一起，经济形势好赏石活动兴，经济形势差赏石活动衰，经济的发展是赏石活动的基础，经济形势的好差是赏石活动的晴雨表。古今中外概无例外，这似乎是一条普遍的规律。一是从历史情况看，盛世是赏石的黄金时期。唐宋时期，是我国封建社会的鼎盛时期，经济繁荣，社会稳定，思想活跃，国家富强，科学、文化、艺术等都有很大的发展，中国的封建社会呈现出一派前所没有的盛世景象。与此相伴，我国的赏石文化经历了夏、商、周三代的形成时期、秦汉两朝的发展时期，也进入了唐宋时代的昌盛时期。此时，游山赏石蔚然成风，文人雅士爱石成癖，名石佳作不断涌现，写石颂石诗篇大量问世，更可贵的是赏石理论形成雏形。不仅出现了一大批像李白、杜甫、白居易、苏东坡、米芾等赏石、爱石、藏石、写石的名人大家，而且还产生了杜绾编著的我国最早的石谱——《云林石谱》、米芾创建的"瘦、漏、透、皱"相石原则，使赏石活动达到历史的顶峰。之后，元、明、清三朝的赏石文化虽然得到了传承，但没有更大的突破进展，表明经济的盛世即是赏石的黄金时期。二是从现实情况看，特区是这次赏石的发起之地。进入 20 世纪 80 年代，在国际赏石热潮的影响下，随着我国改革开放、经济的快速发展，又兴起了全国性的赏石热潮，规模之大、人员之多、速度之快、质量之高都是空前的，赏石的认识、品种、玩法、标准、理论等许多方面都有了很大的发展。特别值得一提的是，这次赏石热潮的兴起，首先从广州、深圳、柳州、上海等经济发展较早较快的沿海特区开始的，之后，再由南而北、由沿海到内地、由城市到农村全面发展起来的。现实再一次表明，经济是赏石的基础，经济发展得早，赏石兴起得快；经济大发展，赏石大兴盛。三是从境外的情况看，富有是赏石的重要条件。经济形势决定赏石的兴衰，在我国的古今是这种情况，在我国周边的国家和地区同样是这种情况。二战后，日本、韩国等国家和我国台湾地区集中大力发展经济，短短一二十年的时间都发生了较大变化，人民变得非常富有。在经济大发展的情况下，这次赏石的热潮又首先在这些国家和地区兴起，他们赏玩了一二十年后才传入我国内地。本来赏石活动是由我国发明创造而传入这些国家和地区的，因为我们的经济起飞较晚，这次赏石热潮首先由他们发起而后又传入我国内地。这种情况，更进一步表明，经济的富有是赏石的重要条件，只有具备了这个条件，赏石活动才能开展起来。综上所述，既然经济形势是赏石兴衰的晴雨表，那么要想知道赏石的前景如何，我们分析展望一下未来几十年经济发展的形势不就一清二楚了吗？按照我国的经济发展计划，到 21 世纪 50 年代要达到世界经济发达国家的水平。依据二十多年来经济增长每年将近 10% 的发展速度，这个计划的实现只会提前不会推后。可以预想，未来几十年经济形势是会很好的，因此说赏石的前景看好是不容置疑的。

2. 赏石的理论指导会越来越有力，预示着赏石前景看好

实践产生理论，理论指导实践。一个具有相当规模的群众性活动，如果缺乏深刻而强有力地理论指导，这个活动既不可能持久又不可能深入。同时，一个具有相当规模的群众性活动，必然会在实践中产生适合其发展规律的新理论。这次，兴起新时期的赏石热潮，既继承了历史上赏石文化的优良传统，又呈现出了新时期的许多新特点。旧有的赏石理论本来就比较薄弱很难适应新的情况，急需完整系统的新理论的产生和指导。如果有了新理论强有力地指导，新时期的赏石活动还会向更加的深度和广度发展。从当前整个赏石的形势看，产生这种新理论的客观条件已经具备，主要理由有三：（1）赏石活动已具有相当大的规模。一个完整而又系统新理论的产生，没有相当多群众参加的大规模活动是不行的。而这次兴起的新的赏石热潮，参加人员之多、规模之大、成分之广泛都是前所没有的。据中石协公

秀女（沙漠漆石 6cm×4cm）

布，全国参与赏石活动的人数超千万之众。不仅有文化界、知识界和国家干部的介入，而且还有工、农、兵、学、商各方人员参与；不仅许多城市设有石摊、石店、石馆和奇石交易市场，而且很多省、市、县和国家大都建立了赏石的群众组织；不仅全国各地每年相继举办各种奇石展览、展销和研讨交流，而且一些省市、国家级的赏石组织还创办了赏石报纸、刊物。事实表明，这样大规模

的赏石活动，已具备了产生新理论的群众基础。（2）赏石活动的经历已有相当长的时间。一个完整而又系统的新理论的产生，没有相当长的时间的经历、锻炼和考验同样也是不行的。而这次兴起的赏石热潮，从 20 世纪 80 年代开始到现在已经三十多年时间了，同新中国成立前革命运动经历的时间还要长。在这个漫长的经历中，赏石活动从小到大、从少数地区扩展到全国、由过去十几个老石种发展到现在的几百个新品种，就像小孩一样慢慢长大了。活动具有了丰富的经历和锻炼，并在时间上经受了考验。从这个角度讲，应该说具备了产生新理论的时间条件。（3）赏石活动的实践遇到并解决了相当多的问题。经验是上升为理论的必要准备。经过较长时间、由众多人参加的大规模的赏石活动，应该说经历了方方面面的很多新情况，遇到了许许多多的新问题，解决了各式各样的新矛盾，总结积累了很丰富的实践经验。比如：赏石的名称称谓问题、奇石是不是艺术品的问题、奇石是具象好还是抽象好的问题、赏石的鉴评标准问题、如何搞好赏石的理论研讨问题、如何加强对赏石活动的组织领导问题，等等。这些遇到的、已经解决或正在解决的新情况新问题新经验，都为新理论的产生做了较充分的准备，上升为新理论可以说指日可待。总之，通过上面的分析，可以看出产生新理论的必要条件已经具备。可以设想，一旦新理论产生，赏石活动的理论指导会更加坚强有力，活动也必将会有大的发展。因此说，赏石的前景看好。

3. 赏石的基本力量会越来越壮大，预示着赏石前景看好

一项活动能否坚强有力地活跃起来、开展下去，往往同爱好、支持、参与这项活动的基本力量有很大关系。基本力量的构成比较好，活动就好开展、好推动、好坚持；基本力量的构成不行，活动就难以搞起来并坚持下去。从爱好、支持、参与赏石活动的人员力量的构成看，应该说"数量不少，力量不小"。由这么多群众参

宠物（玛瑙石 9 cm×6cm）

与、支持的赏石活动，同其他群众性的活动一样，"既不会一哄而起直线上升，也不会一哄而散一落千丈"，只能是"波浪式地前进，螺旋式地上升"。如果构成基本力量方方面面的工作搞得好，今后的赏石活动会开展得更好一些，之所以这么讲，主要基于如下考虑：（1）力量在于组织。力量的大小不仅取决于构成数量的多少，而且还在于组织的好差。如果组织联合得紧密，大家"拧成一股绳，形成一条心，抱成一个团"，这种力量就会大于一加一等于二的效果；如果组织联合得不好，人们"群龙无首，散沙一片"，人多也不见得力量大。从目前赏石活动的情况看，全国性的赏石协会成立时间不长，只有短短的几年时间，"情况进入得快，工作展开得快，局面打开得快"，指导还是坚强有力的。可以预料，今后随着组织领导力量的加强，过去那种"群龙无首、各自为政、自成一体、散沙一片"的状况就会从根本上得到改变。从而，把全国上上下下的赏石组织协调起来，把广大石友更紧密地团结起来，

佛祖（玛瑙石 6cm×5cm）

把方方面面的积极性、创造性发挥出来，就会焕发出巨大的力量，就可以强有力地推动赏石活动的深入开展。（2）力量在于成熟。构成基本力量的强弱，不仅在于数量，而且在于质量。即使同一群人，在他们的初始阶段同未来的成熟阶段也是有较大差别的，因此说力量在于成熟。从目前赏石人员构成的情况看，虽说有一些是近两三年涉足石界的新石友，但大多数属于玩石一二十年的老石友，其中有相当数量的人士是走南闯北、经多见广、知识渊博、经验丰富，他们"相石独到，论石精到，玩石老到"，同早期刚玩石时的情况大不一样，都成熟老练多了。即使赏石时间不长的新石友，也同赏石始发阶段的新石友一无所知的情况也不一样，他们都是在一二十年赏石热潮的熏陶影响下进入石界

的，未跨入门槛前对赏石常识就知道了不少，大都是有备而来的。所以说，目前赏石的基本力量的状况是不错的，发展下去前景也是看好的。（3）力量在于发展。"流水不腐，户枢不蠹"，构成任何活动的基本力量都应该处于经常流动变化之中，不能维持"死水一潭"。要像大浪淘沙一样不断淘汰沙子，也要像试金石一样将真正的金子吸纳进来，经常"吐故纳新"，这样参与和支持活动的基本力量才能充满生机和活力，才能从根本上得到加强。从目前情况看，奇石作为艺术品正在步入主流社会的艺术殿堂，正在引起收藏界的关注。一些有眼光的企业界的大老板已斥巨资投入奇石艺术品的收藏。可以预想，随着活动的深入开展、宣传力度的不断加强，会有越来越多的社会精英投入到赏石活动中来，爱好、支持、参与赏石活动的基本力量越来越壮大，赏石活动的前途是很乐观的。

4. 赏石的精品浮出会越来越多，预示着赏石前景看好

对于未来赏石的前景看好还是不看好，还有一个很重要的标志就是今后赏石活动的走势如何，是向高层次发展，还是在低层次徘徊？回想过去二十多年的赏石情况，基本还处于赏石资源开发时的数量占有阶段，尽管人们也想得到更多的精品奇石，但奇石精品"自认为的多，公认的少；潜在下边的多，发掘出来的少；藏家手里的多，肯拿出来的少"，奇石的市场交易也只是在一二级市场范围，还没有走进三级高端市场，总体上看还属于资源开发分配的状况。可以预料，在不久的将来赏石活动将向高层次发展，转入奇石精品的竞争阶段，人们追逐的目标是奇石精品，三级市场拍卖的是奇石精品，藏家收藏的重点也将是奇石精品，奇石精品将会得到集中开发，浮出水面的会越来越多。（1）认识一致将会使奇石精品区别出来。

睡美人（玛瑙石 9cm×4cm）

对于什么是奇石精品，由于较长时间没有统一的标准，人们的思想认识差距较大，要么是"王婆卖瓜，自卖自夸"，要么是"公说公有理，婆说婆有理"，要么是"谁叫喊的嗓门大谁的就是精品，谁的要价高谁的就是精品，谁炒作得厉害谁的就是精品"，搞得真假难辨、好差不分，将真正的精品石也掩盖了。前几年国家石协制订推行了赏石的统一标准，随着学习认识的提高，鉴别精品石标准会更加一致。到那时，什么是精品石，什么是一般石，界限会十分清楚，就不会鱼目混珠了，必将有更多的公认的精品涌现出来，"精品石少，精品石缺"的状况会得到缓解，人们对精品石的渴求将会得到一定的满足。（2）大浪淘沙将会使奇石精品裸露出来。过去，由于处于资源开发阶段，不少人玩石满足于数量上的占有，常常是"图个数多，不求质量好；图品种全，不求石品精；图价格低，不求档次高"，精品意识不强。未来，奇石交易一旦步入三级的高端市场，那将是奇石精品的天下，将是奇石质量的竞争，"是精品价格就高，竞争想要的人就多"，不是精品，即使价格很便宜也不会有人过问。人们将会"宁要好梨一个，不要烂梨一筐"，精品的意识将会很强。三级市场会像大浪淘沙那样，将一般化的石头淘汰出局，使真正的精品石裸露出来，成为市场的"抢手货"。赏石活动也将进入更高的层次，成为一种货真价实的高雅活动。（3）激烈竞争将会使奇石精品显摆出来。在奇石精品的激烈竞争达到一定程度的时候，在"精品石能卖钻石价"的时候，那些奇货可居、深藏不露的藏家也会将手里的奇石精品拿出来，参与到市场的激烈竞争中去。拍卖市场上的精品石将会越来越多，奇石的质量将会得到充分的开发，人们看到精品石的机会也将越来越多。到那时，精品奇石的价值将会得到充分的展示，奇石美将会使更多的人享受陶醉，奇石艺术将会誉满天下。

通过以上四个问题的粗略分析，我们比较清楚地看到，今后有良好的经济背景，有强有力的理论指导，有强大的群众力量支持，有高层次的精品石的赏玩，可以蛮有把握地说，未来赏石的形势一片大好，没有任何悲观失望的理由。让我们满怀信心地去迎接赏石活动的美好明天吧！

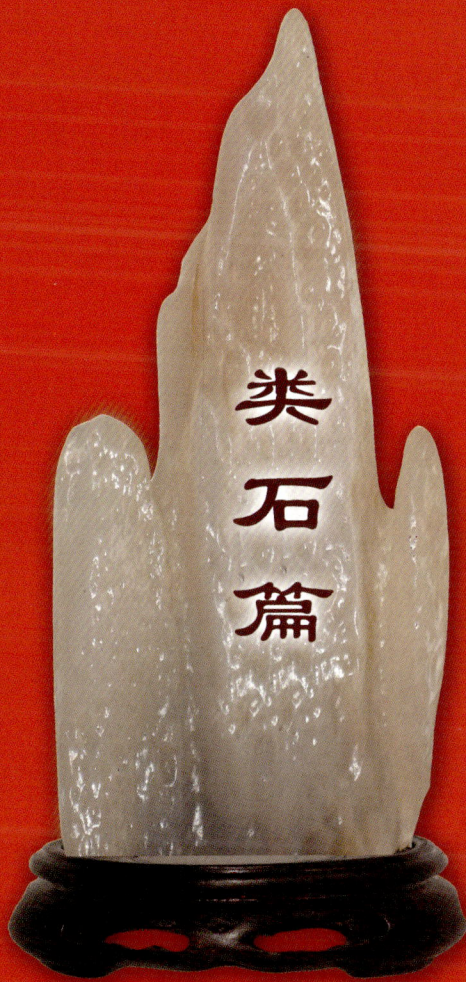

类石篇

虎年赏虎石

（戈壁石，13cm×6cm）

虎虎生威兽中王，
虎年赏虎细思量。
真虎假虎差别大，
石虎别当真虎赏。
要学真虎展雄风，
不慕假虎装模样。
面对艰险不退缩，
勇往直前敢担当。

一、盘古系列

盘古，神话传说中开天辟地的人，他生于天地混沌时，一生致力于开天辟地，死后身体的各部位也变为日月、星辰、山川、河流、田地、草木。本系列即反映这方面的题材内容。

混沌
（戈壁石 8cm×12cm）

两极
（戈壁石 5cm×6cm）

世界
（碧玉石 11cm×10cm）

旭日东升

（玛瑙石 9cm×6cm）

月照大地

（玛瑙石 6cm×6cm）

满天星斗

（玛瑙石 5cm×4cm）

山川秀丽

（碧玉石 18cm×12cm）

大河奔流

（玛瑙石 9cm×4.5cm）

古木参天

（碧玉石 2cm×7cm）

二、伟人系列

碧玉石

6cm×6cm

玛瑙石

5cm×5cm

碧玉石

13cm×12cm

玛瑙石

5cm×6cm

玛瑙石

6cm×7cm

碧玉石

6cm×7cm

玛瑙石

8cm×6cm

玛瑙碧玉石
26cm×25cm

玛瑙石
4cm×6cm

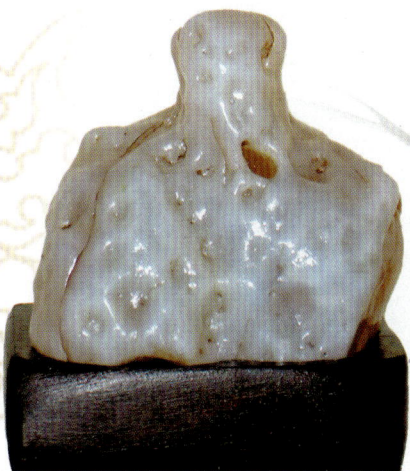

玛瑙石
4cm×4cm

重上井冈山

（玛瑙石 2cm×6cm）

三、帝王系列

碧玉石
11cm×21cm

碧玉石
6cm×12cm

硅化木石
8cm×32cm

玛瑙石
4.5cm×9cm

千层石
10cm×30cm

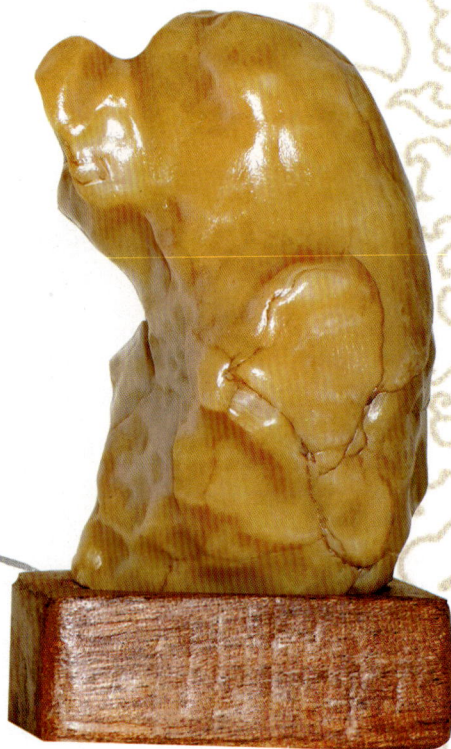

碧玉石
5cm×9cm

玛瑙石
6cm × 8cm

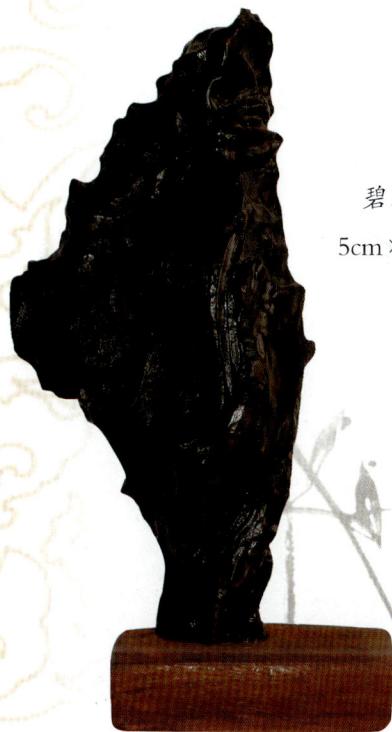

碧玉石
5cm × 13cm

玛瑙石
5cm × 12cm

四、圣人系列

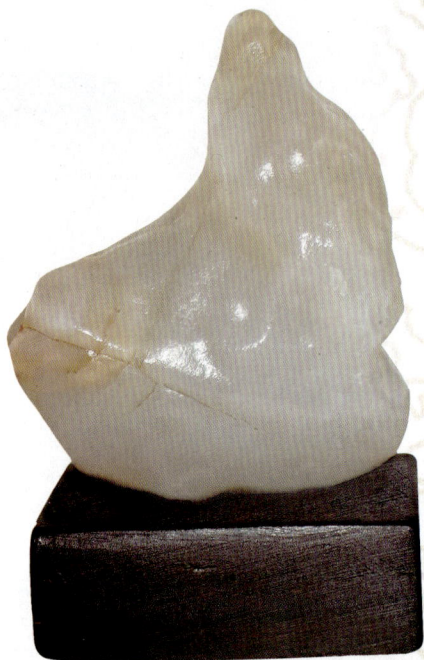

玛瑙石
7cm×6cm

玛瑙石
8cm×6cm

玛瑙石
5cm×7cm

玛瑙石

6cm×5cm

玛瑙石

9cm×7cm

筋脉石

2cm×5cm

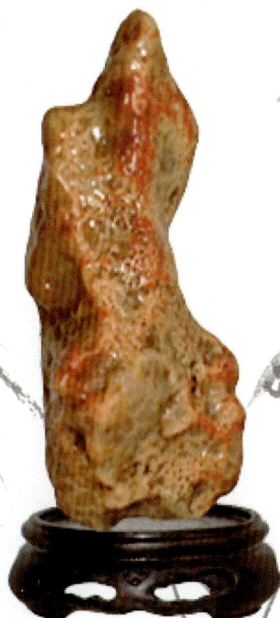

玛瑙石

4cm × 9cm

玛瑙石

3cm × 7cm

玛瑙石

13cm × 9cm

五、贤者系列

据记载，孔子有『弟子三千，贤者七十二』，本系列即反映这方面的题材。所用石均为玛瑙石、碧玉石，尺寸在10厘米以内。

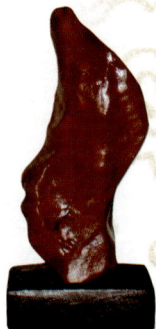

六、观音系列

　　观音是我国佛教四大菩萨之一，『法华经』有其三十三身之说。本系列即表现此题材，规格均在10厘米之内。

七、寿星系列

玛瑙石 5cm×5cm

玛瑙石 6cm×4cm

玛瑙石 6cm×8cm

碧玉石 3cm×6cm

玛瑙石 5cm×7cm

玛瑙石 4cm×7cm

玛瑙石 5cm×9cm

八、僧侣系列

沙漠漆石 21cm×19cm

碧玉石 5cm×11cm

玛瑙沙漠漆石 8cm×20cm

玛瑙石 9cm×7cm

碧玉石 7cm×7cm

碧玉石 6cm×5cm

玛瑙石 6cm×3cm

玛瑙石 8cm×8cm

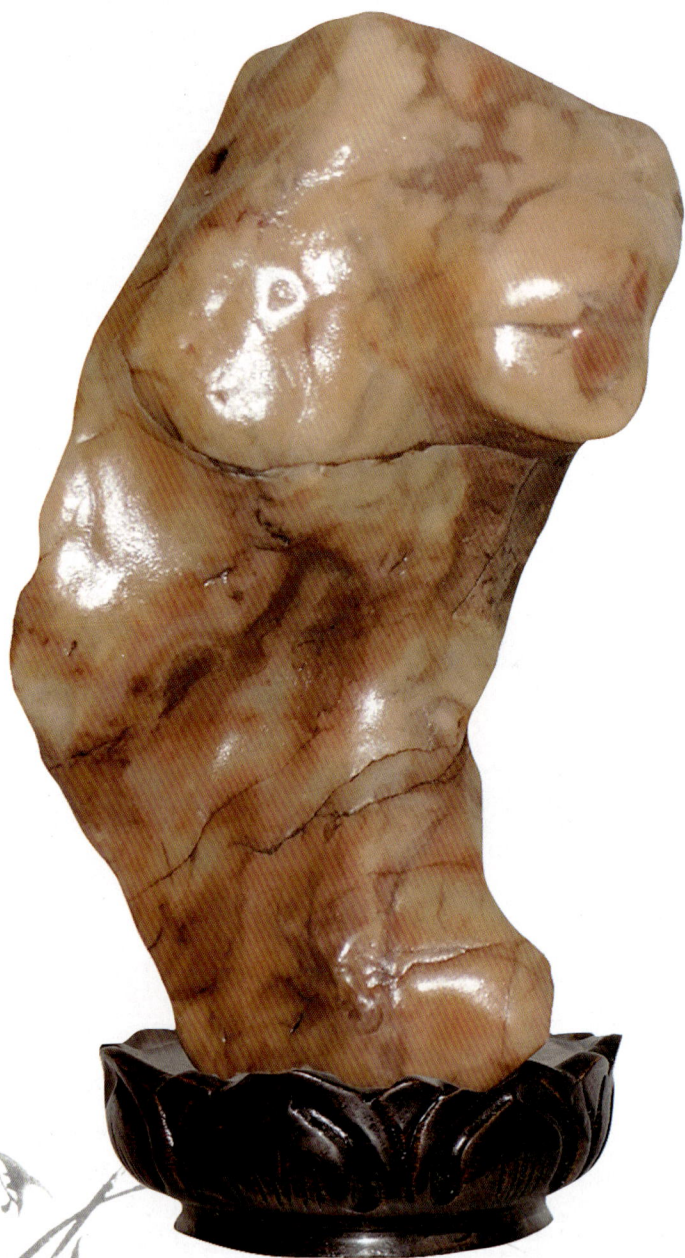

碧玉石 5cm×7cm

九、骑士系列

玛瑙石 8cm×8cm

褐碧玉石 8cm×6cm

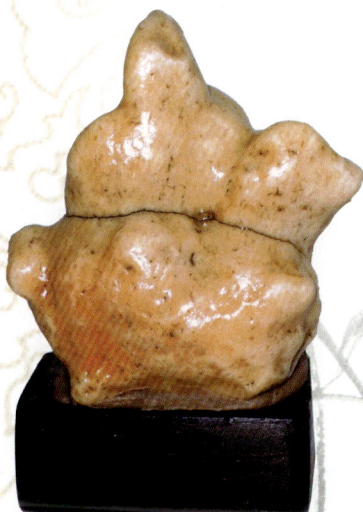

玛瑙沙漠漆石 4cm×4cm

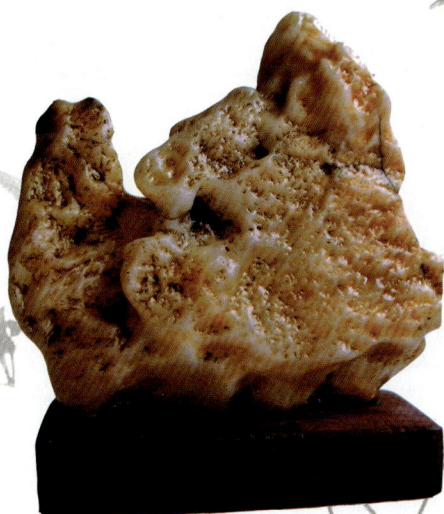

玛瑙沙漠漆石 9cm×7cm

玛瑙石 9cm×5cm

玛瑙石 6cm×4cm

沙漠漆石 15cm×10cm

玛瑙石 5cm×5cm

玛瑙石 4cm×8cm

碧玉石 4cm×6cm

十、妇女系列

玛瑙石 3cm×7cm

碧玉石 4cm×9cm

玛瑙石 5cm×8cm

碧玉石 4cm×7cm

戈壁石 5cm×10cm

戈壁石 5cm×10cm

十一、亲情系列

吻子（玛瑙石 3cm×7cm）

喂乳（玛瑙石 4cm×9cm）

起舞（玛瑙石 11cm×10cm）

哺子（黄碧玉石 5cm×10cm）

抱子

（玛瑙石 5cm×10cm）

抱子

（玛瑙石 3.5cm×7cm）

背母

（玛瑙石 7cm×9cm）

背子

（玛瑙石 6cm×10cm）

十一、头像系列

头像系列为碧玉石、玛瑙石，尺寸在10厘米以内。

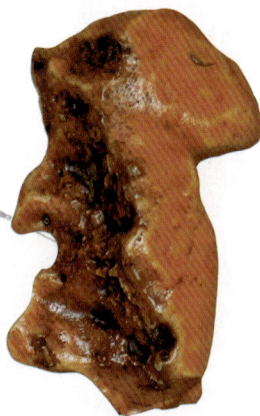

十三、演员系列

玛瑙石 6cm×7cm

玛瑙石 7cm×9cm

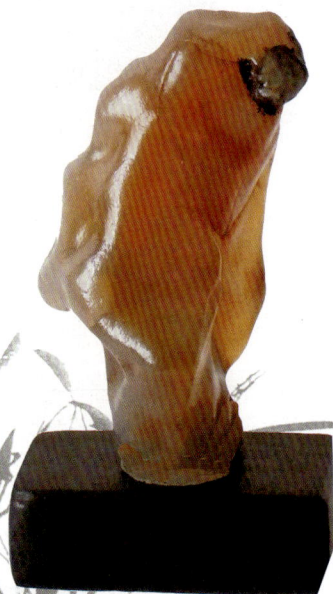

玛瑙石 3cm×7cm

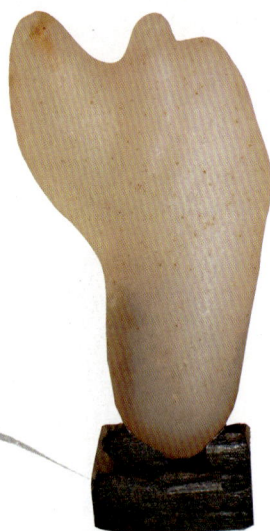

玛瑙石 4cm×6cm

碧玉石 6cm×7cm

玛瑙石 4cm×7cm

玛瑙石 4cm×7cm

玛瑙石 15cm×26cm

十四、文人系列

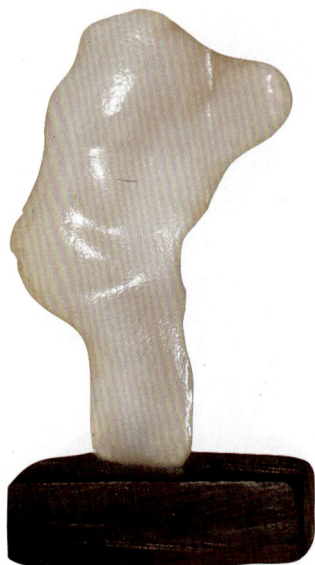

玛瑙石 4cm×8cm

玛瑙石 4cm×7cm

碧玉石 9cm×20cm

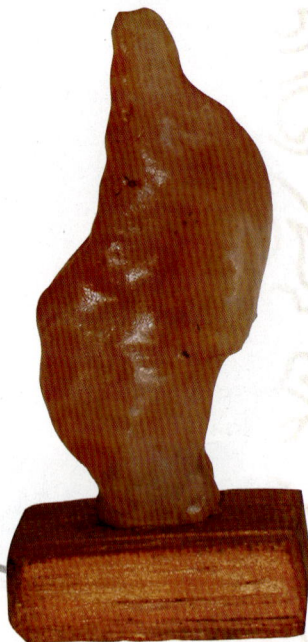

玛瑙石 3cm×8cm

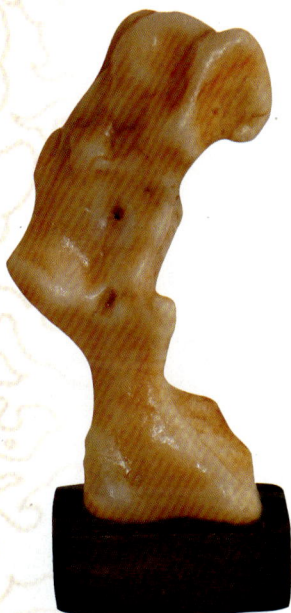

玛瑙石 3cm×8cm

碧玉石 3cm×7cm

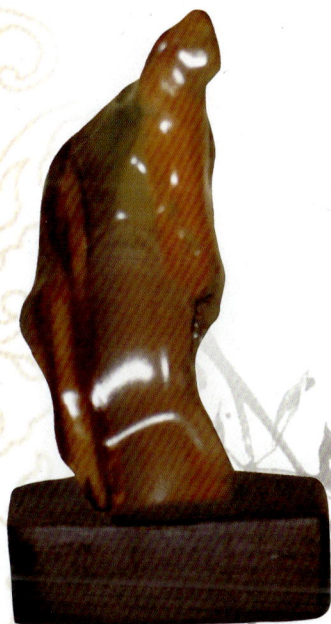

玛瑙石 4cm×7cm

碧玉石 3cm×8cm

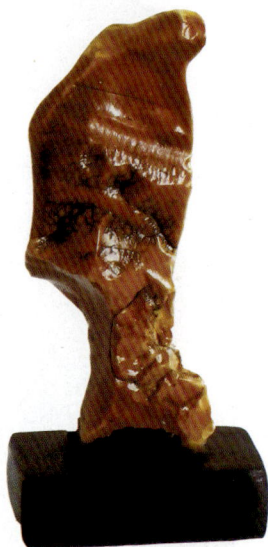

沙漠漆石 3cm×7cm

玛瑙石 3cm×7cm

玛瑙石 3cm×6cm

碧玉石 3cm×7cm

十五、山川系列

戈壁石 20cm×10cm

碧玉石 10cm×7cm

戈壁石 21cm×9cm

玛瑙石 13cm×9cm

碧玉石 9cm×5cm

戈壁石 15cm×8cm

戈壁石 13cm×8cm

戈壁石 16cm×7cm

蛋白沙漠漆石 18cm×9cm

十六、美景系列

穿风透月

（玛瑙石 5cm×9cm）

云绕山间

（玛瑙石 7cm×9cm）

飞流直下三千尺（碧玉石 13cm×10cm）

红运当头（玛瑙石 5cm×5cm）

别有洞天（玛瑙石 9cm×7cm）

长河晚霞（玛瑙石 10cm×6cm）

小五台（戈壁石 30cm×10cm）

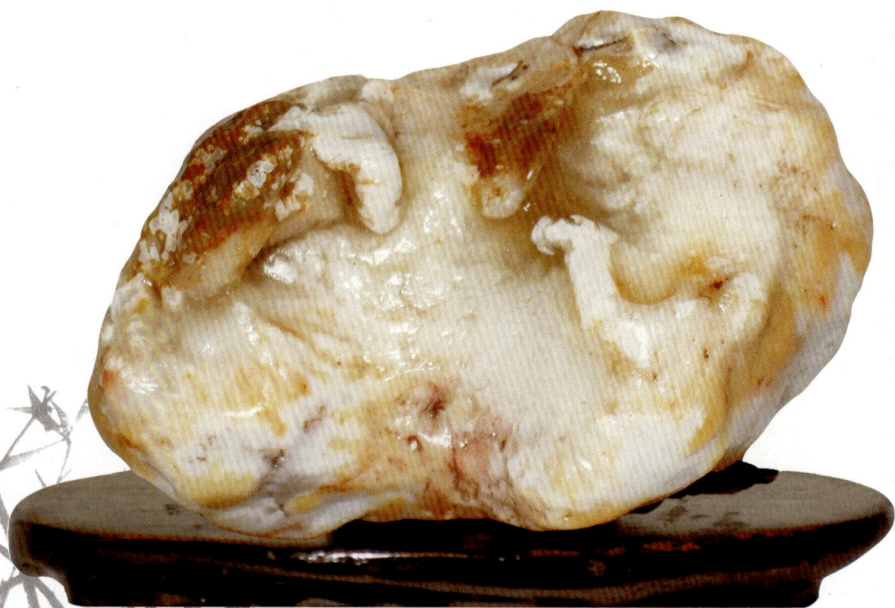

壶口瀑布（玛瑙石 9cm×7cm）

十七、天象系列

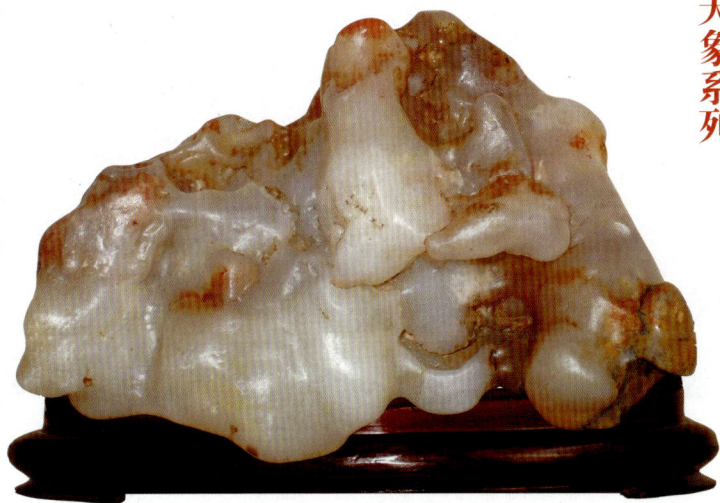

日出东山（玛瑙石 15cm×7cm）

普照天下（玛瑙石 6cm×4cm）

繁星闪烁（玛瑙石 8cm×5cm）

日月同辉
（玛瑙石 10cm×5cm）

众星捧月
（玛瑙石 5cm×4cm）

北斗七星

（玛瑙石 3cm×7cm）

日食

（玛瑙石 4cm×6cm）

夕阳红

（玛瑙石 6cm×7cm）

月食

（玛瑙石 5cm×6cm）

十八、植物系列

牡丹（碧玉石 10cm×6cm）

荷花（玛瑙石 18cm×10cm）

松（玛瑙石 9cm×8cm）

竹（玛瑙石 8cm×7cm）

梅（玛瑙石 9cm×8cm）

梅

（玛瑙石 3cm×4cm）

兰

（玛瑙石 2cm×4cm）

竹

（玛瑙石 2cm×4cm）

菊

（玛瑙石 5cm×4cm）

十九、文物系列

仰韶文化·彩陶罐

（玛瑙石 2cm×3cm）

红山文化·C 型龙

（玛瑙石 6cm×10cm）

史前文化·始祖鸟（碧玉石 12cm×6cm）

清玉雕·如意（玛瑙石 6cm×3cm）

玉雕·望天吼

（碧玉石 10cm×13cm）

战国·钱币

（戈壁石 5cm×8cm）

楚文化·编钟

（玛瑙石 8cm×7cm）

古货币·元宝

（碧玉石 16cm×9cm）

瓷塑·浴女（玛瑙沙漠漆石 9cm×5cm）

二十、雄狮系列

玛瑙沙漠漆石 26cm×20cm

马牙玉石 13cm×8cm

蛋白沙漠漆石 15cm×11cm

碧玉石 12cm×10cm

玛瑙石 12cm×8cm

蛋白沙漠漆石 23cm×16cm

二十一、猛虎系列

硅化木石 40cm×20cm

玛瑙石 9cm×4cm

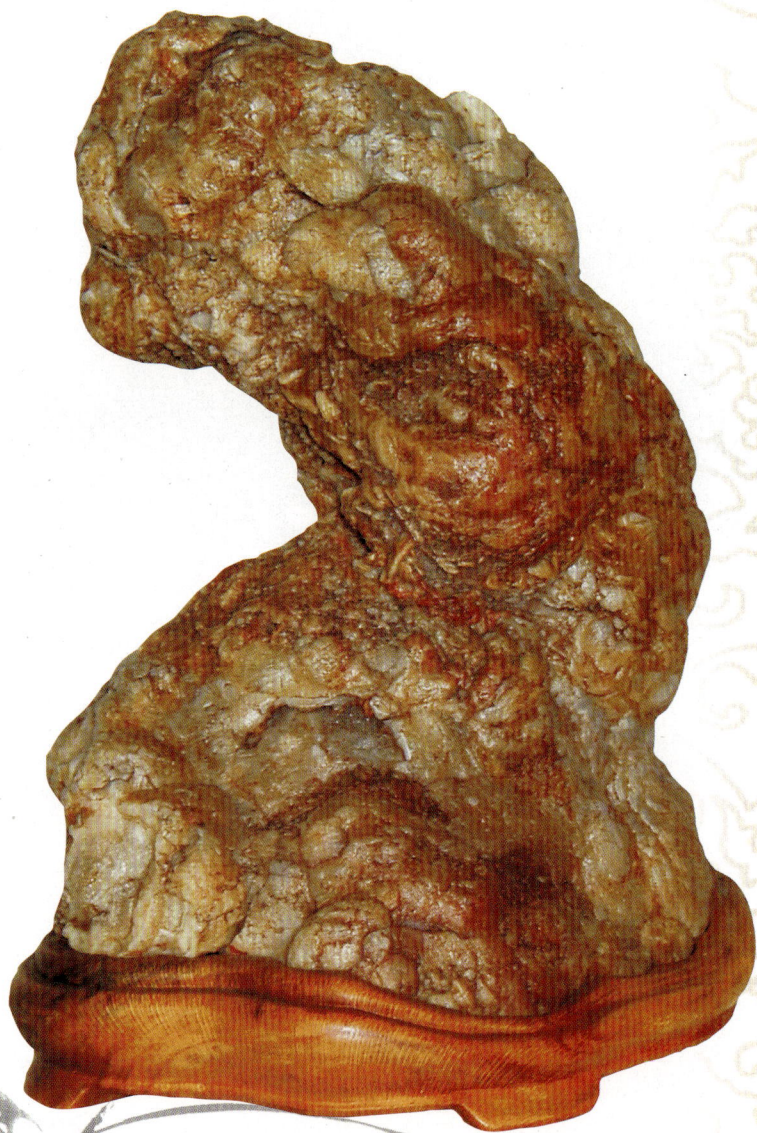

玛瑙石 16cm×26cm

沙漠漆石 14cm×9cm

玛瑙石 5cm×6cm

玛瑙石 4cm×4cm

鸡骨玛瑙石 19cm×9cm

碧玉沙漠漆石 20cm×10cm

二十二、大象系列

碧玉石 6cm×4cm

碧玉石 9cm×6cm

蛋白玛瑙石 16cm×21cm

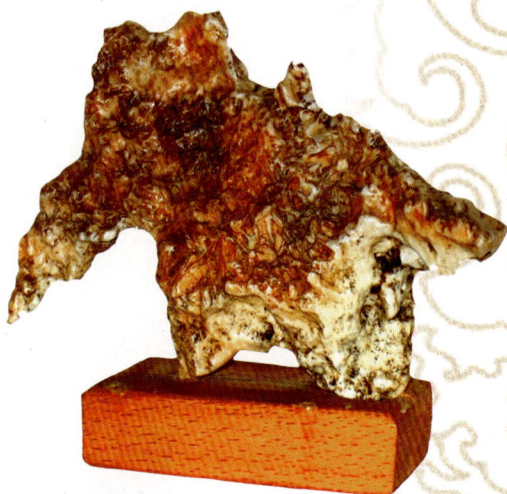

鸡骨玛瑙石 16cm×9cm

玛瑙沙漠漆石 11cm×6cm

玛瑙石 6cm×4cm

玛瑙沙漠漆石 8cm×5cm

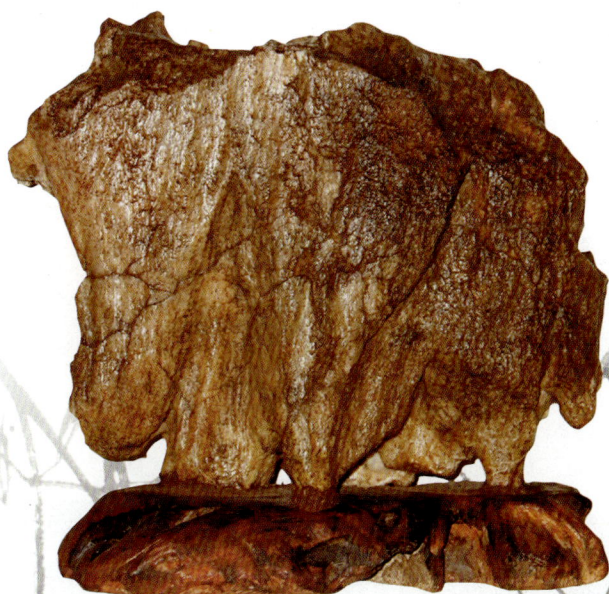

戈壁石 27cm×20cm

二十三、骆驼系列

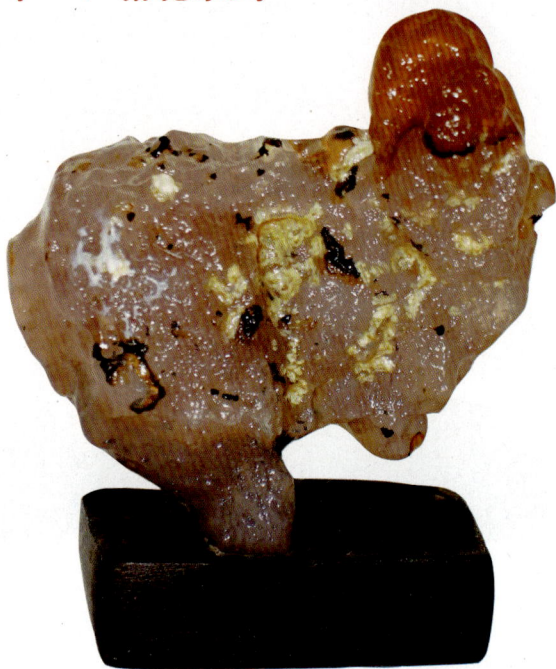

玛瑙石 8cm×4cm

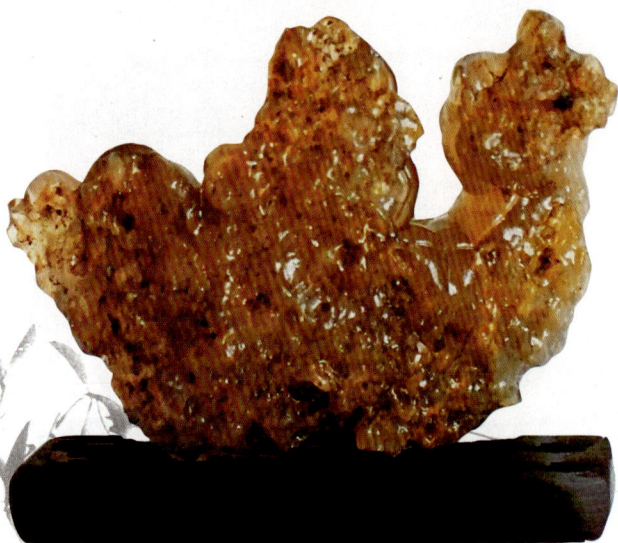

玛瑙石 7cm×4cm

玛瑙石 9cm×6cm

水晶石 23cm×30cm

沙漠漆石 6cm×4cm

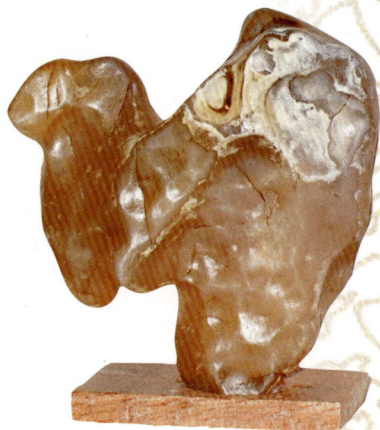

玛瑙石 10cm×9cm

玛瑙碧玉石 12cm×7cm

二十四、骏马系列

玛瑙石 22cm×12cm

碧玉石 7cm×6cm

玛瑙石 6cm×3cm

玛瑙石 5cm×4cm

玛瑙石 4cm×2cm

碧玉石 7cm×5cm

玛瑙石 6cm×3cm

玛瑙石 6cm×4cm

碧玉石 3cm×6cm

二十五、丑牛系列

玛瑙沙漠漆石 7cm×12cm

玛瑙石 9cm×5cm

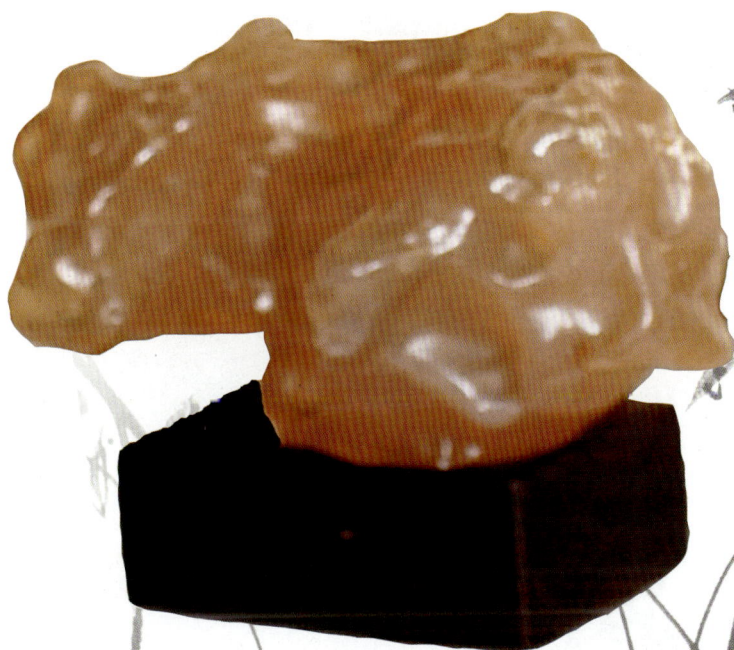

玛瑙石 10cm×5cm

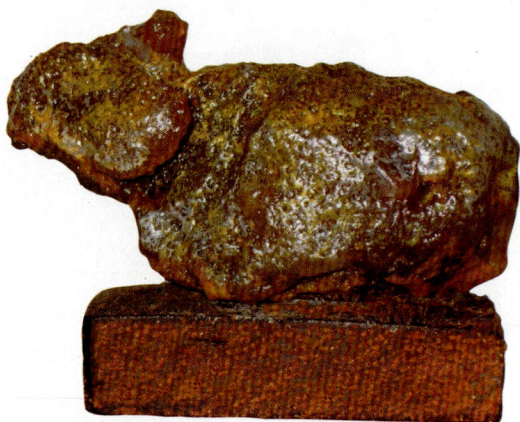

玛瑙石 7cm×5cm

玛瑙沙漠漆石 15cm×8cm

玛瑙石 7cm×5cm

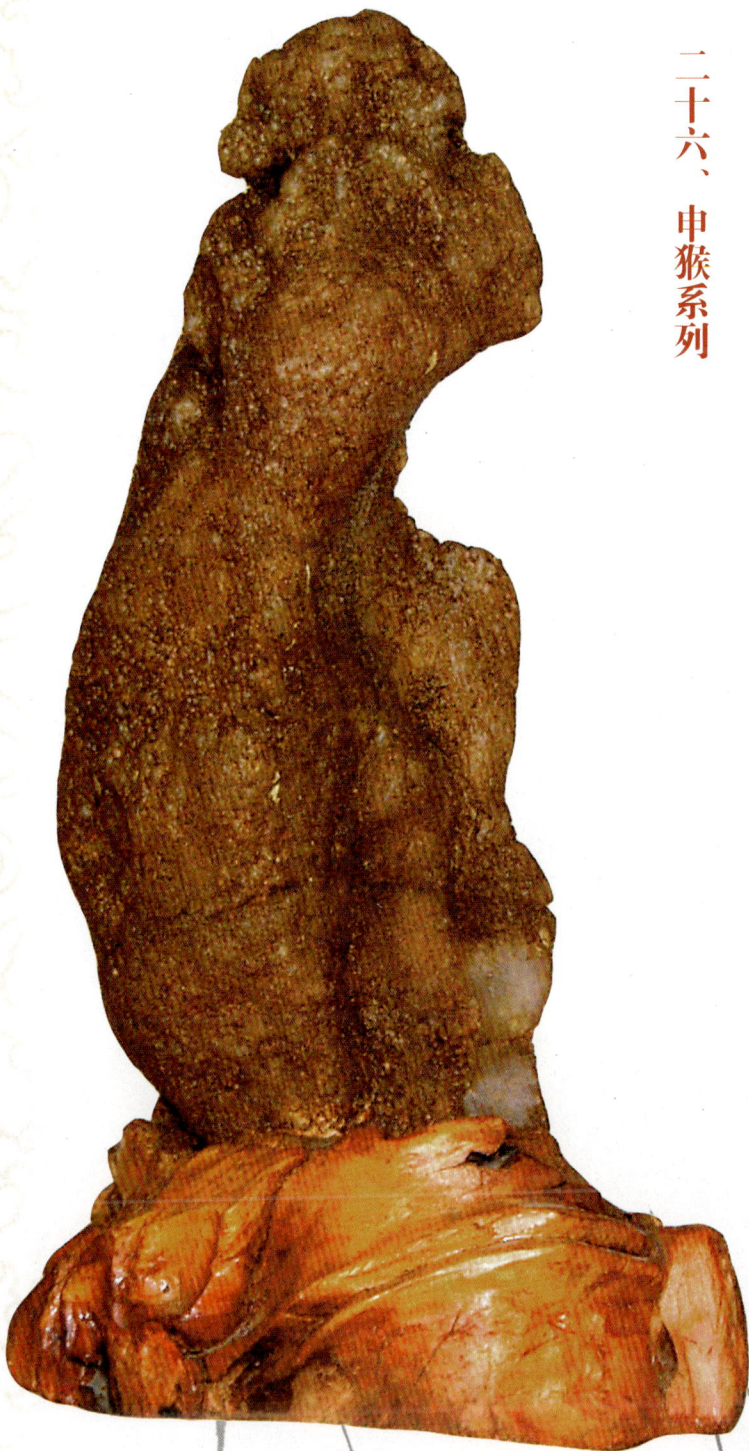

二十六、申猴系列

鱼子玛瑙石 16cm×31cm

玛瑙石 5cm×9cm

玛瑙石 10cm×11cm

碧玉石 2cm×4cm

玛瑙石 3cm×7cm

玛瑙沙漠漆石 3cm×6cm

筋脉石 2.5cm×4.5cm

玛瑙石 3cm×6cm

玛瑙石 7cm×13cm

二十七、戌狗系列

沙漠漆石 14cm×9cm

玛瑙石 10cm×5cm

沙漠漆石 14cm×10cm

玛瑙石 9cm×6cm

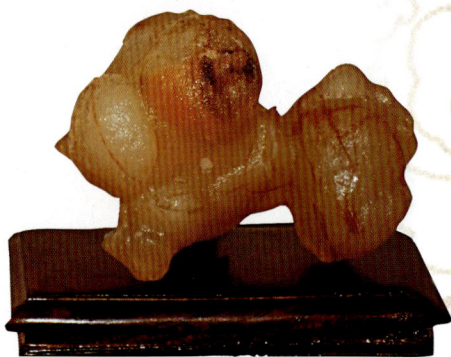

玛瑙石 6cm×4cm

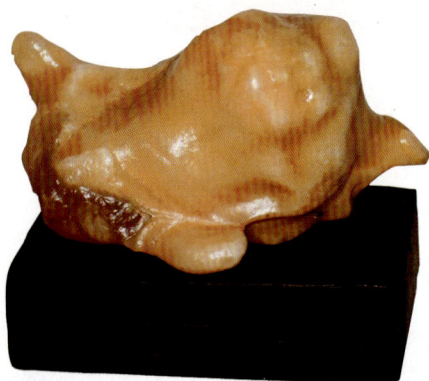

玛瑙石 6cm×4cm

玛瑙石 12cm×7cm

蛋白沙漠漆石 26cm×16cm

玛瑙石 6cm×4cm

二十八、玉兔系列

玛瑙石 7cm×5cm

玛瑙石 6cm×4cm

玛瑙石 4cm×6cm

玛瑙石 4cm×4cm

碧玉石 10cm×6cm

玛瑙花 10cm×6cm

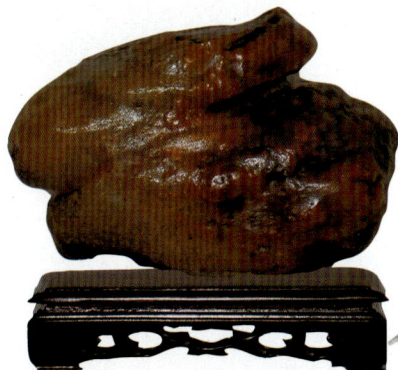

碧玉石 6cm×4cm

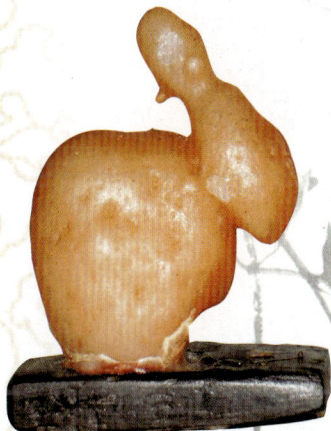

玛瑙石 5cm×6cm

碧玉石 16cm×12cm

二十九、金鱼系列

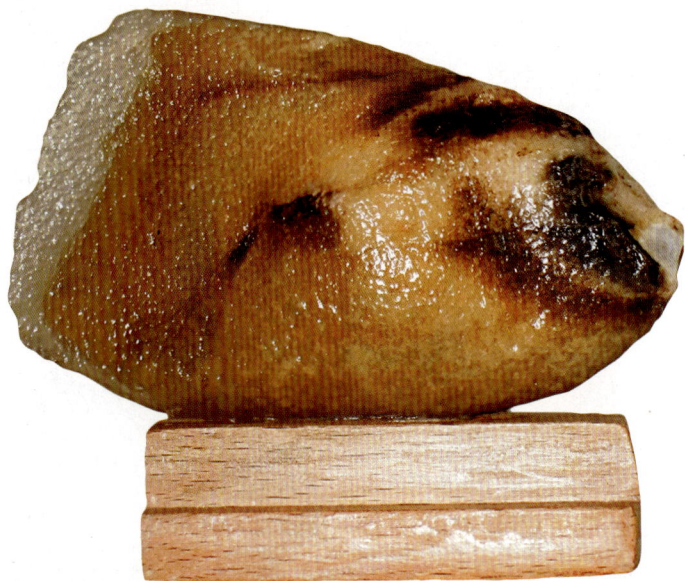

玛瑙石 9cm×5cm

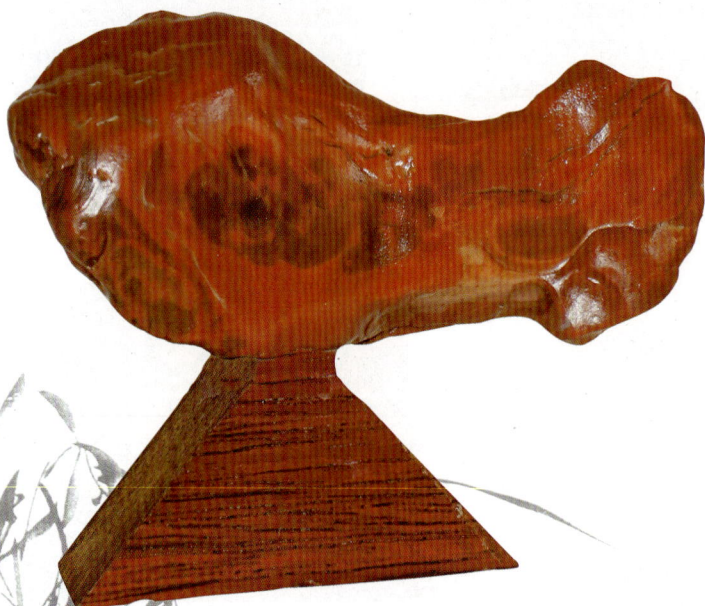

碧玉石 8cm×4cm

玛瑙石 6cm×5cm

玛瑙石 7cm×4cm

碧玉石 8cm×4cm

筋脉石 7.5cm×4cm

玛瑙石 6cm×3cm

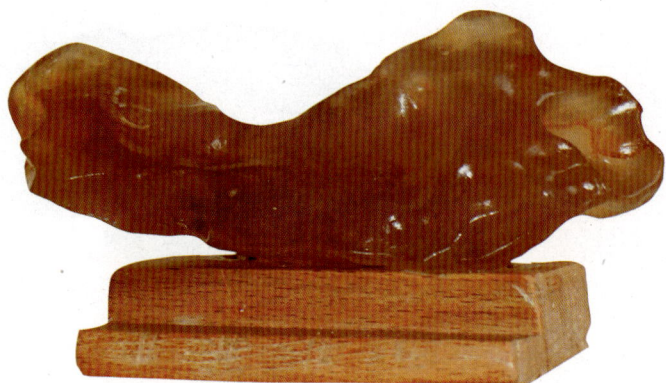

玛瑙石 6cm×3cm

碧玉石 9cm×4cm

玛瑙石 11cm×4cm

三十、灵龟系列

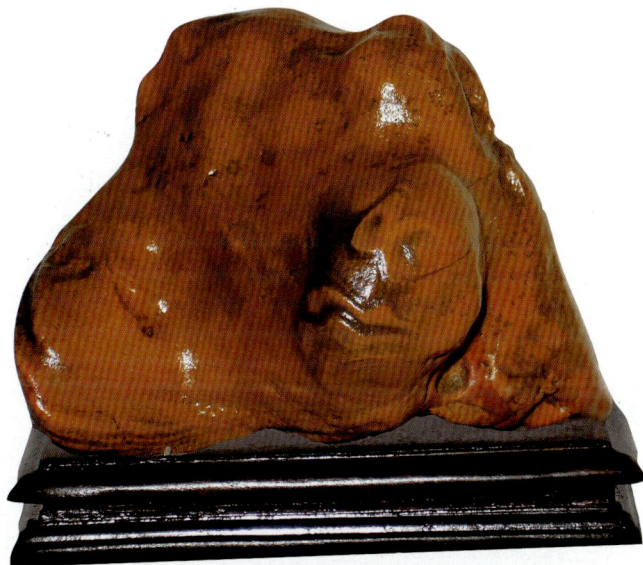

碧玉石 15cm×11cm

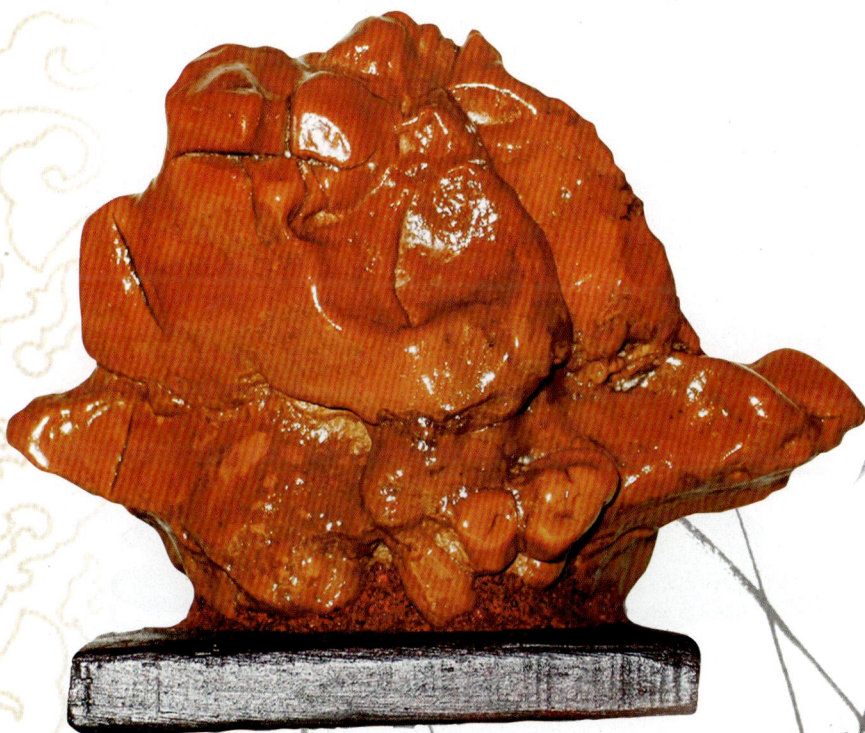

碧玉石 13cm×8cm

玛瑙石 14cm×7cm

沙漠漆石 9cm×5cm

玛瑙石 7cm×4cm

玛瑙石 4cm×4cm

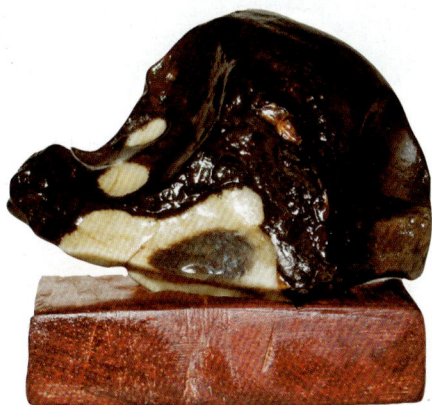

碧玉石 10cm×6cm

玛瑙石 9cm×7cm

玛瑙石 6cm×3cm

三十一、神龙系列

玛瑙石 12cm×5cm

玛瑙石 12cm×6cm

玛瑙石 8cm×6cm

碧玉玛瑙石 7cm×4cm

玛瑙石 6cm×3cm

碧玉石 11cm×4cm

戈壁石 23cm×10cm

三十二、凤凰系列

玛瑙石 7cm×2cm

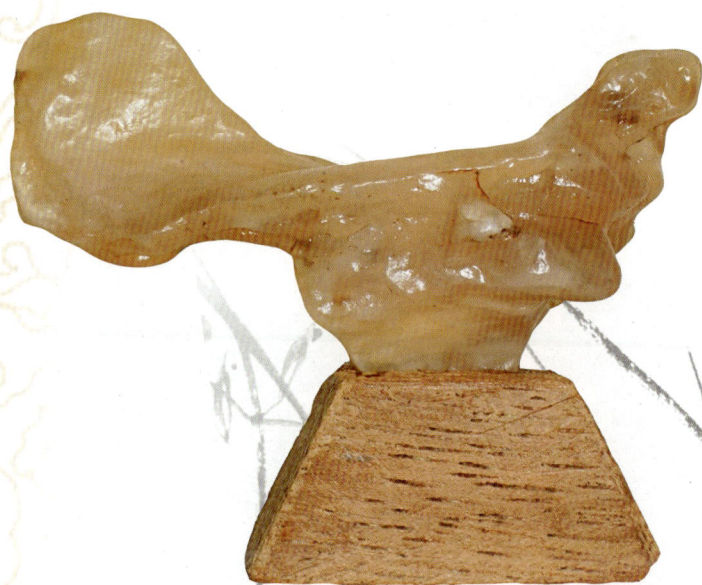

玛瑙石 6cm×4cm

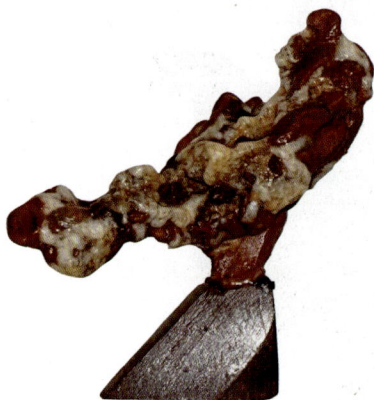

玛瑙石 10cm×8cm

玛瑙石 5cm×2cm

碧玉石 10cm×8cm

玛瑙石 10cm×4cm

硅化木石 9cm×4cm

绿碧玉石 10cm×33cm

三十三、孔雀系列

沙漠漆石 15cm×14cm

玛瑙石 9cm×6cm

碧玉石 12cm×15cm

玛瑙石 12cm×6cm

玛瑙石 8cm×6cm

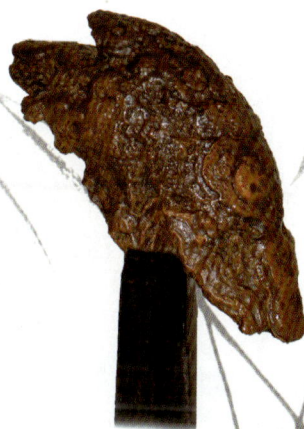

碧玉石 6cm×3cm

玛瑙石 7cm×7cm

碧玉石 10cm×12cm

玛瑙石 7cm×2cm

蛋白沙漠漆石 13cm×13cm

碧玉石 7cm×8cm

三十四、雄鹰系列

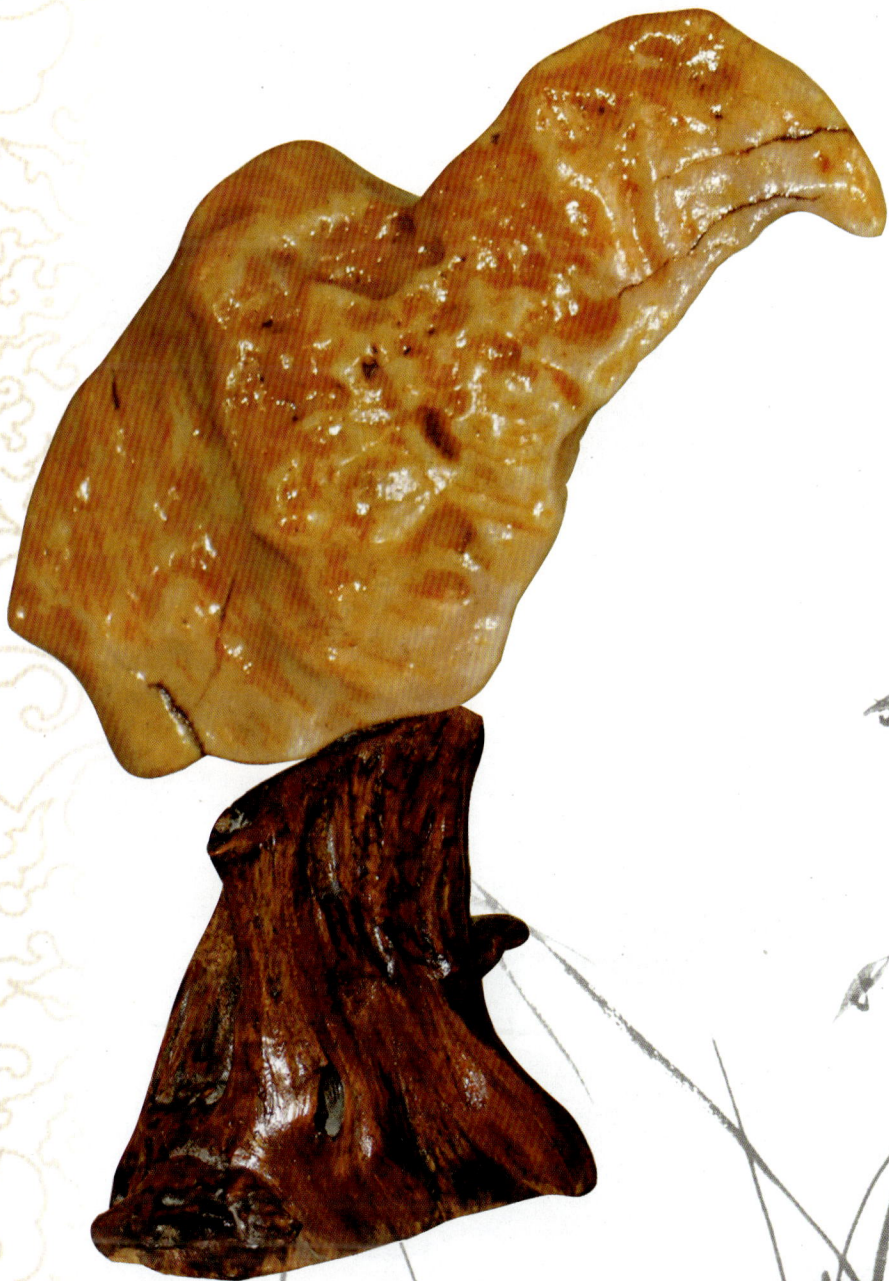

沙漠漆石 8cm×4cm

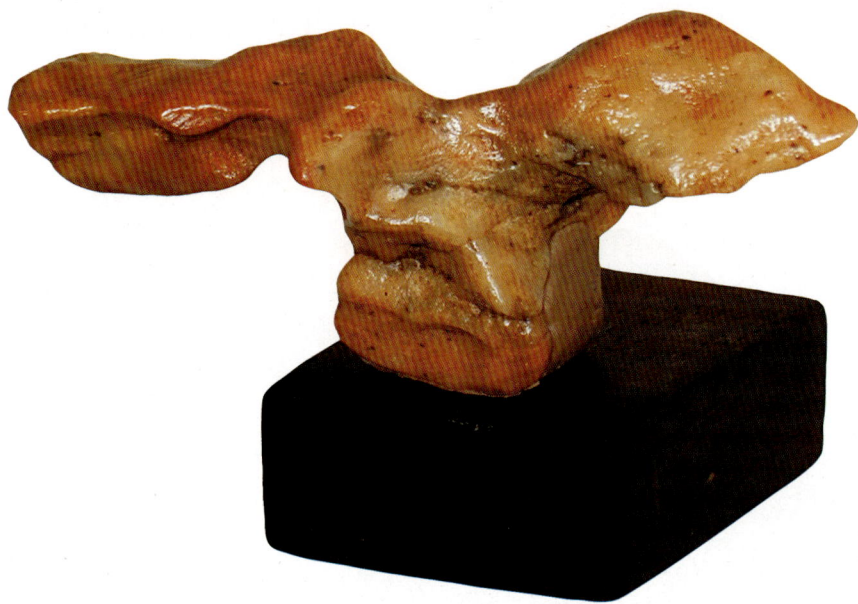

碧玉石 6cm×4cm

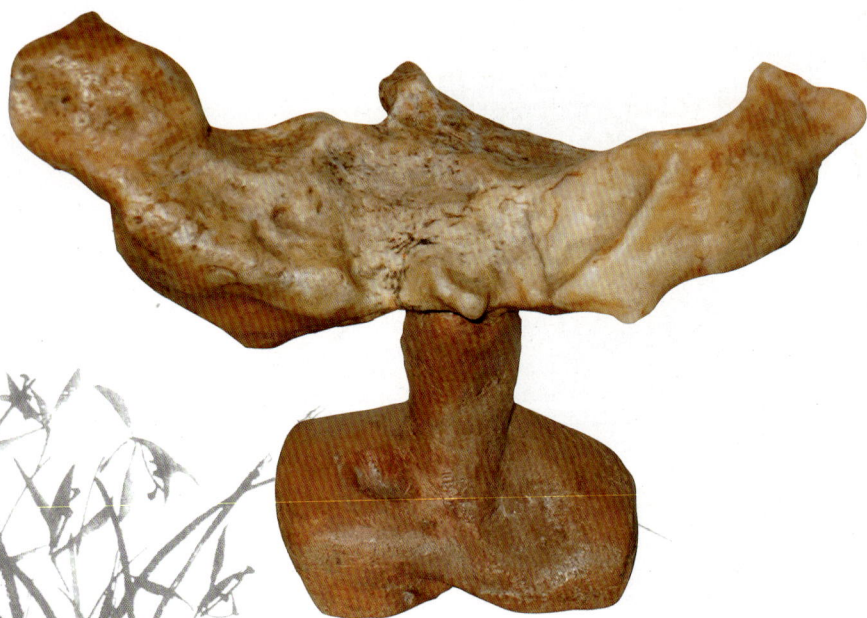

沙漠漆石 10cm×4cm

玛瑙石 7cm×4cm

碧玉石 11cm×9cm

玛瑙石 4cm×6cm

戈壁石 12cm×11cm

三十五、仙鹤系列

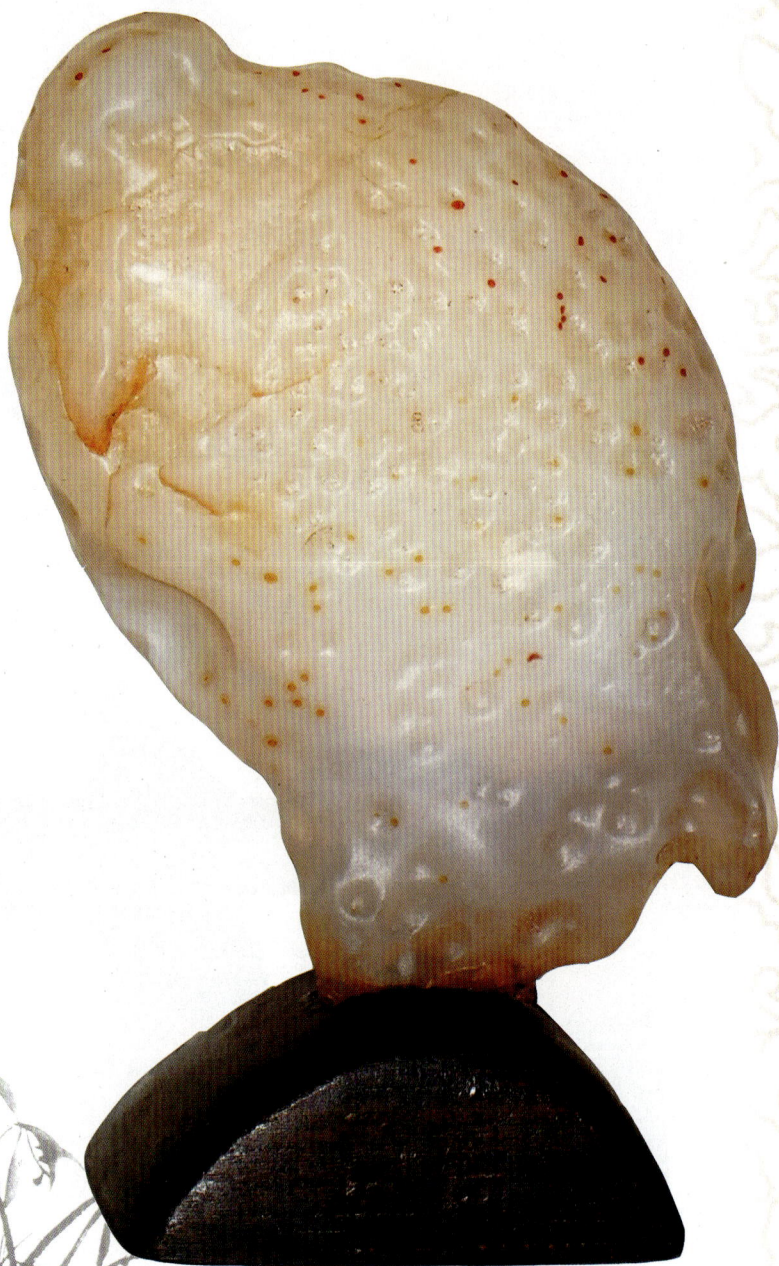

玛瑙石 6cm×9cm

红碧玉石 14cm×6cm

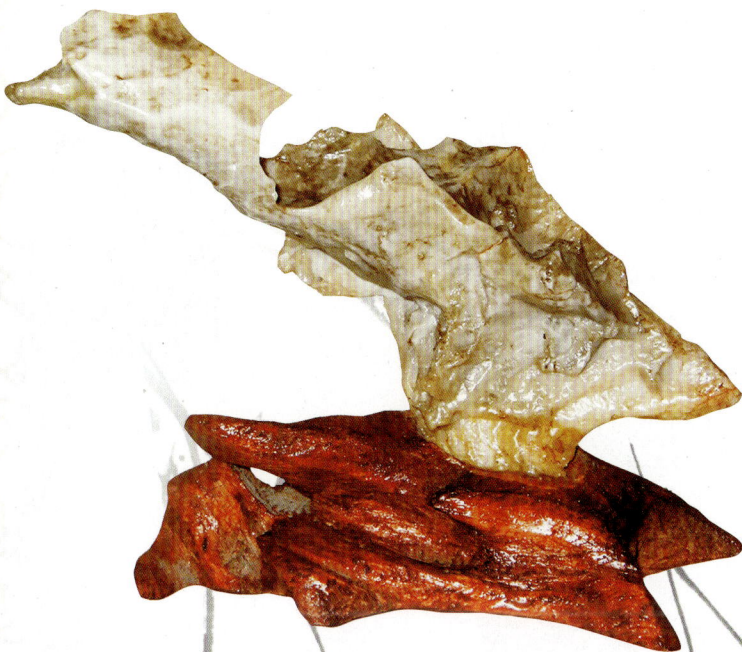

戈壁石 13cm×5cm

碧玉石 8cm×16cm

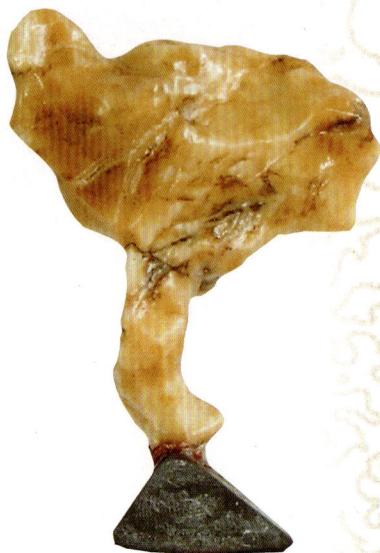

玛瑙石 6cm×7cm

玛瑙石 10cm×11cm

戈壁石 13cm×9cm

三十六、金鸡系列

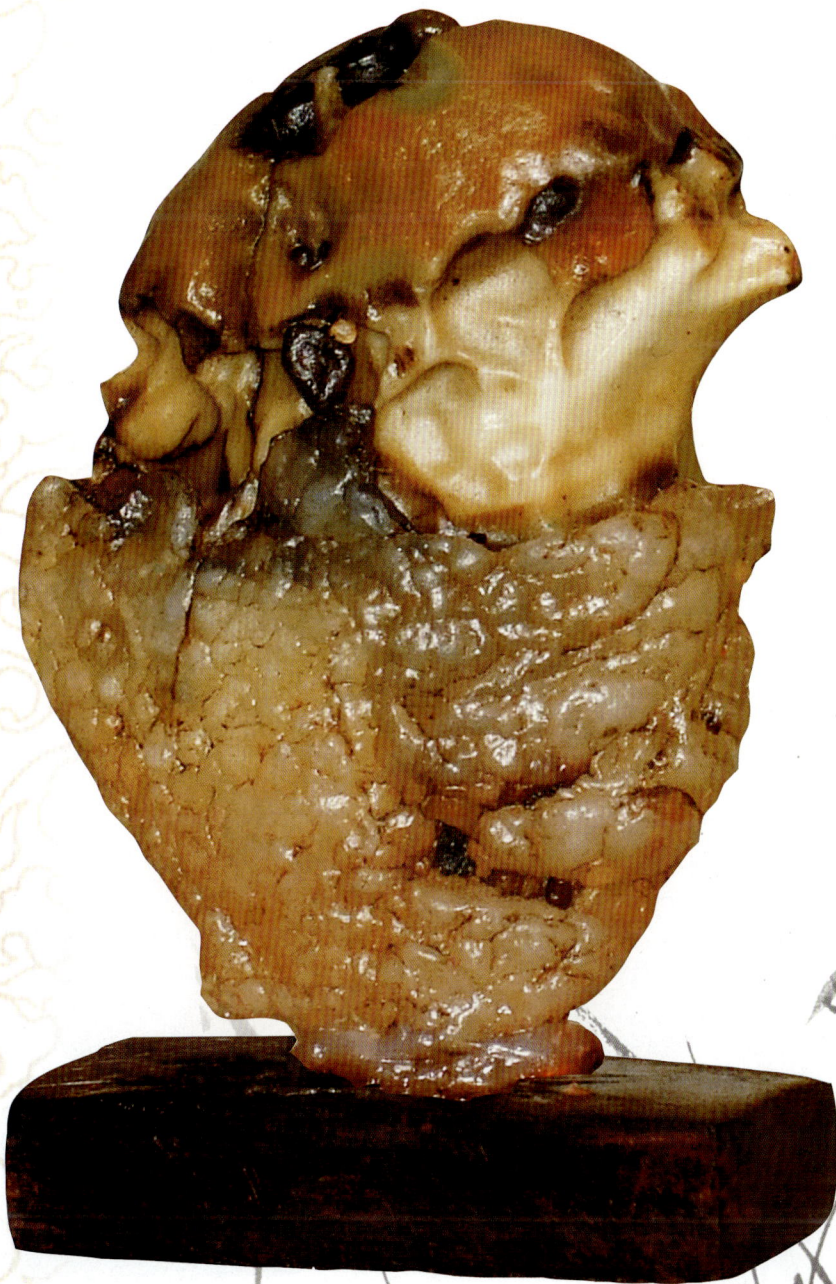

玛瑙碧玉石 3cm×4cm

碧玉石 12cm×10cm

碧玉石 10cm×13cm

玛瑙石 4cm×3cm

碧玉石 13cm×9cm

玛瑙石 5cm×5cm

玛瑙石 6cm×6cm

三十七、鸽子系列

碧玉石 6cm×3cm

玛瑙石 5cm×3cm

玛瑙石 5cm×3cm

玛瑙石 6cm×3cm

碧玉石 5cm×3cm

碧玉石 7cm×3cm

玛瑙石 6cm×3cm

玛瑙石 14cm×6cm

硅化木石 7cm×3cm

玛瑙石 6cm×3cm

碧玉石 13cm×6cm

三十八、鹦鹉系列

碧玉石 16cm×8cm

碧玉石 6cm×5cm

碧玉石 9cm×5cm

玛瑙石 7cm×4cm

沙漠漆石 4cm×9cm

玛瑙石 5cm×2cm

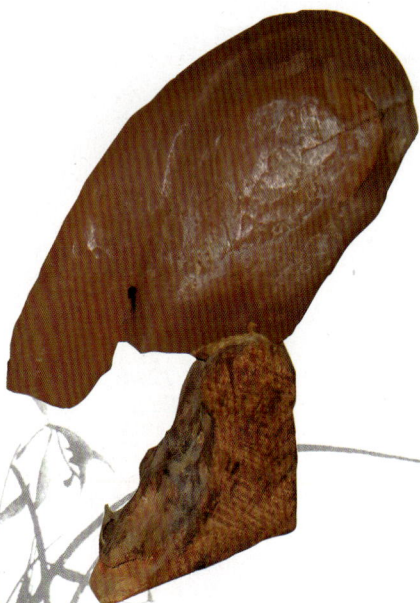

玛瑙石 12cm×6cm

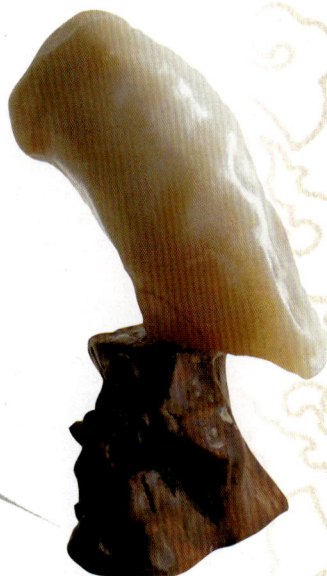

玛瑙石 7cm×4cm

碧玉石 15cm×6cm

三十九、鸳鸯系列

碧玉石 9cm×5cm

碧玉石 10cm×5cm

碧玉石 5cm×4cm

碧玉石 5cm×2.5cm

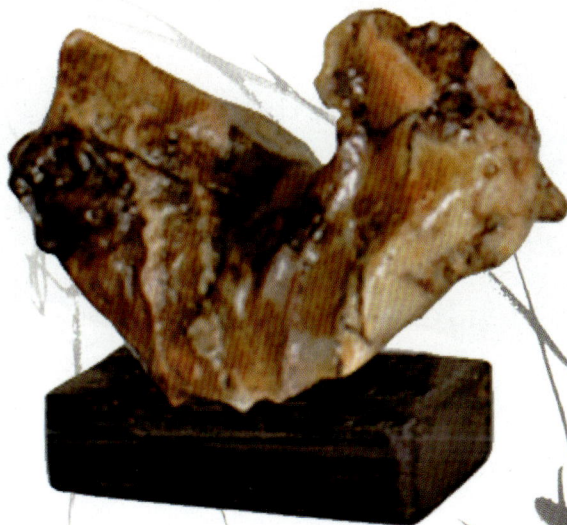

碧玉石 9cm×6cm

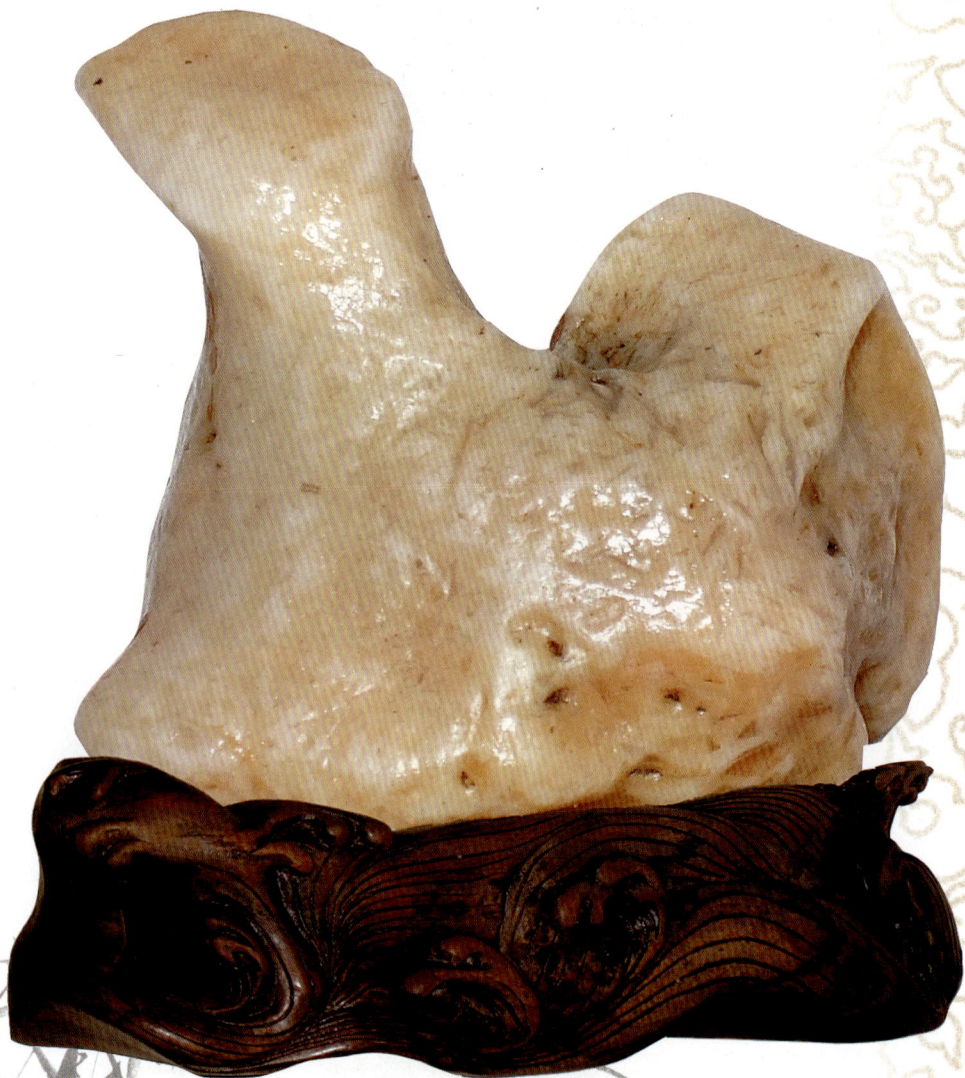

玛瑙石 4cm×2cm

四十、色彩系列

玛瑙石 3cm×4cm

玛瑙石 6cm×8cm

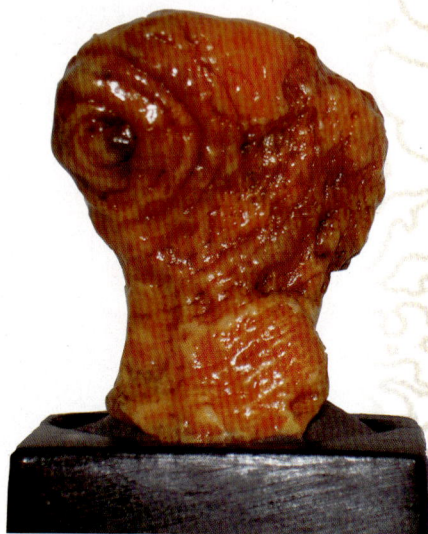

玛瑙石 6cm×8cm

玛瑙石 6cm×5cm

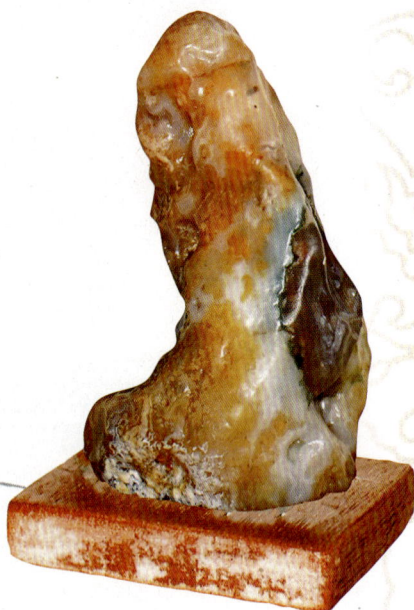

玛瑙石 7cm×9cm

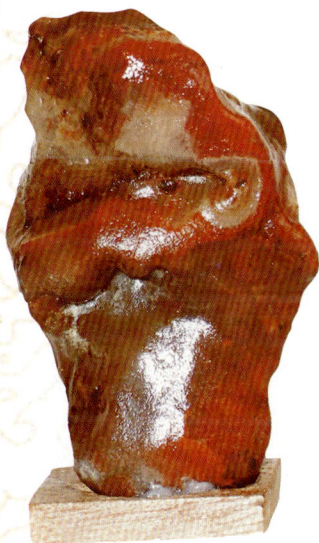

玛瑙碧玉石 6cm×9cm

玛瑙石 4cm×6cm

沙漠漆石 8cm×12cm

玛瑙石 3cm×7cm

四十一、图案系列

腾飞（玛瑙石 7cm×7cm）

红梅（玛瑙石 7cm×5cm）

黄梅（玛瑙石 7cm×4cm）

白梅（玛瑙石 7cm×4cm）

绿梅（玛瑙石 7cm×4cm）

斗鸡（玛瑙碧玉石 11cm×6cm）

鱼跃（碧玉玛瑙石 9cm×6cm）

双鸟鸣春（玛瑙石 5cm×6cm）

二虎相斗（碧玉石 9cm×7cm）

四十二、纹韵系列

红碧玉石 9cm×10cm

褐碧玉石 5cm×9cm

黄碧玉石 6cm×6cm

玛瑙石 7cm×5cm

玛瑙石 6cm×4cm

碧玉石 3cm×7cm

碧玉石 3cm×7cm

碧玉石 4cm×9cm

玛瑙石 4cm×9cm

四十三、摩尔系列

玛瑙石 6cm×3cm

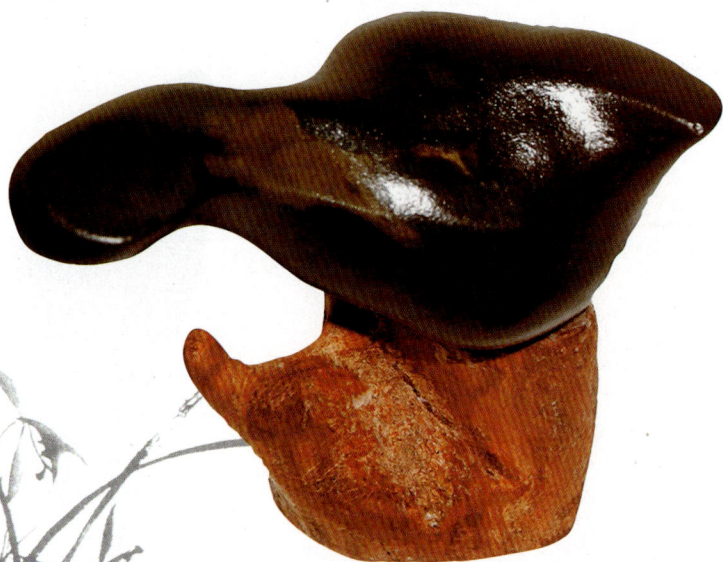

碧玉石 9cm×5cm

戈壁石 5cm×10cm

戈壁石 6cm×15cm

硅化木 15cm×26cm

沙漠漆石 6cm×12cm

戈壁石 13cm×16cm

戈壁石 6cm×9cm

玛瑙石 4cm×9cm

四十四、吉祥系列

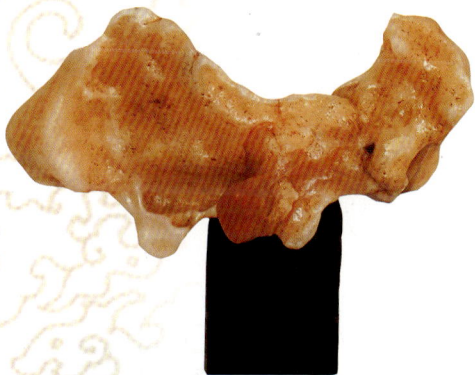

福满院（玛瑙沙漠漆石 6cm×3cm）

如意（玛瑙石 10cm×3cm）

小龙出世（玛瑙沙漠漆石 10cm×5cm）

金蟾送宝（玛瑙石 6cm×6cm）

路路通（戈壁石 10cm×10cm）

鱼跃龙门（沙漠漆石 13cm×9cm）

福禄（沙漠漆石 7cm×8cm）

福从天降（沙漠漆石 6cm×12cm）

四十五、文字系列

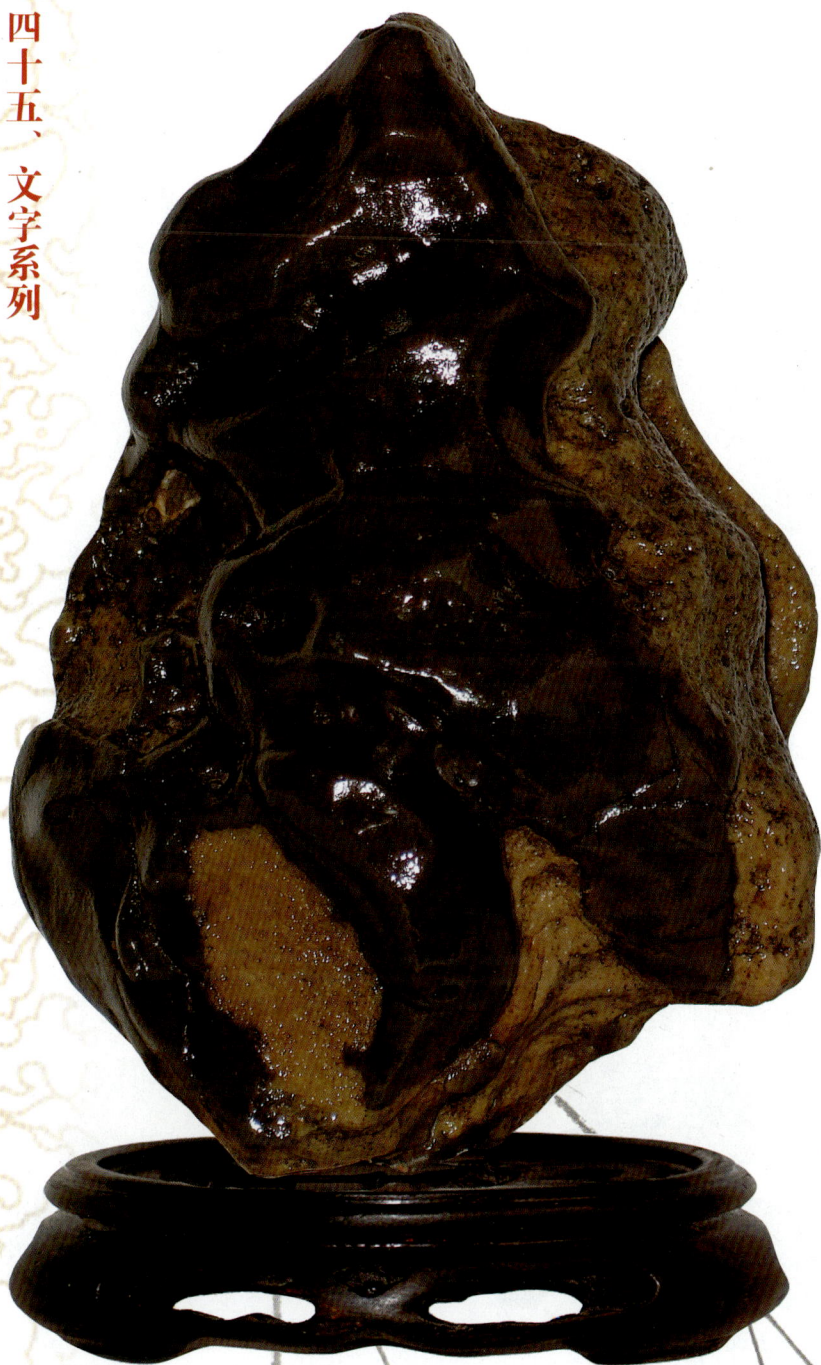

"寿"如不老松（碧玉石 8cm×11cm）

福（戈壁石 6cm×8cm）

禄（玛瑙石 4cm×6cm）

寿（戈壁石 9cm×7cm）

囍（玛瑙石 8cm×8cm）

人（玛瑙沙漠漆石 11cm×9cm）

年（碧玉石 5cm×5cm）

玉（玛瑙石 6cm×6cm）

禧（戈壁石 5cm×6cm）

石（戈壁石 5cm×4cm）　　　　　王（戈壁石 5cm×6cm）

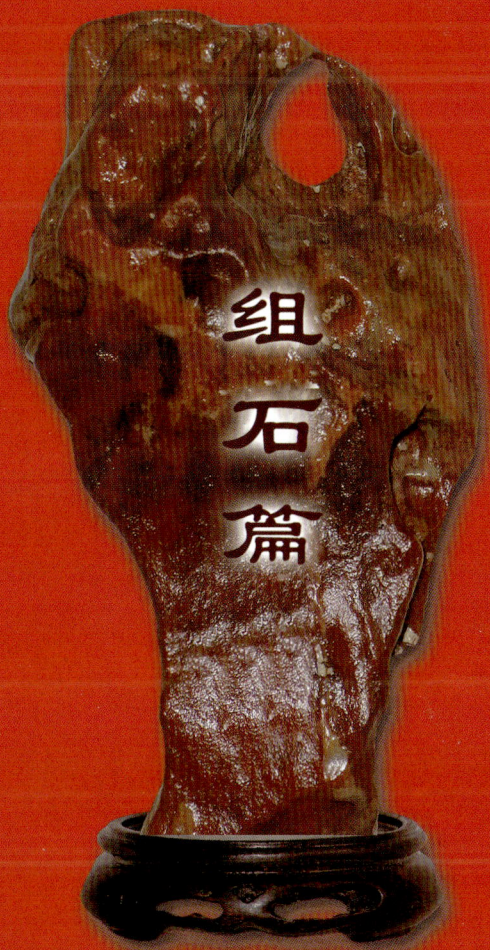

组石篇

一、王者风范

一尊醒狮漂亮，
威严智慧雄壮。
豪气可吞四海，
雄风能震八荒。
文韬武略盖世，
改革开放兴邦。
国富民强昌盛，
傲然屹立东方。

玛瑙石，戈壁石 雄狮13cm×7cm，底座15cm×7cm

二、拜塔

玲珑塔，塔玲珑，
玲珑宝塔十三层。
高高耸立入云端，
悠悠传来诵经声。
塔中藏有舍利子，
高僧大德留盛名。
顶礼膜拜小和尚，
誓把正果修行成。

戈壁石，玛瑙石 塔5cm×11cm，人4cm×5cm

三、双猴捧桃献寿

六十总说小，
八十不言老。
高寿有几何，
年久忘记了。
今天咋热闹，
原来寿诞到。
双猴捧仙桃，
祝愿百岁好。

均为玛瑙石，约 5cm 左右

四、敢问路在何方

胸有正义感，
一身都是胆。
神猴敢担当，
开路勇向前。
插足可入地，
抬腿即上天。
世上本无路，
路在脚下边。

玛瑙石，戈壁石　猴 5cm×9cm，底座 16cm×7cm

五、石头迷

退休却不休，
专心玩石头。
三山五岳找，
天南地北购。
请来称石兄，
诚去交朋友。
撒下一片心，
德艺双丰收。

碧玉石　人 8cm×6cm
　　　　虎 13cm×6cm

六、文房四宝

笔墨和纸砚，
书案时常见。
文人最钟爱，
终生都相伴。
笔端走龙蛇，
墨海起波澜。
激扬道义事，
疾呼百姓言。

玛瑙石，碧玉石 均在 12cm 以内

七、伯乐相马

伯乐擅相马，
自古美名传。
慧眼识才俊，
倾心荐良贤。
国家得栋梁，
黎民有靠山
人才辈辈出，
伟业永发展。

玛瑙石　伯乐 4.5cm×7.5cm

马 6cm×5cm

八、话石牛

像牛不是牛，
来自漠里头。
体肤温如玉，
质色数上流。
喂草不张口，
扳角难回首。
缰绳无须系，
卧着牵不走。

马牙玉石，碧玉石 牛 20cm×10cm，底座 16cm×8cm

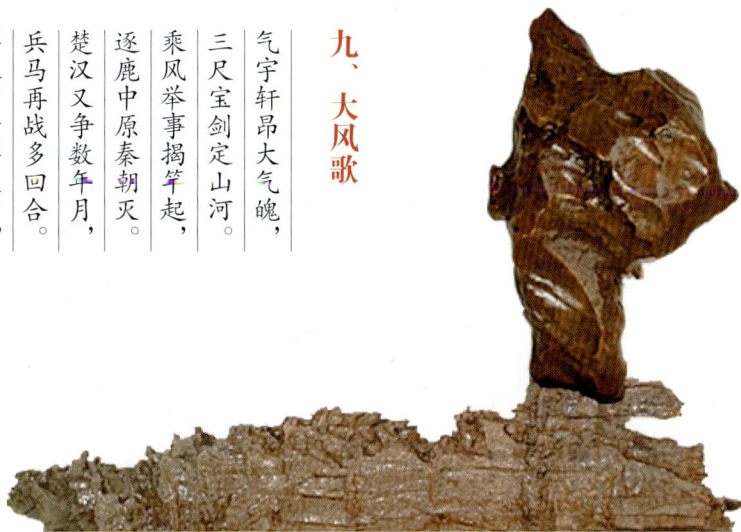

九、大风歌

气宇轩昂大气魄，
三尺宝剑定山河。
乘风举事揭竿起，
逐鹿中原秦朝灭。
楚汉又争数年月，
兵马再战多回合。
得人心者得天下，
石头唱起大风歌。

碧玉石，戈壁石 人物 10cm×13cm，底座 18cm×6cm

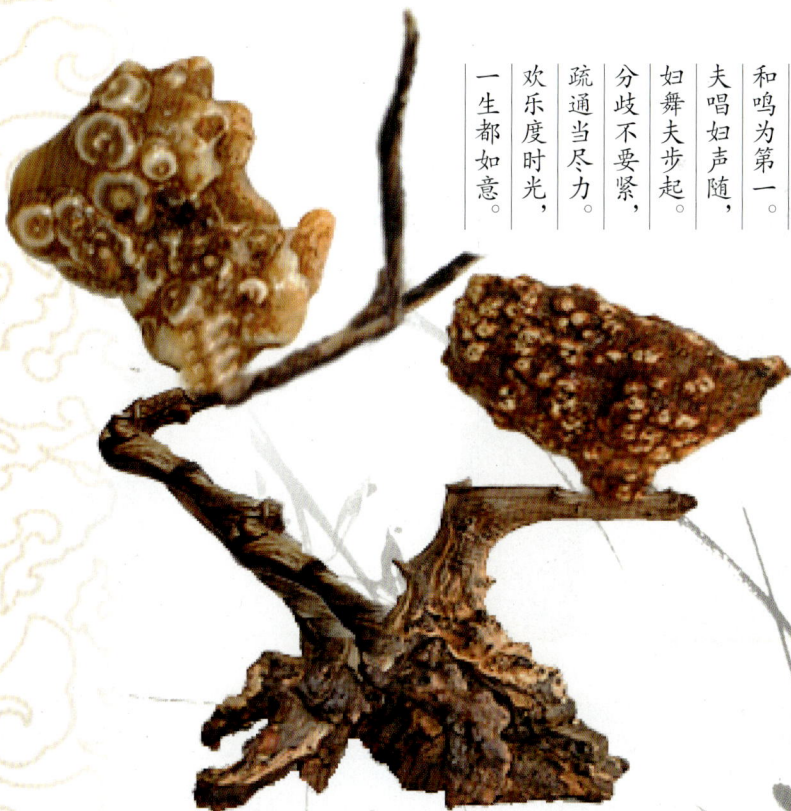

十、鸾凤和鸣

鸾凤是夫妻，
和鸣为第一。
夫唱妇声随，
妇舞夫步起。
分歧不要紧，
疏通当尽力。
欢乐度时光，
一生都如意。

筋脉石 鸾 5cm×5cm，凤 5cm×4cm

十一、喜得凤石

秋高气爽塞外过，
巧遇凤石大收获。
俏形霓裳拂意少，
琼体玉珠宝气多。
不图荣华和富贵，
只缘厚爱与快活。
从此又添老来伴，
朝夕相处有话说。

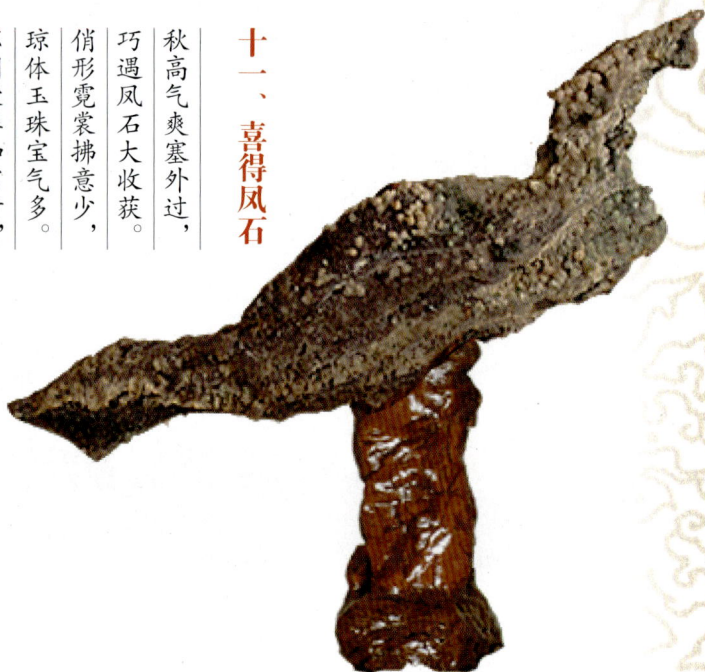

葡萄玛瑙石，碧玉石　凤石 55cm×15cm

底座 3cm×8cm

十二、走西口

风沙漫天走西口，
离乡背井泪面流。
饥荒逼得找生路，
战乱迫使避祸头。
如今人们走西口，
却为休闲去旅游。
新旧社会两重天，
振兴中华有奔头。

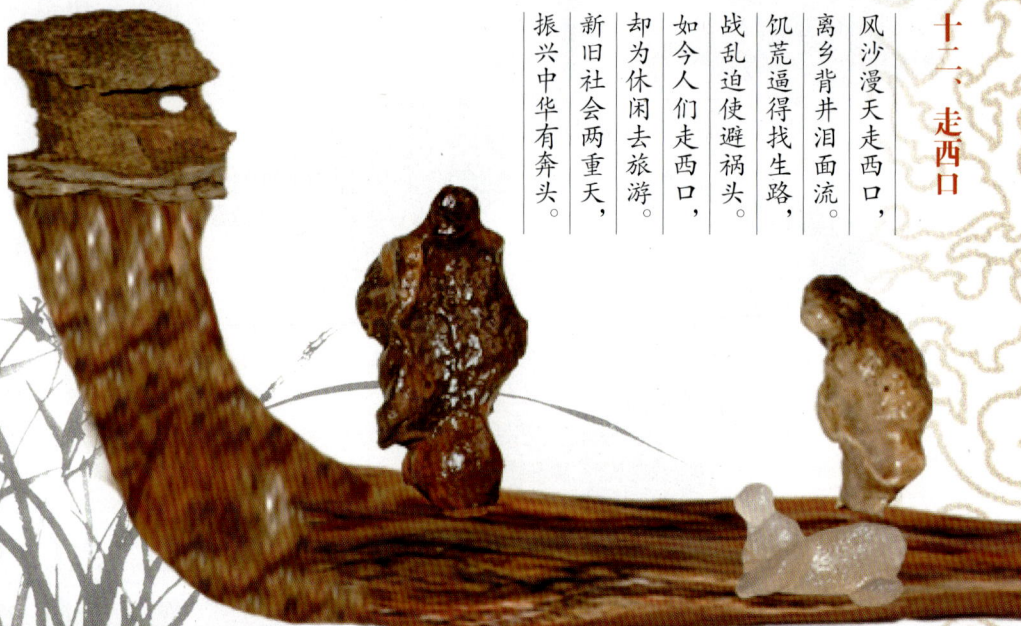

均为戈壁石，长在 10cm 左右

十三、远行

抬头望，回首看，

两情相悦心相见。

欢天喜地结成伴，

齐心协力闯人间。

大海千里敢飞越，

高山万丈肯登攀。

比翼双飞奔远方，

前途无量可期盼。

沙漠漆石，碧玉石　黄鸟 10cm×5cm，灰鸟 11cm×5cm

十四、逍遥游

山依水来水傍山，

轻舟似到蓬莱间。

云雾升腾山巅隐，

烟火缭绕庙堂显。

座座名山收眼底，

片片沧海入心田。

一路畅游赏美景，

不是神仙胜神仙。

碧玉石，戈壁石　人物 2.5cm×7cm，山 19cm×13cm

十五、翁与鹤

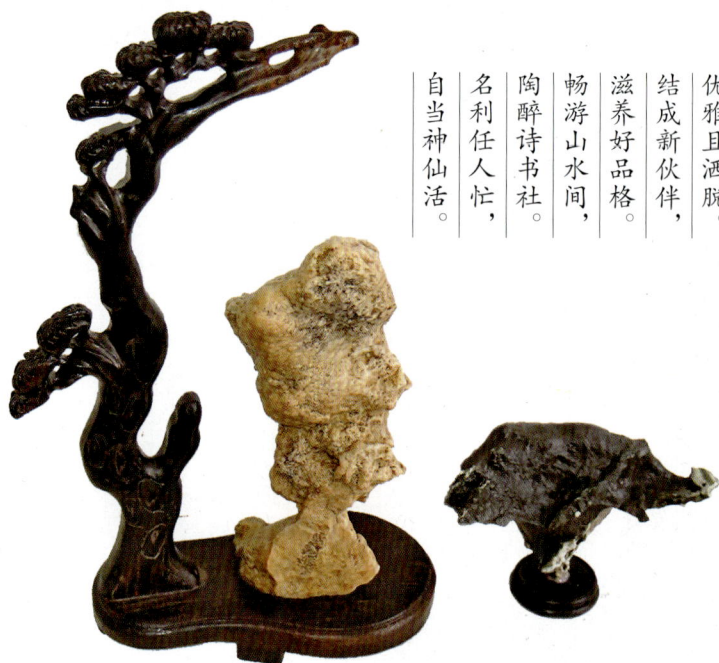

仙名冠予鹤，
优雅且洒脱。
结成新伙伴，
滋养好品格。
畅游山水间，
陶醉诗书社。
名利任人忙，
自当神仙活。

沙漠漆石，戈壁石 人物 7cm×16cm，仙鹤 10cm×11cm

十六、寒江独钓

夜半起风雪，
坚守一钓者。
不怕天寒冷，
不顾人寂寞。
家中无食急，
心里求鱼切。
此情复此景，
让人太难过。

玛瑙石 人物 9cm×10cm，座 15cm×10cm

十七、咏白鹭

一对白鹭美观，
纯洁高雅坦然。
急流出猎敢去，
污泥行走不染。
风雨抱团避难，
休闲对歌笑谈。
清清白白一世，
恩恩爱爱百年。

玛瑙石 约 14cm×16cm

十八、老家

远方那个老家，
梦想思念牵挂。
虽说早已离开，
心中始终有她。
每逢想家时刻，
必想老爸老妈。
虽说早已逝去，
音容就在眼下。

人物均为碧玉石，约在 8cm×12cm

十九、龙凤呈祥

龙凤呈祥，
世人久传唱。
虽说是神话，
足见多信仰。
凤鸣盛世到，
龙吟人才降。
政通且人和，
中华又辉煌。

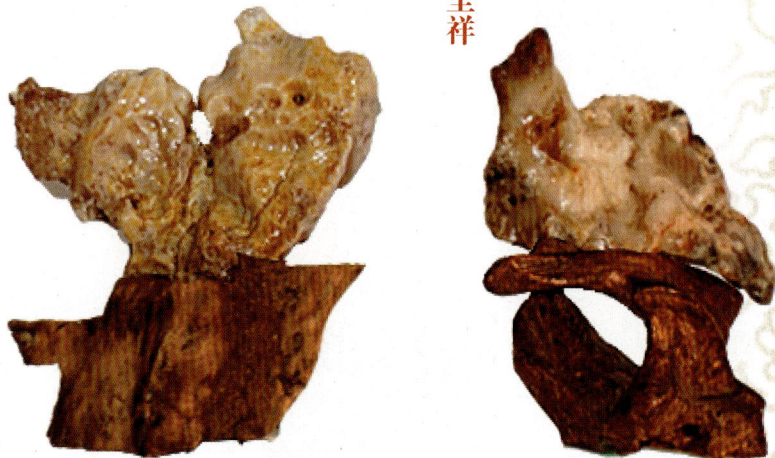

沙漠漆石，玛瑙石　龙 10cm×7cm，凤 10cm×5cm

二十、李时珍采药

时珍通草药，
毕生尽辛劳。
识药山上跑，
土方民间找。
本草概论精，
纲目细述巧。
从此有药典，
医病更可靠。

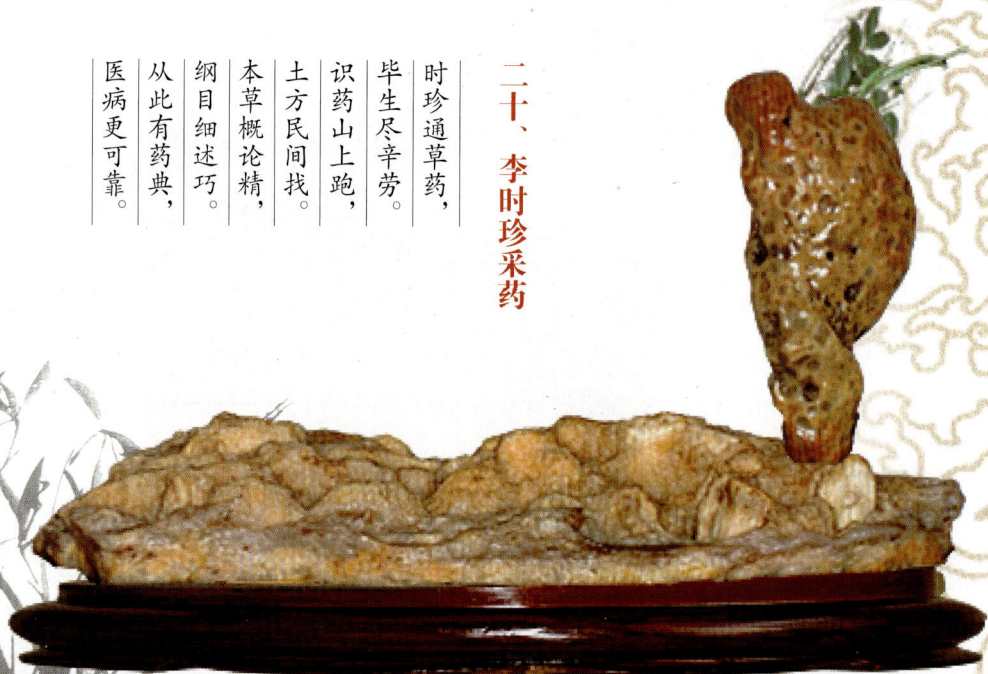

玛瑙石，碧玉石　山 13cm×6cm，人 1cm×5cm

二十一、猎鹰图

展翅击长空，
俯冲更凶猛。
理当大英雄，
途困小樊笼。
休息不让睡，
行猎受操纵。
待到放飞时，
重振昔日风。

玛瑙石，8cm×15cm

二十二、遥祭

天气阴森森，
清明雨淋淋。
游子知时节，
痛心思前人。
问酒放牛娃，
答话杏花村。
跑去购几坛，
未莫泪满襟。

玛瑙石 牛 7cm×6cm，人 2cm×5cm

二十三、马上封侯

马背趴只猴，
吉祥好兆头。
正面做理解，
努力夫奋斗。
工作踏实干，
修身严要求。
德才双具备，
高就有盼头。

玛瑙石，碧玉石 马 6cm×5cm，座 17cm×8cm

二十四、鹰猎兔

苍鹰惯称霸，
害怕兔强大。
处处做過制，
事事搞谋杀。
五洲如此大，
万物能容下。
奉劝鹰住手，
兔急敢咬它。

玛瑙石，碧玉石 鹰 7cm×7cm，兔 6cm×3cm，
座 17cm×3cm

二十五、刘海戏金蟾

刘海好青年，
砍柴遇伤蟾。
热心帮包扎，
转眼得良缘。
妻子吐金钱，
丈夫济贫寒。
善举有善报，
修道成神仙。

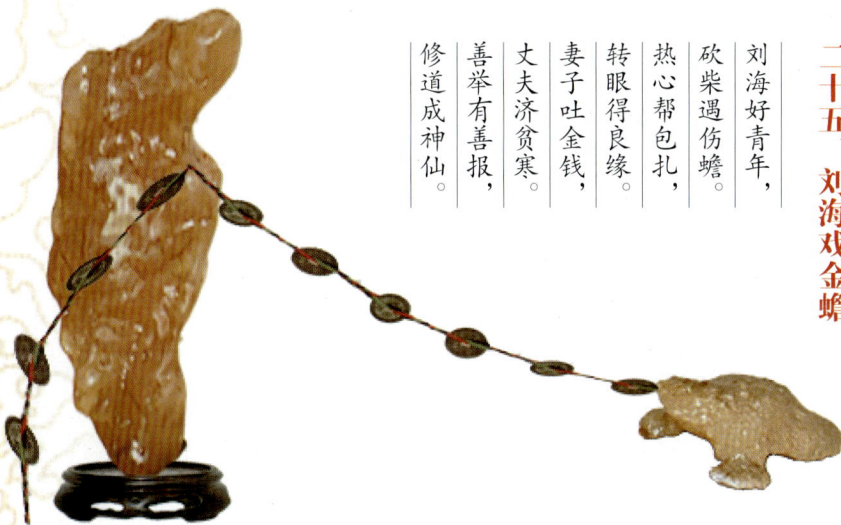

玛瑙石　人物 2cm×6cm，蟾 4.5cm×3cm

二十六、鸣春

天暖已开春，
俊鸟抖精神。
高高站枝头，
声声唤恋人。
极目送秋波，
妙口传佳音。
对歌逢知己，
相伴到终身。

戈壁玉石　约为 10cm×3cm

二十七、再说龙凤

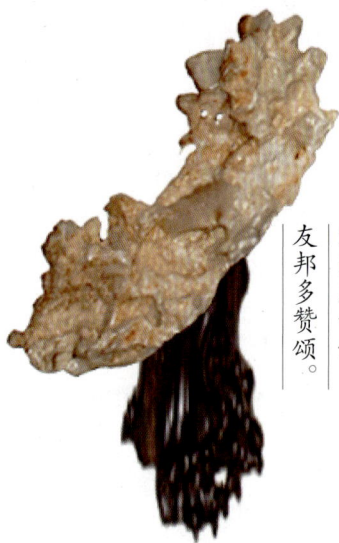

请来石龙凤，
瑞气满堂厅。
玉龙腾盛世，
金凤舞太平。
中华又强盛，
古树添新藤。
这边风景好，
友邦多赞颂。

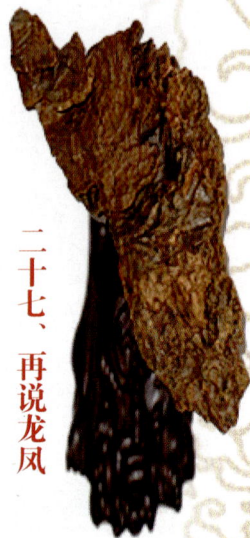

戈壁石　龙 23cm×8cm，凤 23cm×9cm

二十八、钟馗赞

铁面赤髯肃杀，
妖魔鬼怪怵他。
一身正气驱邪，
两只重拳化煞。
老妖被打现形，
小鬼受制害怕。
实为护法利剑，
堪当镇国宝塔。

碧玉石，玛瑙石　钟馗 5cm×8cm，妖怪 5cm×2cm

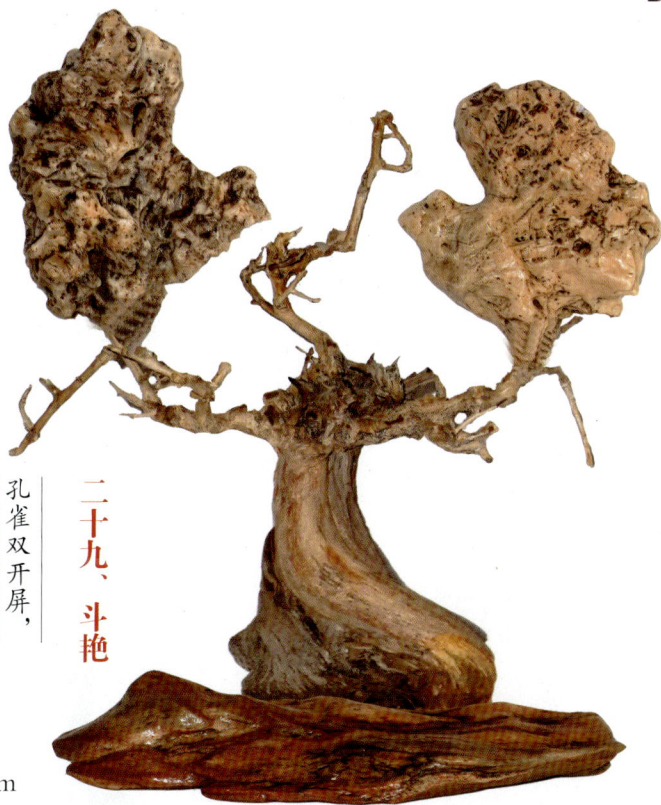

二十九、斗艳

孔雀双开屏，
各自展雄风。
看谁屏个大，
比谁尾色浓。
胜获雌中客，
接代又传宗。
物竞天择律，
强者方可胜。

鸡骨玛瑙石　约 8cm×9cm

三十、读石

奇石奥妙堪深邃，
魅力无比惹人醉。
爱者可谓千千万，
几人能解其中味？
你说奇未他说雅，
他讲丑来你讲美。
莫衷一是理还乱，
用心读石别怪谁。

玛瑙石　人物 6cm×5cm，雏鸡 2.5cm×4cm

三十一、和为贵

螳螂要捕蝉，
黄雀在后边。
强者独凌弱，
自然生物链。
人类讲友好，
公理反霸权。
两斗必俱伤，
和谐当为先。

戈壁石 均在 12cm 以内

三十二、十八罗汉

苦修成正果，
人间渡众生。
善心千处施，
功德万代颂。
恶人有恶报，
丑事天难容。
人人皆行善，
世界方大同。

玛瑙石，碧玉石 高均为5cm左右

三十三、龟兔赛跑

快无绝对快，
慢无绝对慢，
快慢都会变，
关键在条件。
知短而自勉，
慢者跑在先，
是长若自满，
快也会变慢。
如此辩证法，
违者必失算，
看罢此组石，
受益真不浅。

玛瑙石 身长均 10cm 左右

三十四、鹬蚌相争，渔翁得利

鹬要啄蚌壳，
蚌却鹬鹬啄，
鹬蚌互争斗，
相持都不舍。
渔翁走过来，
同将二者捉。
斗则双方败，
赢为第三者。

碧玉石，玛瑙石 船石长 27cm，其他石均在 10cm 以内

三十五、金陵十二钗

金陵十二钗，
钗钗闪光彩。
琴棋书画通，
姿色情义在。
是福还是害，
谁能说明白？
不是酒醉人，
而是己作怪。
只要自身正，
美色又何奈？
劝君洁身好，
别把名声坏。

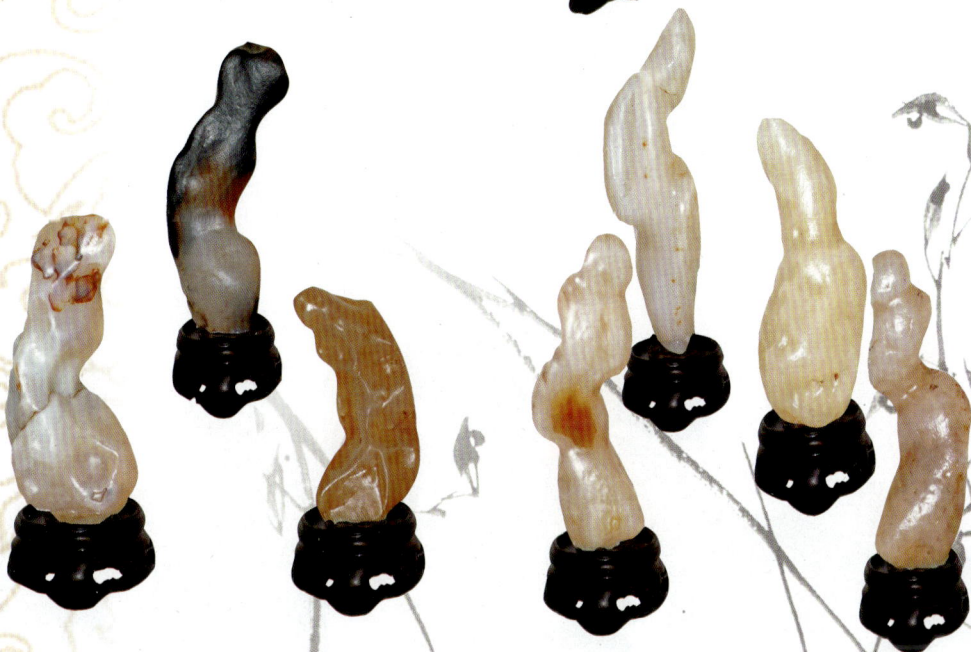

玛瑙石，碧玉石 均为5cm左右

三十六、各有心事

女大心事多，
含首细琢磨。
你忆婚恋事，
她虑新工作。
多思是好事，
想透再去做。
事前多准备，
成功有把握。

戈壁石 均在 12cm×13cm 以内

三十七、百鸟朝凤

凤凰品行服众心，
百鸟紧跟不相分。
前簇后拥气势大，
上呼下应关系顺。
官者爱民又惠民，
民众相随且相亲。
水能载舟亦沉舟，
忘啥别忘为人民。

戈壁石 凤 7cm×15cm，其余均在 10cm 以内

三十八、云游四海

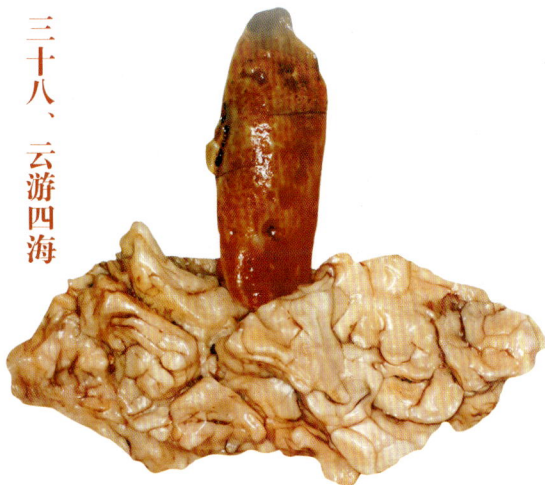

心有多么宽，
天有多么大。
云游遍四海，
独步闯天下。
不做井中蛙，
不当温室花。
外出经风雨，
百炼成大家。

碧玉石　人物 3cm×7cm，云 10cm×4cm

三十九、鉴真东渡

受邀大唐高僧，
东到日本传经。
几经挫折航行，
终达友邻东瀛。
建寺设坛授徒，
传布戒法律宗。
弘扬中华文化，
历史享有盛名。

碧玉石，玛瑙石 人物 3cm×7cm

四十、八仙过海

民间传八仙，
好事一串串。
散财广济贫，
惩恶真扬善。
行贤多积德，
世人久怀念。
神仙哪里有？
得道自成仙。

玛瑙石，碧玉石 均为 6cm 左右

四十一、家园

人人都想有个家，
寻物建屋扎篱笆，
里面什么都可少，
一般不缺他她它。
开始先有爸和妈，
以后又添数个娃，
娃长大后又找他（她），
有了他她他安新家。
家是生长的摇篮，
家是远航的灯塔，
家是休闲的乐园，
家是情感的牵挂。

戈壁石 蒙古包 9cm×12cm，其他均为 6cm 以下

四十二、瞧这一家子

大有大的样，
小有小的型，
大小都循规，
和顺万事兴。
长者关爱幼，
幼者敬老翁，
家家都和睦，
天下才太平。

戈壁石 高均在 11cm 以下

四十三、雪中送炭

冒雪去送炭，
帮人解危难。
心中有他人，
世间才温暖。
强化新观念，
养成好风范。
一处有困难，
八方来支援。

碧玉石 人物 10cm×23cm，房 8cm×10cm

四十四、深情

羔羊跪吃乳，
鸳鸯不单行，
人类重感情，
情系大家庭。
父子存亲情，
同事讲友情，
夫妻有爱情，
情多暖意盈。

岳母刺字

相伴一生

新婚之喜

慈母喂乳

一母同胞

李逵背母

玛瑙石 高均在 8cm 以下

四十五、喜鹊登梅

喜鹊传是报喜鸟，
若是登梅喜即到。
盼望喜事为常情，
喜事多了总是好。
其实喜事不关鸟，
关键在己心态好。
知足可谓一大宝，
有它相伴喜不少。

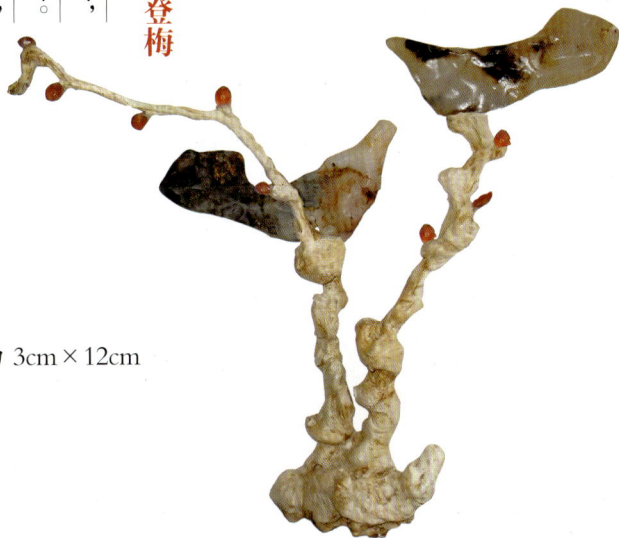

玛瑙石　均为 3cm×12cm

四十六、英烈魂

『砍头不要紧，
只要主义真。』
惊天动地语，
唤起千万人。
追随英烈魂，
深扎理想根。
踏着血迹走，
穷人得翻身。

戈壁石　人物 5cm×8cm，底座 10cm×1cm

四十七、三老图

人生都会老，
养老事不少。
一家养两个，
还能供给好。
两个管四个，
负担受不了。
政府应考虑，
今后怎养老？

戈壁石　为身首连接，高均在 10cm 以内

四十八、高人之中有高人

山外青山楼外楼，
英雄豪杰争上游。
高人面前有高人，
强中自有强中手。
为人一生需谨慎，
成就再大莫昏头。
坚持不懈永努力，
勇攀高峰不停留。

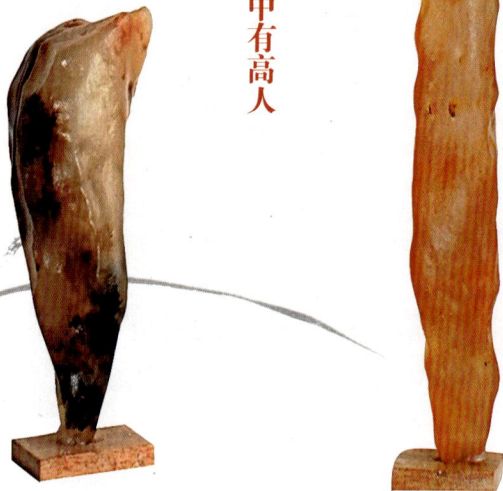

玛瑙石　高人物 3cm×12cm，矮人物 4cm×9cm

四十九、米芾拜石

人石均通灵，
不言各自明。
痴情会下拜，
米芾留美名。
敬石敬品性，
玩石玩心情。
看似在赏石，
其实是修行。

玛瑙石　人物 5cm×6cm，座 6cm×12cm

五十、桃园三结义

东汉多战乱，
群雄争地盘。
刘关张起首，
结义于桃园。
兄弟成中坚，
南征又北战。
势力日益大，
天下一分三。

玛瑙石　均在 3cm×7cm 左右

五十一、狐假虎威

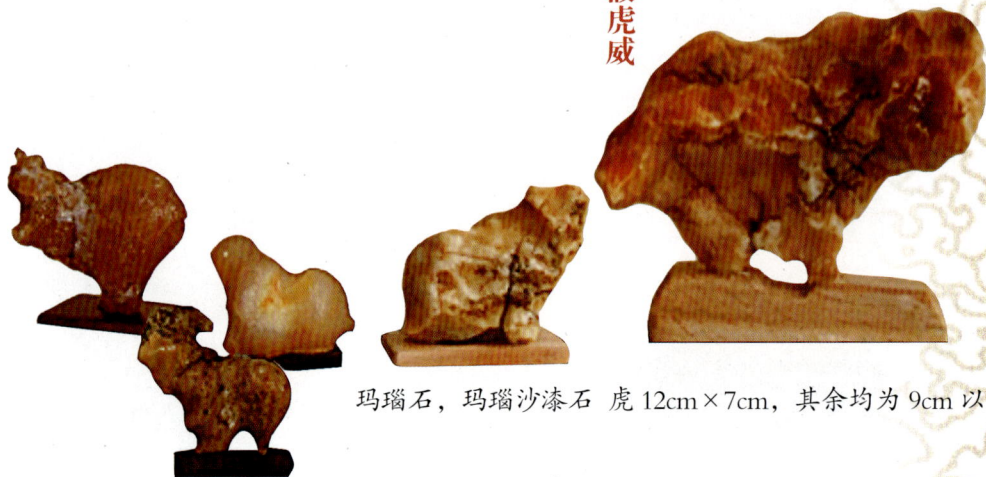

虎要狐的命，
狐弱却精明。
谎称己为王，
吃朕天不容。
不信问百兽，
见寡皆远行。
二者结伴走，
果见兽跑净。
哪晓是惧己，
误被小狐蒙。
事微寓意深，
排险靠机灵。

玛瑙石，玛瑙沙漆石　虎 12cm×7cm，其余均为 9cm 以下

五十二、七仙女下凡

仙女要下凡，
寻找好姻缘。
不管门当否，
只求心中男。
玉帝老封建，
蛮横来阻拦。
冲破势力网，
恩爱在人间。

碧玉石，玛瑙石　均为 7cm 左右

五十三、黑猫白猫

黑猫或白猫，
捉鼠是好猫，
「猫论」很精辟，
一切看实效。
养猫不逮鼠，
鼠追猫儿跑，
此猫有何用？
最好别养了。

戈壁石 均在 6cm×4cm 左右

五十四、四方之神

天有许多神，
门徒都迷信。
不时请一个，
日久成了群。
神多心里乱，
庙叠负担沉。
迷信当破除，
科学做指引。

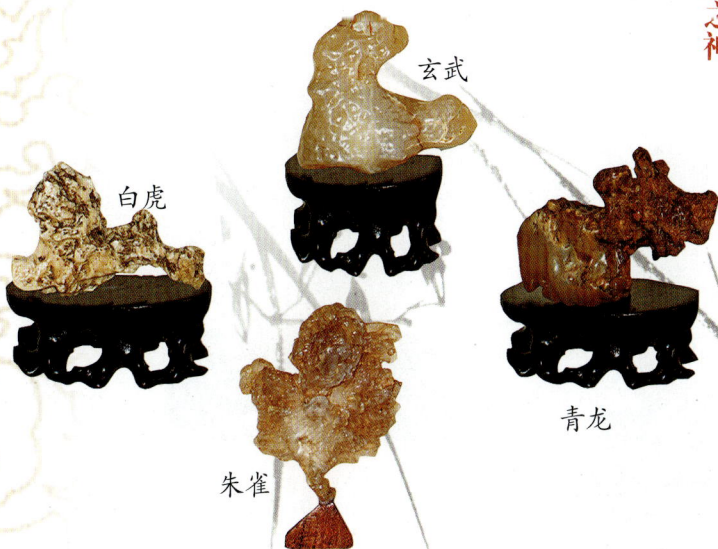

玄武

白虎

青龙

朱雀

戈壁石 均在 8cm×4cm 左右

五十五、三人行，

必有我师

为人要谨慎，

诚实又虚心，

路上众行者，

选准可学人。

分别学一点，

积累功夫深。

坚持不停止，

进步日日新。

玛瑙石，戈壁石 均在 3cm×7cm 左右

五十六、夕阳红

芸芸众生中，

结伴奔前程

同享苦与乐，

共经雨和风。

晚年夕阳红，

心中朝气盛。

细品余生趣，

陈酿味更浓。

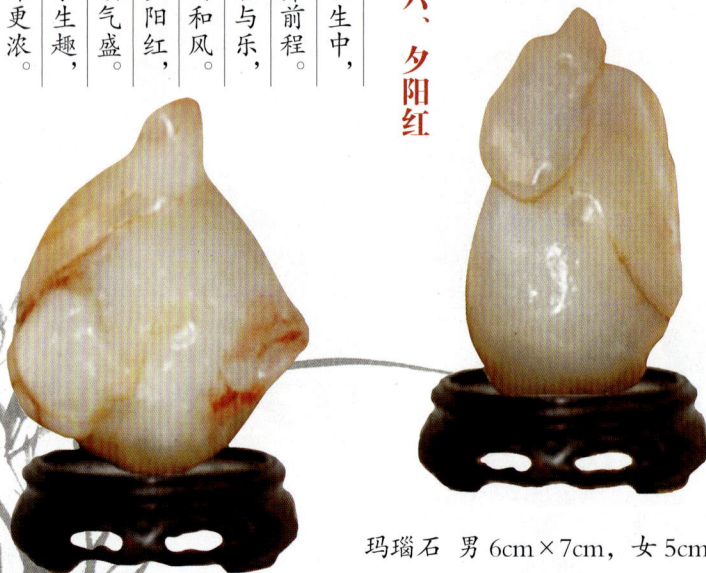

玛瑙石 男 6cm×7cm，女 5cm×6cm

五十七、鸟巢

树上一鸟巢，
遮雨抗风暴。
别看简又陋，
似有家美妙。
北京建鸟巢，
奥运掀新潮。
健儿齐欢聚，
和平无限好。

戈壁石 鸟均在 4cm 以内，巢 8cm×7cm

五十八、鹊桥会

美好姻缘不久长，
天庭震怒拆鸳鸯。
抓起织女匆匆走，
牛郎紧追快赶上。
王母造河分两旁，
只能隔岸相观望。
喜鹊集众忙搭桥，
成全织女和牛郎。

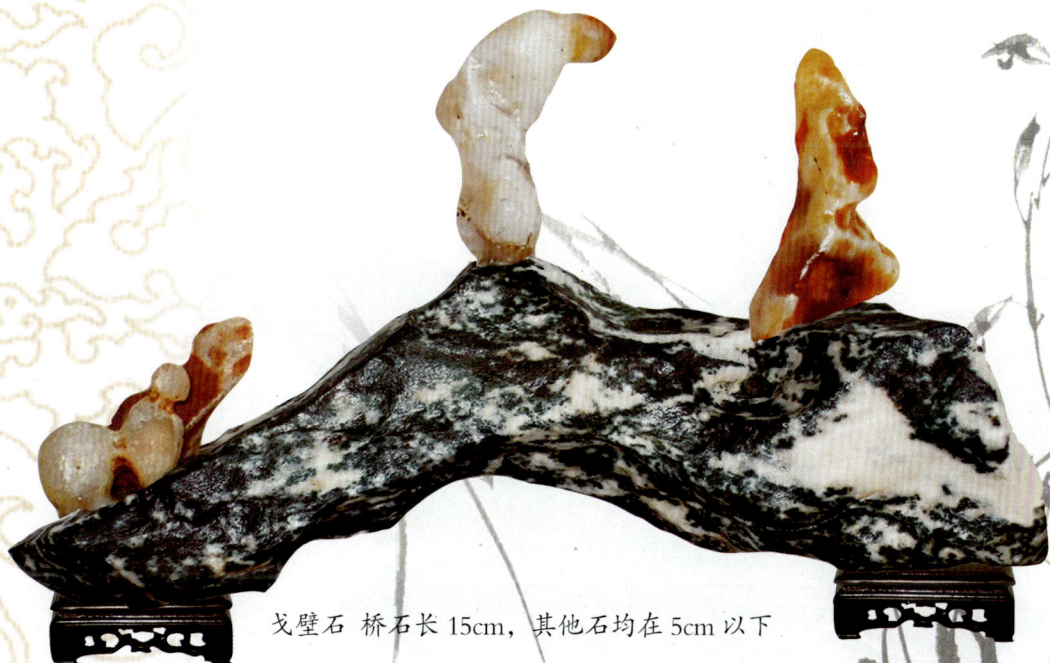

戈壁石 桥石长 15cm，其他石均在 5cm 以下

五十九、送别

知心朋友不会多，
一生难有三五个。
久别对饮总嫌少，
短聚叙旧更觉乐。
离别之时尤难舍，
话到嘴边不会说。
送了一程又一程，
再见不知何年月。

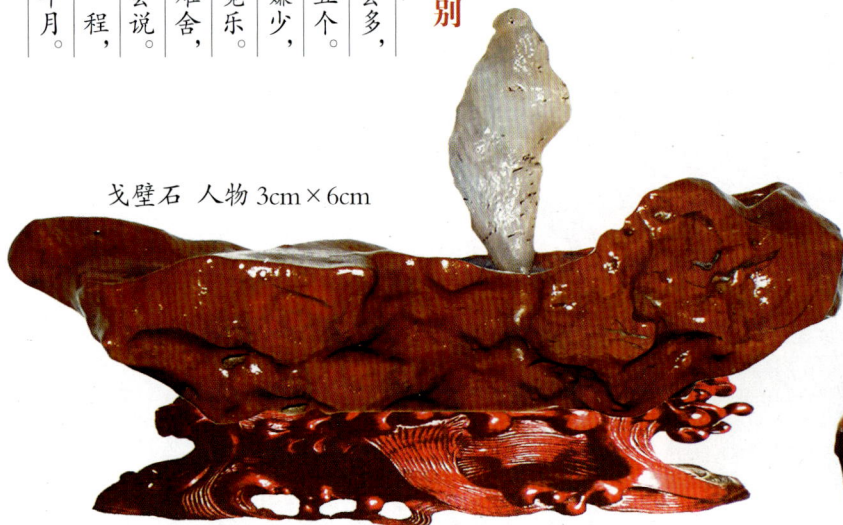

戈壁石 人物 3cm×6cm

六十、稳坐钓鱼船

人生会遇风和浪，
再大事儿莫慌张。
磕磕碰碰总难免，
宠宠辱辱也平常。
起始遇事老着慌，
后来见多就一样。
久经沙场出胆量，
飓风骇浪又何妨。

戈壁石 人物 5cm×7cm

六十一、群鸟争春

春天已来临，
百鸟齐来春，
相遇到相知，
相恋再成婚。
孵子又哺子，
教子会飞奔，
鸟儿尚如此，
育婴更艰辛。

相遇　孵子

相识　相恋　哺子

相爱　教子

戈壁石　体长均在 16cm 以下

六十二、独占鳌头

中了状元占鳌头，
功名至高无有偶。
埋头苦读为科举，
耗尽心血去奋斗。
张三求中白了头，
李四不中把命休。
万千学子被坑害，
科举确实是祸首。

玛瑙石 体长 5cm 左右

六十三、胸有百万兵

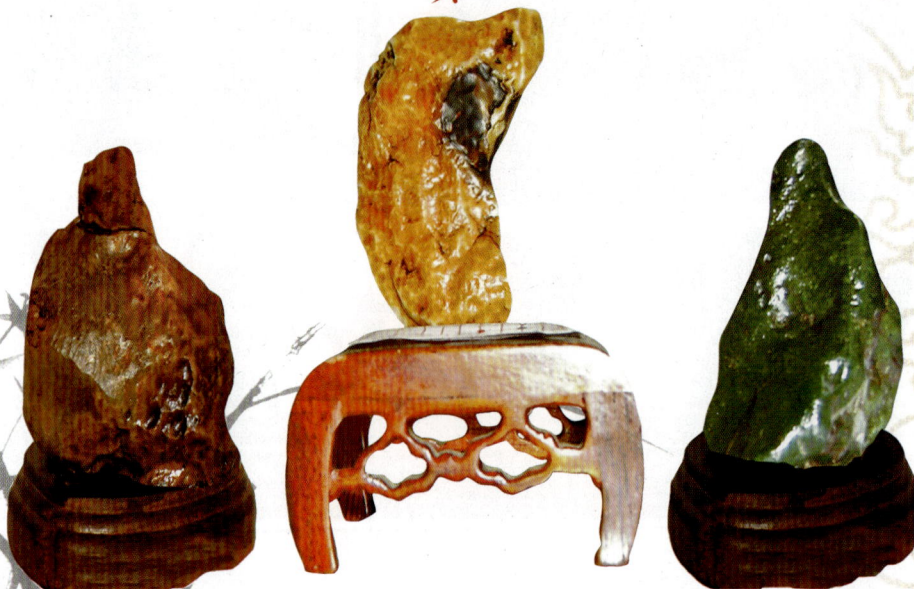

三位老翁对弈，
暮年壮心不已。
胸有百万精兵，
脑存千条妙计。
注视风云变易，
不怕虎豹熊罴。
一旦祖国召唤，
仍愿沙场效力。

戈壁石 均在 12cm 以内

六十四、三个和尚没水喝

和尚没水喝，
根源是懒惰。
人多都推脱，
万事会耽搁。
常言勤补拙，
有事抢着做。
大家齐动手，
共创好生活。

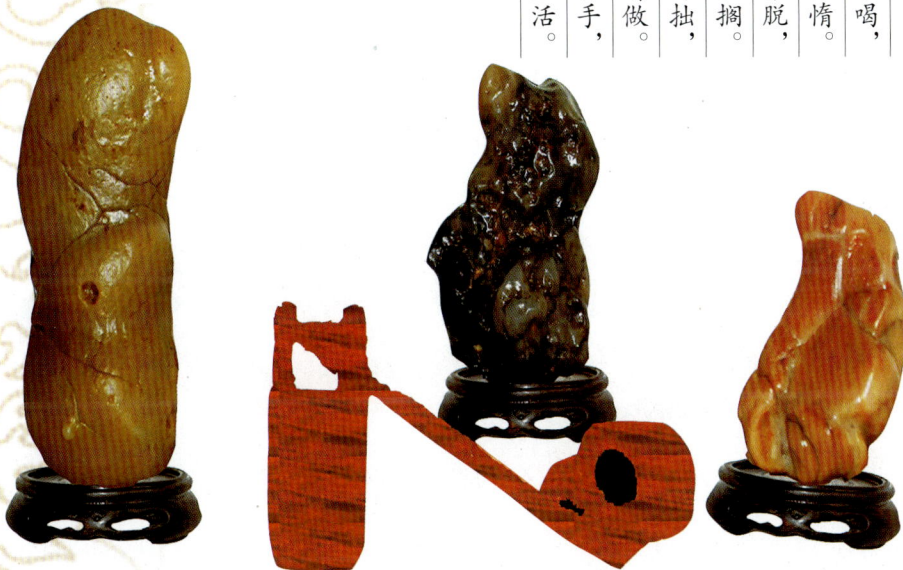

玛瑙石　均在 8cm 以内

六十五、鸳鸯戏水

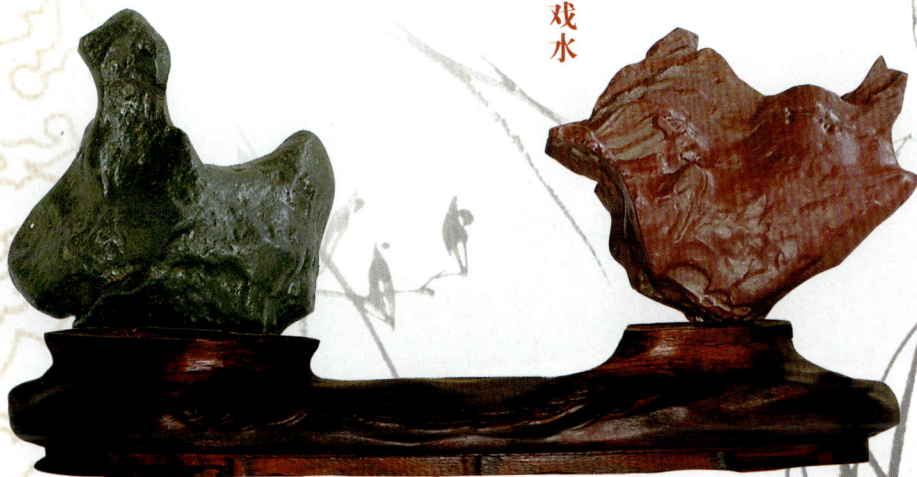

人夸鸳鸯鸟，
是其品行好。
情感讲专一，
行为重可靠。
一旦成双对，
终生离不了。
不嫌更不弃，
相伴至终老。

碧玉石　均为 7cm×5cm 左右

六十六、丝绸之路

浩瀚大沙漠,
穿行几骆驼。
悠悠驼铃声,
深深引思索。
自古不锁国,
广泛交易货。
往来传友谊,
共图好生活。

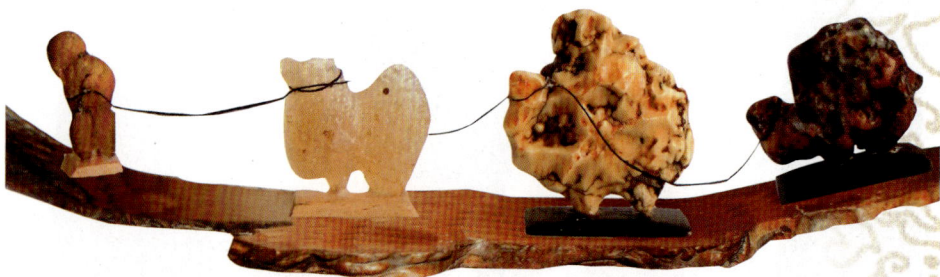

玛瑙石,碧玉石 均在 8cm 以内

六十七、唐僧取经

千古在传诵,
师徒去取经。
为救众生苦,
甘愿万里行。
不怕山重重,
何惧妖凶凶。
闯出一条路,
精诚获真经。

玛瑙石 高在 7cm 以内

六十八、收悟空

大唐一圣僧，
奉旨去取经，
途经五行山，
义收孙悟空。
美猴有神通，
本是石卵生，
齐天大圣称。
百般武艺会，
自得此高徒，
取经有保证，
降妖又捉怪，
一路打先锋。

碧玉石　唐僧 15cm×22cm，悟空 12cm×16cm

六十九、石头记

顽石弃落青埂峰，
后遇一道同一僧，
听信点化随其走，
飘然而至红尘中，
五色石头有奇性，
自经锻炼能通灵，
虽说补天未用上，
红楼一梦却成名。

玛瑙石　均在 7cm 以内

七十、猴子拜观音

取经遇大难，
多去请神仙。
路过火云洞，
红孩又捣乱。
唐僧被押管，
八戒也受骗。
悟空打不胜，
去把观音搬。
菩萨一出山，
略使几手段。
降服小圣婴，
师徒得平安。

玛瑙石 观音 4cm×9cm，猴 3cm×5cm

七十一、五福

福禄寿喜财，
五福一起来。
愿望若成真，
百姓乐开怀。
中华多豪迈，
盛世又重开。
上下奔小康，
幸福传万代。

玛瑙石，沙漠漆石 均在 7cm×9cm

七十二、曹冲称象

古代无大秤，
重物没法衡。
大象有多重？
谁也说不清。
少年小曹冲，
牵象上船中。
船沉刻标记，
放石相持平。
小石一一称，
相加即象重。
众人齐夸奖，
曹冲真聪明。

碧玉石，玛瑙石 船长 28cm，象 8cm×5cm

七十三、煮酒论英雄

曹刘论英雄，
杀机谈笑中。
一针见血问，
两语巧妙应。
试探反试探，
短兵对短兵。
若愚藏大智，
终蒙老奸雄。

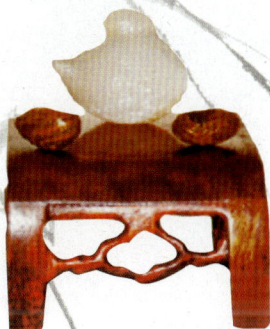

玛瑙石，碧玉石 均为 5cm×9cm 左右

七十四、蝈蝈白菜

蝈蝈与白菜，
世人多喜爱。
一个重声誉，
一个讲清白。
做人莫图财，
贪腐是祸害。
穷点不要紧，
声誉要清白。

玛瑙石，碧玉石 菜6cm×10cm，虫4cm×1cm

七十五、竹林七贤

魏晋多宽松，
七贤方生成。
竹林时常会，
吟诗行酒令。
文人爱争鸣，
妙言抒豪情。
思想一解放，
艺术得繁荣。

玛瑙石 高均为 6cm 左右

七十六、林冲雪夜上梁山

梁山众好汉，
被逼才造反。
林冲更典型，
绝路难生还。
妻子被人欺，
自己遭诬陷。
发配沧州府，
刺客还暗算。
欺人太过甚，
世道真黑暗，
杀罢三帮凶，
雪夜上梁山。

碧玉石，玛瑙石 均在 8cm 以下

七十七、十二生肖

生肖文化传千古，
十二地支配动物，
子为鼠者卯为兔，
类似结对至亥猪。
人生某年肖某物，
形象记时更清楚，
难也变得容易记，
可谓先人一建树。

玛瑙石，均为 5cm×4cm 以内

七十八、姜太公钓鱼

胸怀大志向，
钓鱼为韬光。
等待时机到，
来了周文王。
请其当智囊，
出山干一场。
才华得施展，
周朝久兴旺。

玛瑙石 人物 4cm×6cm，鱼篓 3cm×3cm

七十九、七擒孟获

西南边陲起烽火，
孟获率众动干戈。
武力平叛较为易，
心里不服怎奈何？
诸葛高明智谋多，
交兵攻心出上策。
心理防线一攻破，
长治久安有把握。

玛瑙石，碧玉石 均在 12cm 以内

八十、醉卧山冈

老夫会友心花放，
小酒干了七八两。
摇摇晃晃回家园，
晕晕乎乎倒山冈。
先有皇帝来拜访，
后向孔子卖文章。
思绪飞扬飘飘然，
醒来才知在醉乡。

玛瑙石，碧玉石 山 12cm×6cm，人 6cm×4cm

八十一、呼唤清廉

莲叶本是绿，
现今多褪去。
蛙儿齐会聚，
呼唤清廉续。
本色是根据，
廉洁当自律。
为官不清明，
民心全失去。

戈壁石 均在 10cm 以内

八十二、龟背鹤

人们想长寿，
挖空心思求，
拜佛又炼丹，
托物还不够。
乌龟或白鹤，
活得时间久，
龟背站上鹤，
意味寿添寿。

碧玉石 龟 10cm×8cm，鹤 9cm×12cm

八十三、咏务实

母鸡会生蛋，
公鸡只打鸣，
下蛋很务实，
空喊事无成。
做事学母鸡，
扎实方可行，
叫得再漂亮，
天不掉馅饼。

碧玉石，玛瑙石 鸡 23cm×16cm，蛋 5cm×4cm

八十四、蚕之歌

天虫遣下凡，
人间称谓蚕。
吃进是桑叶，
吐出为丝线。
丝尽茧结成，
化蛹再繁衍。
代代不停息，
辈辈做奉献。

玛瑙石，碧玉石 蚕 0.5cm×3cm，叶 7cm×9cm

八十五、云的羞耻

彩霞满天飘，
白云尽炫耀。
给光就灿烂，
浅薄且可笑。
自我吹嘘者，
让人更小瞧。
唯有自身强，
方被众称道。

玛瑙石 云 6cm×4cm，座 7cm×5cm

八十六、曹雪芹

大头高额老翁，
闭目似睡又醒。
琴棋书画百会，
酸甜苦辣一生。
暮年奋发笔耕，
吟诗叙事言情。
借石说史纵怀，
红楼一梦世惊。

碧玉石　人物 4cm×6cm，石 6cm×9cm

八十七、化蛹成蝶

过去地上爬行，
现在飞在天空。
今昔天壤之别，
蜕化走向成功。
变革之道永恒，
守旧咋能新生。
国家个人均此，
求变方能强盛。

玛瑙石　蝶 4cm×6cm，座 1.5cm×5cm

八十八、爱的永恒

迎面丰碑高耸，
古老纯洁神圣。
支撑人类大厦，
铸成话题永恒。
历经冷嘲热讽，
数遭阻拦围攻。
犹如蚍蜉撼树，
您自岿然不动。

玛瑙石，碧玉石 人物 3cm×6cm，座 6cm×4cm

八十九、说唱俑

古代文明灿烂，
制陶工艺精湛。
姿态传情达意，
手舞足蹈活现。
写意夸张多变，
头大面阔身短。
引人遐思入胜，
艺术品位独见。

玛瑙石 俑均为 5cm×7cm 左右

九十、寿星老

胡子胸前飘，
粗长压扁腰。
自然法则在，
有小便有老。
经验诚可贵，
创新更重要。
要学长青树，
人老心不老。

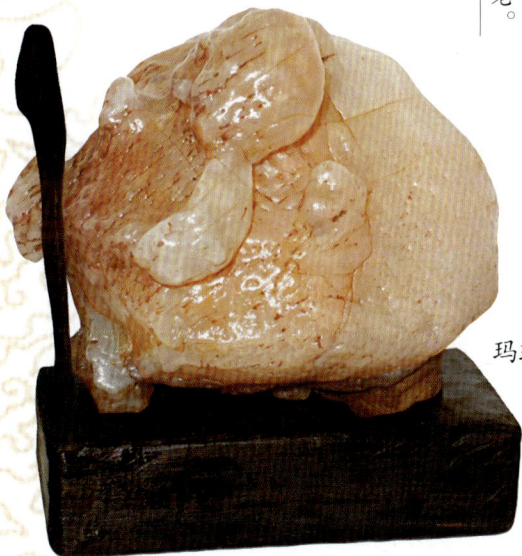

玛瑙石，戈壁石 人物 8cm×7cm，
拐杖 1cm×7cm

九十一、三思（鸶）图

世事多繁杂，
纠结一团麻。
现象掩实质，
你中也有他。
遇事想一想，
深思方洞察。
简单忙应对，
十有八九差。

玛瑙石 高均在 5cm 以内

九十二、知音赞

袅袅袅琴之音，
声声连着心。
闻者懂其意，
琴人知己君。
心心能相印，
世世有几人？
子期一逝去，
伯牙即断琴。

沙漠漆石　长宽约在 10cm 左右

九十三、老叟打盹

背靠大树好乘凉，
暑地炎天又何妨，
半躺半坐多逍遥，
不知不觉入梦乡……
忽儿树上掏鸟蛋，
忽儿树下捉迷藏，
嬉戏玩耍很高兴，
醒来原是梦一场。

沙漠漆石，玛瑙石　树 10cm×12cm，人 6cm×5cm

九十四、天仙配

董永家贫寒，
葬父没有钱。
卖身甘为奴，
尽孝惊上天。
仙女偷下凡，
孝子得良缘。
好人有好报，
千古成美谈。

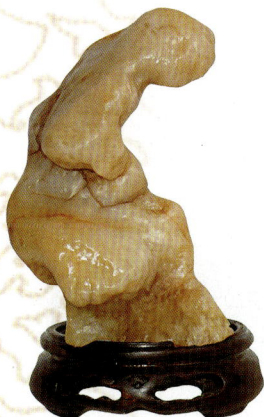

玛瑙石，碧玉石 3cm×6cm

九十五、武松打虎

水浒名人物，
仗义且精武。
民间除恶霸，
山冈打凶虎。
愿替天行道，
敢为民做主。
百姓久传扬，
美名达五湖。

玛瑙石，沙漠漆石 人物 5cm×7cm，虎 10cm×5cm

九十六、连体兔

连体兔子稀少，
石头结构奇巧。
莫非来自月宫？
反正人间难找。

为啥连在一起？
月宫寂寞怕了。
现今结成一体，
谁也别离再跑。

玛瑙石，碧玉石　兔 10cm×5cm，底座 16cm×8cm

九十七、狗的品格

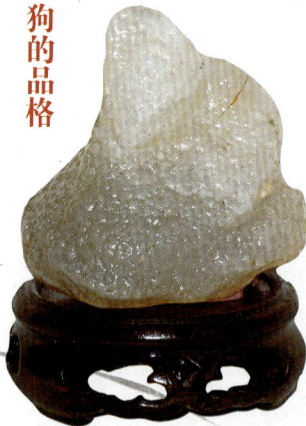

狗性本友善，
从主诚相见。
出猎当帮手，
在家把门看。

贫寒不嫌弃，
屈辱无怨言。
忠心一贯之，
人类好伙伴。

玛瑙石，碧玉石　人物 7cm×6cm，狗 5cm×3cm

九十八、刘备托孤

刘备病入膏肓，
蜀汉基业难忘。
阿斗孱弱不力，
忧心挂肚牵肠。
召来诸葛商量，
未言泪水先淌。
后事一一交代，
嘱托孔明扶匡。

沙漠漆石，碧玉石　刘备 21cm×8cm，孔明 8cm×19cm

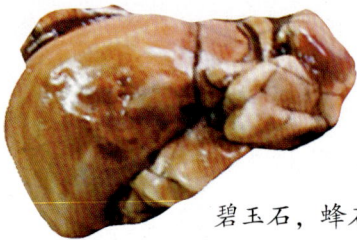

碧玉石，蜂石 4cm×3cm

九十九、采蜜忙

嗡嗡小蜜蜂，
飞西又飞东。
采来百花液，
酿出蜜汁浓。
甜美千万家，
苦累己一生。
品行真高洁，
奉献最光荣。

玛瑙石　山 9cm×6cm

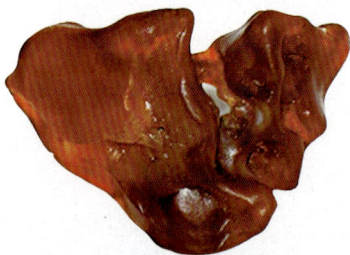

一〇〇、蝶戏牡丹

云想衣裳花想容，
美梦都做各不同。
蝴蝶偏把牡丹爱，
高攀富贵咋不行。
只要痴心真相爱，
管他富贵或贫穷。
但要警惕骗子手，
不是真情图虚荣。

玛瑙石　花 7cm×4cm，蝴蝶 4cm×3cm

一○一、求偶

一生重大事，
可遇不可求。
强扭瓜不甜，
硬凑难长久。
婚姻讲自由，
意合情又投，
恩爱不能少，
唯此到白头。

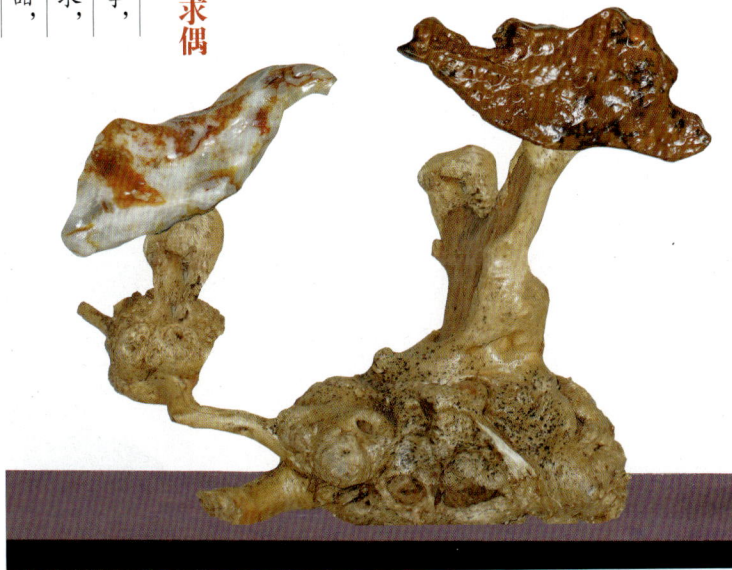

戈壁石 均在 6cm×3cm 左右

一○二、鹦鹉

鹦鹉会学舌，
呆板又机械。
发音虽难准，
逗乐却凑合。
做人莫学舌，
遇事有见解。
思维多创意，
方为人中杰。

玛瑙石 3cm×6cm

一〇三、大贪落马

此类可谓太牛，
口大气粗脸厚。
权力一旦掌有，
财迷四面伸手。
宝物尤物全要，
百万千万敢收。
不日案发落马，
贪心当为祸首。

玛瑙石　马 3cm×7cm，人 5cm×3cm

一〇四、钟馗震怒

怒发冲跑冠，
心火熊熊燃。
人间闹鬼灾，
钟馗急了眼。
赶进笼子里，
押回阎罗殿。
重新整纲纪，
百姓笑开颜。

玛瑙石　人物 4cm×8cm，帽 4cm× 3 cm